HTML5 与 CSS3 网页设计
（第 2 版）

主　编　库　波
副主编　汪晓青　徐　佳　刘　蕴
参　编　史　强　刘延涛
主　审　王路群

北京理工大学出版社
BEIJING INSTITUTE OF TECHNOLOGY PRESS

内 容 简 介

本书结合最新的 HTML5 与 CSS3 技术，深入浅出地介绍了前台网页设计需要掌握的相关知识及技能，全书共 14 章，内容包括：网页设计入门、处理网页文件、HTML5 的基本结构、文本、使用 CSS 样式、图像、列表、超链接与导航、使用 CSS 进行页面布局、表格、表单、视频、音频和其他多媒体、使用 CSS3 式样进行样式增强、网站的调试与发布等。本书的各项目按 Web 前端开发技术在专业活动的工作过程进行编排，依据岗位对技能和知识的需求，对接 1+X 证书 Web 前端开发，重构知识结构和能力结构体系，让学生完整体验 Web 开发工作的程序、内容和方法。

本书可作为相关专业的网页设计教材，也可作为 Web 前端开发人员、网站建设人员的参考书，还可作为各类电脑职业培训教材。

版权专有　侵权必究

图书在版编目(CIP)数据

HTML5 与 CSS3 网页设计 / 库波主编． －－ 2 版． －－ 北京：北京理工大学出版社，2021.8(2021.9 重印)
　　ISBN 978 - 7 - 5763 - 0031 - 4

Ⅰ．①H… Ⅱ．①库… Ⅲ．①超文本标记语言 - 程序设计 - 高等学校 - 教材②网页制作工具 - 高等学校 - 教材 Ⅳ．①TP312②TP393.092

中国版本图书馆 CIP 数据核字(2021)第 136342 号

出版发行 / 北京理工大学出版社有限责任公司
社　　址 / 北京市海淀区中关村南大街 5 号
邮　　编 / 100081
电　　话 / (010) 68914775 (总编室)
　　　　　(010) 82562903 (教材售后服务热线)
　　　　　(010) 68944723 (其他图书服务热线)
网　　址 / http：//www.bitpress.com.cn
经　　销 / 全国各地新华书店
印　　刷 / 三河市天利华印刷装订有限公司
开　　本 / 787 毫米×1092 毫米　1/16
印　　张 / 21.75　　　　　　　　　　　　　　责任编辑 / 钟　博
字　　数 / 528 千字　　　　　　　　　　　　　文案编辑 / 钟　博
版　　次 / 2021 年 8 月第 2 版　2021 年 9 月第 2 次印刷　责任校对 / 周瑞红
定　　价 / 59.80 元　　　　　　　　　　　　　责任印制 / 施胜娟

图书出现印装质量问题，请拨打售后服务热线，本社负责调换

前言

本书凝聚了济南工程职业技术学院及其他院校十余年来课程教学改革的成果与经验，在如下四方面体现了高职教育的特色。

1. 编写模式新颖，教材体系体现高职特色。贯彻"以服务为宗旨，以就业为导向"的职业教育方针，打破传统编写模式，建立了"以问题（任务）驱动的编写方式，引入案例教学和启发式教学方法，便于激发学习兴趣"的教材体系。每章均有实例，语言深入浅出，使读者能够从简单的实例入手，轻松掌握各种基础理论知识。教材紧紧围绕着学生关键能力的培养组织教材的内容，在保证基础理论系统性的同时，把网页处理实用技术融入典型专业任务实训中，强调了实践操作的实用性，促进了"教、学、做"一体化教学。

2. 突出对学生实际技能的培养。教材的各项目按 WEB 前端开发技术在专业活动的工作过程进行编排，依据岗位对技能和知识的需求，对接 1 + X 证书 Web 前端开发，重构教材的知识结构和能力结构体系，让学生完整体验 Web 开发工作的程序、内容和方法，有助于提高学生抽象思维能力和解决具体问题的能力。

3. 教材内容全面，具有可读性、趣味性和广泛性。本书汇编了来自于教学、科研和企业、行业的最新典型案例，有助于促进相关课程的学习。

4. 教材的编写团队具有"校校联合"和"校企融合"的特点，提高了教材的宽度和广度。本教材编写团队的成员来自于省内、外的计算机类高职院校一线教师和企业中具有多年一线项目开发实践经验的资深专家。

本书为计算机相关专业教材，建议总学时 72 学时，讲授课时为 40 学时，上机实践课时为 32 学时，各院校可根据自己的特点适当增删。本书也适合作为各校非计算机专业辅修计算机专业课程的教材，还可以供 Web 前端开发人员、网站建设人员自学参考。

本教材配备了实训项目单、学习指导、电子课件、电子教案、虚拟动画等大量教学素材，可登录职业教育教学资源库 - 计算机信息管理网站（http://jsjzyk.36ve.com/？q = node/82471）进行学习和练习。

本书由济南工程职业技术学院库波主编，武汉商学院王路群主审，武汉软件工程职业学院汪晓青、山西财贸职业技术学院徐佳、周口职业技术学院刘蕴担任副主编，参加本书编写企业一线工程师还有北京世纪超星信息技术发展有限责任公司史强、北京智联友道科技有限公司刘延涛等，库波统编全稿。

本书在编写的过程中得到了武汉商学院、武汉软件工程职业学院、山西财贸职业技术学院、周口职业技术学院、北京世纪超星信息技术发展有限责任公司、北京智联友道科技有限公司的大力支持，在此表示衷心的感谢！

由于编者水平有限，书中不足之处在所难免，热忱欢迎使用者对本书提出批评和建议。

编 者
2021 年 7 月

目 录

第 1 章 网页设计入门 ·· 1
1.1 Internet 简史 ·· 1
1.2 建立网站的原因 ··· 2
1.3 网页的基本概念 ··· 2
1.3.1 网页与网站的关系 ··· 2
1.3.2 网页的基本元素 ·· 3
1.3.3 网页的技术构成 ·· 5
1.4 HTML5 简介 ·· 8
1.4.1 HTML 发展历史 ·· 8
1.4.2 HTML4.01 和 XHTML ·· 8
1.4.3 从 XHTML 到 HTML5 ··· 9
1.5 CSS3 简介 ··· 10
1.5.1 CSS 概述 ··· 10
1.5.2 CSS 的历史 ··· 10
1.5.3 CSS3 的作用 ··· 10
1.6 网页设计的开发环境 ·· 11
1.6.1 Web 设计软件 ··· 11
1.6.2 图形设计软件 ··· 12
1.6.3 浏览器指南 ··· 13
习题一 ·· 14

第 2 章 处理网页文件 ·· 15
2.1 网页文件的基本操作 ·· 15
2.1.1 使用记事本创建、保存和编辑网页文件 ································ 15
2.1.2 使用 Dreamweaver CS6 创建、保存和编辑网页文件 ·············· 17
2.2 组织网站文件夹 ··· 21

2.3 在浏览器中查看网页 ·· 23
    2.3.1 在 Dreamweaver CS6 中选择浏览器 ·· 23
    2.3.2 利用 Firebug 测试网页 ·· 25
    2.3.3 借鉴他人网页灵感 ··· 28
2.4 综合实例 ·· 29
习题二 ···30

第 3 章 HTML5 的基本结构 ··32

3.1 HTML 标签 ···32
    3.1.1 元素 ··32
    3.1.2 属性和值 ··33
    3.1.3 书写规范 ··33
3.2 HTML 文档的基本成分 ··34
    3.2.1 DOCTYPE 声明 ···35
    3.2.2 head 和 body 元素 ··35
3.3 页面标题 ··35
3.4 分级标题 ··36
3.5 HTML5 页面的构成 ···37
    3.5.1 页眉 header ··38
    3.5.2 导航 nav ··39
    3.5.3 文章 article ··41
    3.5.4 区块 section ···44
    3.5.5 侧边栏 aside ··46
    3.5.6 页脚 footer ···48
    3.5.7 通用容器 div ··49
3.6 添加注释 ··51
3.7 综合实例 ··52
习题三 ···56

第 4 章 文本 ···59

4.1 段落 p ···59
4.2 地址 address ···60
4.3 图 figure 与 figcaption ···61
4.4 时间 time ···63
4.5 重要或强调的文本标签 ··64
    4.5.1 strong ··64
    4.5.2 em ···65
4.6 引用参考 cite ··66
4.7 引述 blockquote ···66

4.8 突出显示文本 mark ………………………………………………………………… 67
4.9 解释缩写词 abbr …………………………………………………………………… 68
4.10 定义术语 dfn ……………………………………………………………………… 69
4.11 上标和下标 ………………………………………………………………………… 70
    4.11.1 sup …………………………………………………………………………… 70
    4.11.2 sub …………………………………………………………………………… 71
4.12 下划线和删除线 …………………………………………………………………… 72
    4.12.1 ins …………………………………………………………………………… 72
    4.12.2 del …………………………………………………………………………… 73
4.13 代码标签 …………………………………………………………………………… 74
    4.13.1 code ………………………………………………………………………… 74
    4.13.2 其他计算机相关标签 ……………………………………………………… 74
4.14 预格式化文本 pre ………………………………………………………………… 76
4.15 指定细则 small …………………………………………………………………… 77
4.16 换行 br …………………………………………………………………………… 78
4.17 span 元素 ………………………………………………………………………… 79
4.18 其他元素 …………………………………………………………………………… 81
    4.18.1 u ……………………………………………………………………………… 81
    4.18.2 wbr …………………………………………………………………………… 81
    4.18.3 ruby、rp 和 rt ……………………………………………………………… 82
    4.18.4 bdi 和 bdo ………………………………………………………………… 82
    4.18.5 meter ………………………………………………………………………… 83
    4.18.6 progress ……………………………………………………………………… 83
4.19 综合实例 …………………………………………………………………………… 83
习题四 …………………………………………………………………………………………… 86

第 5 章 使用 CSS 样式 ……………………………………………………………………… 88

5.1 样式表文件的使用 ………………………………………………………………… 88
    5.1.1 外部样式表 …………………………………………………………………… 88
    5.1.2 内部样式表 …………………………………………………………………… 91
    5.1.3 内联样式 ……………………………………………………………………… 92
5.2 CSS 构造样式规则 ………………………………………………………………… 94
    5.2.1 样式规则 ……………………………………………………………………… 94
    5.2.2 为样式规则添加注释 ………………………………………………………… 94
    5.2.3 属性的值 ……………………………………………………………………… 95
    5.2.4 层叠样式 ……………………………………………………………………… 99
5.3 CSS 样式选择器 …………………………………………………………………… 101
    5.3.1 选择器概述 …………………………………………………………………… 101

5.3.2 按标签名称选择元素 ·· 102
5.3.3 按 class 或 id 选择元素 ·· 102
5.3.4 按上下文选择元素 ··· 103
5.3.5 按状态选择链接元素 ·· 106
5.3.6 按属性选择元素 ·· 107
5.3.7 选择元素的一部分 ··· 109
5.3.8 选择器的分组 ··· 110
5.3.9 组合使用选择器 ·· 111
5.4 综合实例 ·· 112
习题五 ·· 117

第 6 章 图像 ·· 119
6.1 在页面中插入图片 ··· 119
6.2 设置图片的属性 ·· 120
6.3 图文混排 ·· 122
6.4 为网站添加图标 ·· 126
6.5 综合实例 ·· 127
习题六 ·· 130

第 7 章 列表 ·· 132
7.1 有序列表 ·· 132
7.2 无序列表 ·· 134
7.3 定义列表 ·· 135
7.4 列表嵌套 ·· 136
7.5 使用 CSS 样式表美化列表 ·· 137
7.6 用于导航的行内列表 ··· 143
7.7 设置嵌套列表样式 ··· 146
7.8 综合实例 ·· 149
习题七 ·· 153

第 8 章 超链接与导航 ·· 155
8.1 超链接概述 ··· 155
　　8.1.1 绝对路径与相对路径 ·· 155
　　8.1.2 超链接标签及其属性 ·· 156
8.2 内部链接 ·· 157
8.3 外部链接 ·· 160
8.4 书签链接 ·· 163
8.5 其他链接 ·· 166
8.6 使用 CSS 设置超链接样式 ·· 167
　　8.6.1 超链接状态 ·· 167

8.6.2 使用 CSS 设置不同的超链接状态样式 …………………………………… 168
8.7 图像链接 ……………………………………………………………………… 169
8.8 使用列表制作导航栏 …………………………………………………………… 170
8.9 综合实例 ……………………………………………………………………… 173
习题八 ……………………………………………………………………………… 178

第9章 使用 CSS 进行页面布局 ………………………………………………… 180
9.1 Web 页面布局简介 …………………………………………………………… 180
9.1.1 布局注意事项 ………………………………………………………… 180
9.1.2 布局方法 ……………………………………………………………… 181
9.1.3 布局结构 ……………………………………………………………… 181
9.2 CSS 盒模型 …………………………………………………………………… 185
9.3 网页居中 ……………………………………………………………………… 187
9.4 多栏布局 ……………………………………………………………………… 190
9.4.1 使用 float 属性实现多栏布局 ………………………………………… 190
9.4.2 使用 clear 属性实现换行 …………………………………………… 192
9.4.3 使用 column-count 实现多栏布局 …………………………………… 193
9.5 盒布局 ………………………………………………………………………… 195
9.5.1 float 属性以及 column-count 属性的缺点 …………………………… 195
9.5.2 使用盒布局 …………………………………………………………… 198
9.6 弹性盒布局 …………………………………………………………………… 199
9.6.1 使用自适应窗口的弹性盒布局 ……………………………………… 199
9.6.2 改变元素的显示顺序 ………………………………………………… 201
9.6.3 改变元素的排列方向 ………………………………………………… 202
9.7 综合实例 ……………………………………………………………………… 204
习题九 ……………………………………………………………………………… 210

第10章 表格 ……………………………………………………………………… 212
10.1 结构化表格 …………………………………………………………………… 212
10.1.1 表格基本标签 ……………………………………………………… 212
10.1.2 标题单元格 th ……………………………………………………… 214
10.1.3 表格标题 caption …………………………………………………… 215
10.1.4 thead、tbody、tfoot ………………………………………………… 217
10.2 单元格跨行或跨列 …………………………………………………………… 218
10.3 表格属性 ……………………………………………………………………… 220
10.4 使用 CSS 美化表格 ………………………………………………………… 221
10.5 综合实例 ……………………………………………………………………… 226
习题三 ……………………………………………………………………………… 231

第 11 章 表单 ... 233

11.1 表单概述 ... 233
11.2 form 元素 ... 234
11.3 input 元素 ... 237
11.3.1 文本框 text ... 237
11.3.2 密码框 password ... 238
11.3.3 单选框 radio ... 239
11.3.4 复选框 checkbox ... 239
11.3.5 上传文件 file ... 240
11.3.6 隐藏字段 hidden ... 241
11.3.7 按钮 button、submit、reset ... 242
11.3.8 使用图像提交表单 image ... 243
11.4 列表与下拉菜单 ... 244
11.4.1 select 和 option ... 244
11.4.2 optgroup ... 246
11.5 文本域 textarea ... 247
11.6 标签 label ... 248
11.7 HTML5 新增的元素属性 ... 249
11.7.1 form ... 250
11.7.2 input ... 250
11.8 表单元素的组织与布局 ... 252
11.9 综合实例 ... 254

习题十一 ... 258

第 12 章 视频、音频和其他多媒体 ... 260

12.1 第三方插件及原生应用 ... 260
12.2 添加视频 ... 261
12.2.1 视频文件格式 ... 261
12.2.2 在网页中添加单个视频 ... 262
12.2.3 视频属性 ... 264
12.2.4 添加控件和自动播放 ... 267
12.2.5 循环播放和海报图像 ... 269
12.2.6 阻止预加载视频 ... 270
12.2.7 多个媒体源 ... 271
12.3 添加音频 ... 274
12.3.1 音频文件格式 ... 274
12.3.2 在网页中添加单个音频 ... 275
12.3.3 音频属性 ... 276

12.3.4 添加控件、自动播放和循环播放 ·············· 277
12.3.5 预加载音频 ·············· 278
12.3.6 多个音频源 ·············· 279
12.3.7 应对无法播放 HTML5 音频的情况 ·············· 280
12.4 嵌入 Flash 动画 ·············· 281
12.5 嵌入网络视频 ·············· 282
12.6 canvas 简介 ·············· 284
12.7 SVG 简介 ·············· 284
12.8 综合实例 ·············· 285
习题十二 ·············· 286

第 13 章 使用 CSS3 进行样式增强 ·············· 288

13.1 厂商前缀 ·············· 288
13.2 浏览器兼容性速览 ·············· 289
13.3 为元素创建圆角 ·············· 290
13.4 为文本添加阴影 ·············· 292
13.5 为元素添加阴影 ·············· 294
13.6 使用多重背景 ·············· 295
13.7 使用渐变背景 ·············· 297
13.8 设置元素不透明度 ·············· 300
13.9 使用 Web 字体 ·············· 300
    13.9.1 Web 字体介绍 ·············· 301
    13.9.2 使用@font-face ·············· 303
13.10 使用 polyfill 实现渐进增强 ·············· 304
13.11 综合实例 ·············· 306
习题十三 ·············· 310

第 14 章 网站的调试与发布 ·············· 312

14.1 常见错误 ·············· 312
14.2 HTML 中的常见错误 ·············· 313
14.3 CSS 中的常见错误 ·············· 314
14.4 验证代码 ·············· 315
14.5 测试网页 ·············· 321
14.6 发布网站 ·············· 322
14.7 综合实例 ·············· 325
习题三 ·············· 332

第 1 章

网页设计入门

本章导读

在网络高速发展的今天，网站（Web Site）已经成为自我展示和宣传的平台，网站是由多个相关联的网页（Web Page）构成的。一般网页上会有文本和图像等基本信息，复杂一些的网页还会有声音、视频、动画等多媒体元素。要制作出精美的网页，首先要掌握网页设计制作的相关知识，如网站、网页元素构成、网页技术构成和网页制作工具等。

1.1 Internet 简史

Internet 的应用范围由最早的军事、国防，扩展到美国国内的学术机构，进而迅速覆盖全球的各个领域，运营性质也由以科研、教育为主逐渐转向商业。

在科学研究中，经常出现"种瓜得豆"的事情，Internet 的出现也是如此。Internet 的原型是 1969 年美国国防部远景研究规划局为军事试验建立的网络，名为 ARPANET，初期只有 4 台主机，其设计目标是当网络中的一部分因战争原因遭到破坏时，其余部分仍能正常运行。

20 世纪 80 年代初期，ARPA 和美国国防部通信局研制成功用于异构网络的 TCP/IP 并投入使用。1986 年，在美国国会科学基金会的支持下，人们用高速通信线路把分布在各地的一些超级计算机连接起来，以 NFSNET 接替 ARPANET，又经过十几年的发展形成 Internet。其应用范围也由最早的军事、国防，扩展到美国国内的学术机构，进而迅速覆盖了全球的各个领域，其运营性质也由以科研、教育为主逐渐转向商业。

如今，Internet 早已在我国开放，台式机、笔记本电脑、手机，甚至电视机、DVD 机都能很方便地享受 Internet 的资源，这是 Internet 逐步进入普通家庭的原因之一。原因之二，是 Internet 友好的用户界面、丰富的信息资源、贴近生活的人情化感受，使非专业的家庭用户既能应用自如，又能大饱眼福，甚至利用 Internet 为自己的工作、学习、生活锦上添花，真正做到"足不出户，可成就天下事，潇洒作当代人"。

网络的神奇作用吸引着越来越多的用户加入其中，正因如此，网络的承受能力也面临着越来越严峻的考验——从硬件上、软件上,各项技术都需要适时应势,对应发展,这正是网络迅速进步的催化剂。Internet 从作为军用通信的一个模糊的概念演化成为几亿人使用的重要工具,使人们可以互相通信、研究和收集信息、远程工作、购物、游戏并参与无数其他全球性的活动。

1.2 建立网站的原因

思考建立网站的原因是很重要的,已经有这么多网站了,为什么需要自己建立一个网站呢?如果你为一家公司工作,可能已经有了丰富的市场素材,那么为什么还需要建立一个网站?建立网站想要达到什么目的呢?

公司和个人一样,建立网站都有实用和商业的原因。通过网站能够与全球有同样想法的个人或潜在的客户通信。如果你是某个方面的天才,可以使用网站来展示自己的作品,提供相关资料让人们认识你。如果你是一名新闻记者,可以通过博客发表自己的意见。如果你拥有一家公司或者在一家公司中工作,网站往往是公司营销的最有效的工具。即使你只是某方面的业余爱好者,网站也是寻找与你志趣相投的其他人的好办法——尽管你可能是这个城市里唯一喜欢某类事情的人,但是在全世界范围内可能有数以千计的人与你有共同的想法,网站可以将你们聚集在一起。这可能是科幻杂志几乎已经消亡,却又在网络上复活的原因,因为其开发成本几乎可以忽略,而全球范围内的分发却很容易。

从实用的角度来看,网站每天 24 小时都在网络上运行,这与印刷媒体不同,印刷媒体在很短的时间之后就变成再生垃圾。在线分发比邮寄印刷媒体便宜得多,同样,其开发(特别是改正和更新)往往也便宜得多。例如,如果想重做一本印刷的小册子,必须重新设计并重新印刷,而修改网站的一部分往往意味着改变少数几个文件,这更高效且负担更小。所以,对于大公司和个人,网站在几分钟内使相关信息在线,并使所有感兴趣的部分保持更新的能力令人难以拒绝。

1.3 网页的基本概念

1.3.1 网页与网站的关系

如果把网站比作一本书,那么网页就是这本书中的一页。网页是构成网站的基本单位,是承载各种网站应用的平台,是网站信息发布和表现的一种主要形式。简单描述,网站是由网页组成的,如果只有域名和虚拟主机而没有制作任何网页的话,任何人都无法访问网站。

网页就是一个文本文件,其扩展名多为".htm"或".html",也有".asp"".aspx"".php"或".jsp"等。使用任何文本编辑器都可以打开并编辑网页文件。网页可以存放在世界的某个角落的某一台计算机中,而这台计算机必须是与互联网相连的。网页经由网址(URL)来识别和存取,当用户在浏览器中输入网址后,经过一段复杂而又快速的程序处理,网页文件会被传送到当前位置的计算机上,然后通过浏览器解释网页的内容,再展示出来。

有很多网页没有独立的域名和空间，例如博客、挂在他人网站的个人主页，企业建站系统里的企业页面、多用户商城里的商户，尽管它们有很多页面，功能也齐全，但都不能叫网站。

网站是有独立域名、独立存放空间的内容集合，这些内容可能是网页，也可能是程序或其他文件。网站不一定有很多网页（哪怕只有一个页面），但必须有独立的域名和存放空间。简单描述，网站就是一种通信工具，人们可以通过网站发布信息，或者利用网站提供服务。人们可以通过网页浏览器来访问网站，获取个人需要的信息或者服务。

当人们在网页浏览器地址栏中输入网站的网址后，首先看到的页面通常称为主页（Home Page），或者称为首页，它类似于图书的目录，具有导航作用。

1.3.2 网页的基本元素

网页是由各种信息元素组成的，其基本元素有文本、图像、动画、超链接、表单、导航栏等。

1. 文本

网页信息主要以文本为主。文本在网络上的传输速度很快，浏览者可以方便地浏览和下载。在制作网页时，可以通过字体、字型、字号、颜色、边框、间距和背景来设置文本的属性，美化版面布局，如图1-1所示。

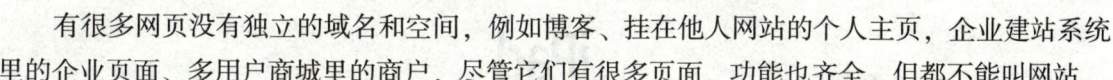

图1-1 网页中的文本

2. 图像

图像在网页中具有提供信息、展示形象、装饰网页、表达个人情趣和风格的作用。图像是对文本的说明和解释，在网页适当位置放置一些图像，不仅可以使文本清晰易读，而且使网页更加有吸引力。

现在几乎所有的网站都会使用图像来增加网页的吸引力，可以在网页中使用GIF、JPEG和PNG等多种图像格式，其中使用最广泛的是GIF和JPEG两种格式，如图1-2所示。

图 1-2　网页中的图像

3. 动画

在网页中应用的动画元素主要有 GIF 和 Flash 两种形式，GIF 动画的效果单一，已经不能适应人们对网页视觉效果的要求。随着 Flash 动画技术的不断发展，Flash 动画的应用已经越来越广泛，特别是在网页中，Flash 已经成为最主要的网页动画形式，打开任何一个网站，几乎都可以看到 Flash 动画。Flash 动画因为其特殊的表现形式，更加直观、生动，受到人们的欢迎，特别是在突出表现某些信息内容的时候，Flash 动画能够更加精确、突出地表现内容，如图 1-3 所示。

图 1-3　网页中的 Flash 动画

4. 超链接

超链接是一种从一个网页指向一个目的端的链接。超链接是网站得以整合的"灵魂"。将鼠标指针移动到设置有超链接的对象（如文字、图片、标题、动画等）时，鼠标指针就会变成"  "，只需单击鼠标就能打开超链接所指向的内容。

5. 表单

网页中通常用表单来联系数据库并接收访问用户在浏览器端输入的数据。表单的作用是收集用户在网页上输入的联系信息、登录信息、反馈意见等，如图1-4所示。

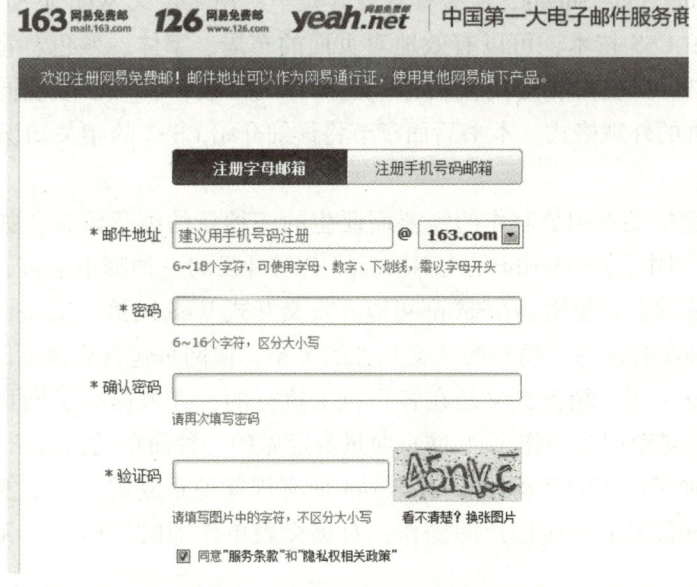

图1-4　网页中的表单

6. 导航栏

导航栏是浏览网页时有效的指向标志，它相当于一个网站的目录。导航栏通过超级链接与站点中的网页或其他网站进行链接，从而快速切换到另一个栏目，如图1-5所示。导航栏既可使用文本导航的形式，也可以使用图片导航的形式。

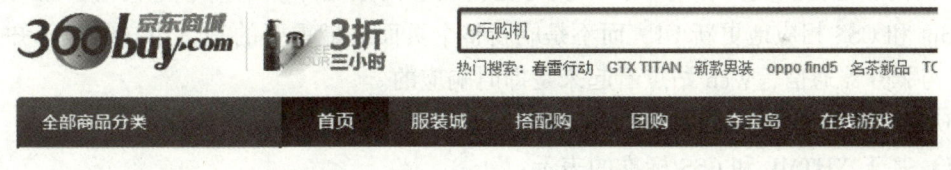

图1-5　网页中的导航栏

1.3.3　网页的技术构成

网页的技术构成主要有HTML、CSS、JavaScript、AJAX、jQuery、PHP等。

1. HTML

网页最基础的技术是HTML（Hyper Text Markup Language，超文本标记语言），它并不是一种程序设计语言，而是一种页面描述语言。它在很大程度上类似于排版语言。当用排版语言制作文本时，需要加一些控制标签来控制输出的字型、字号等，以获得所需的输出效果。与此类似，编制HTML文本时也需要加一些标签，说明段落、标题、图像、字体等。当用户通过网页浏览阅读HTML文件时，浏览器负责解释插入HTML文本中的各种标签，并以此为依据显示文本的内容。用HTML语言编写的文件称为HTML文本。HTML语言即Web页面的描述语言。HTML至今已发展到了HTML5，本书将在第3章对HTML5进行详细介绍。

2. CSS

CSS（Cascading Style Sheets，层叠样式表）是一组用于定义 Web 页面外观格式的规则。在网页制作时使用 CSS 技术，可以有效地对页面的布局、字体、颜色、背景和其他效果实现更加精确的控制。只要对相应的代码作一些简单的修改，就可以改变同一页面的不同部分，或者不同网页的外观格式。本书后面章节将详细介绍 CSS3 的相关知识。

3. JavaScript

JavaScript 是适应动态网页制作的需要而诞生的一种新的编程语言，如今越来越广泛地用于 Internet 网页制作。JavaScript 是由 Netscape 公司开发的一种脚本语言，或者称为描述语言。在 HTML 的基础上，使用 JavaScript 可以开发交互式 Web 网页。JavaScript 的出现使网页和用户形成了一种实时性的、动态的、交互性的关系，使网页包含更多活跃的元素和更加精彩的内容。JavaScript 短小精悍，又是在客户机上执行的，大大提高了网页的浏览速度和交互能力。同时它又是专门为制作 Web 网页而量身定做的一种简单的编程语言。

JavaScript 增加了网页的互动性。JavaScript 使有规律地重复的 HTML 文段简化，缩短下载时间。JavaScript 能及时响应用户的操作，对提交表单作即时的检查，无须浪费时间交由 CGI 验证。

4. AJAX

术语 AJAX 用来描述一组技术，它使浏览器可以为用户提供更为自然的浏览体验。在 AJAX 之前，Web 站点强制用户进入提交/等待/重新显示范例的循环，用户的动作总是与服务器的"思考时间"同步。AJAX 提供与服务器异步通信的能力，从而使用户从请求/响应的循环中解脱出来。借助 AJAX，可以在用户单击按钮时，使用 JavaScript 和 DHTML 立即更新 UI，并向服务器发出异步请求，以执行更新或查询数据库。当请求返回时，就可以使用 JavaScript 和 CSS 相应地更新 UI，而不是刷新整个页面。最重要的是，用户甚至不知道浏览器正在与服务器通信，Web 站点看起来是即时响应的。

AJAX 由几种蓬勃发展的技术以新的强大方式组合而成。AJAX 包含：

（1）基于 XHTML 和 CSS 标准的表示；

（2）使用 Document Object Model 进行动态显示和交互；

（3）使用 XMLHttpRequest 与服务器进行异步通信；

（4）使用 JavaScript 绑定一切。

AJAX 能在网页中加入精美特效，让网站更受用户喜爱。图 1-6 所示是 AJAX 照片展示效果，照片可左右滚动并有倒影效果。图 1-7 所示是 AJAX 实现的与现在流行的 ligtbox 效果类似的效果，即点小图，大图弹出，周围页面变为灰色半透明。

5. jQuery

jQuery 是一个兼容多浏览器的 JavaScript 库，其核心理念是 write less, do more（写得更少，做得更多）。jQuery 是免费、开源的，使用 MIT 许可协议。jQuery 的语法设计可以使开发者更加便捷，例如操作文档对象、选择 DOM 元素、制作动画效果、处理事件、使用 AJAX 以及其他功能。除此以外，jQuery 提供 API 让开发者编写插件。其模块化的使用方式使开发者可以很轻松地开发出功能强大的静态或动态网页。

图 1-6　照片展示（左右滚动并有倒影效果）

图 1-7　点小图，大图弹出，周围页面变为灰色半透明

jQuery 使用户能更方便地处理 HTML 文档和事件、实现动画效果，并且方便地为网站提供 AJAX 交互。jQuery 还有一个比较大的优势，即它的文档说明很全，而且对各种应用也说明得很详细，同时还有许多成熟的插件可供选择。jQuery 能够使用户的 HTML 页面保持代码和内容分离，也就是说，不用再在 HTML 里面插入一堆 js 来调用命令了，只需定义 id 即可。

6. PHP

PHP 是一个基于服务端创建动态网站的脚本语言，可以用 PHP 和 HTML 生成网站主页。当一个访问者打开主页时，服务端便执行 PHP 的命令并将执行结果发送至访问者的浏览器中，这类似于 ASP 和 ColidFusion，然而 PHP 和它们的不同之处在于 PHP 开放源码和跨越平台，PHP 可以运行在 Windows NT 和多种版本的 UNIX 上。它不需要任何预先处理即可快速反馈结果，它也不需要 mod_perl 的调整来使服务器的内存映象减小。PHP 消耗的资源较少，当 PHP 作为 Apache Web 服务器的一部分时，运行代码不需要调用外部二进制程序，服务器不需要承担任何额外的负担。

PHP 能支持很多数据库，而在 Internet 上它也支持了相当多的通信协议（protocol），包括与电子邮件相关的 IMAP、POP3，网管系统 SNMP，网络新闻 NNTP，账号共用 NIS，全球信息网 HTTP 及 Apache 服务器，目录协议 LDAP 以及其他网络的相关函数。

除此之外，用 PHP 写出来的 Web 后端 CGI 程序可以很轻易地移植到不同的系统平台上。例如，以 Linux 架构的网站在系统负荷过高时，可以快速地将整个系统移到 SUN 工作站上，不用重新编译 CGI 程序。面对快速发展的 Internet，这是长期规划的最好选择。

1.4 HTML5 简介

1.4.1 HTML 发展历史

作为最基础的 Web 技术，HTML 已经 10 年没有过大范围的改变，与服务器端技术的进化相比，人们已经淡忘了 HTML 还需要升级，还可以增添更多的属性和功能。

HTML 版本的历史如下：

（1）超文本标记语言（第一版），在 1993 年 6 月由 IETF 工作草案发布（并非标准）；

（2）HTML2.0，1995 年 11 月作为 RFC1866 发布，在 RFC2854 于 2000 年 6 月发布之后被宣布已经过时；

（3）HTML3.2，1996 年 1 月 14 日，W3C 推荐标准；

（4）HTML4.0，1997 年 12 月 18 日，W3C 推荐标准；

（5）HTML4.01（微小改进），1999 年 12 月 24 日，W3C 推荐标准；

（6）XHTML1.0，2000 年 1 月 26 日，W3C 推荐标准，后来经过修订于 2002 年 8 月 1 日重新发布。

1.4.2 HTML4.01 和 XHTML

XHTML（eXtensible Hyper Text Markup Language，扩展的超文本标记语言）和 HTML4.01 具有良好的兼容性，而且 XHTML 是更严格、更纯净的 HTML 代码。XHTML 就是最新版本的 HTML 规范。

人们习惯上认为 HTML 也是一种结构化文档，但实际上 HTML 的语法非常自由、宽容（主要是各浏览器纵容的结果），所以才有如下 HTML 代码：

```
<html>
<head>
<title>不规范的 HTML 文档</title>
<body>
<h1>不规范的 HTML 文档
```

上面代码中 4 个粗体字标签都没有正确结束，这显然违背了结构化文档的规则，但使用浏览器来浏览这份文档时，依然可以看到浏览效果——这就是 HTML 不规范的地方。而 XHTML 致力于消除这种不规范，XHTML 要求 HTML 文档首先必须是一份 XML 文档。

XML 文档是一种结构化文档，它有如下 4 条基本规则：

（1）每个开始标签必须和结束标签配套使用，例如 <tag></tag>。对于没有内容（无内容数据）的标记也允许使用格式 <tag/>。

（2）文档中必须包含唯一的打开和关闭标签，文档中的所有其他标签都必须包含在这两个标签中。例如，在 state XML 文档中，<state> 和 </state> 标签是唯一的打开和关闭标签。所有其他标签都包含在这两个标签中。

（3）各个标签之间不能重叠，或者说不能交叉定义。例如，在 state XML 文档中，<name><population></name></population> 无效。

（4）元素的属性必须有属性值，而且属性值应该用引号（单引号和双引号都可以）括起来。

通常，计算机里的浏览器可以对付各种不规范的 HTML 文档，但现在很多浏览器运行在移动电话和手持设备上，它们没有能力处理不规范的标签语言。为此，W3C 建议使用 XML 规范来约束 HTML 文档，将 HTML 和 XML 的长处加以结合，从而得到现在和未来都能使用的标记语言：XHTML。

XHTML 可以被所有支持 XML 的设备读取，在其余的浏览器升级至支持 XML 之前，XHTML 强制 HTML 文档具有更加良好的结构，以保证这些文档可以被所有的浏览器解释。

1.4.3 从 XHTML 到 HTML5

虽然 W3C 努力为 HTML 制定规范，但由于绝大部分编写 HTML 页面的人并没有受过专业训练，他们对 HTML 规范、XHTML 规范不甚了解，所以他们制作的 HTML 网页绝大部分都没有遵守 HTML 规范。大量调查表明，即使在一些比较正规的网站中，也很少有网站能通过验证。虽然互联网上绝大部分 HTML 页面都是不符合规范的，但各种浏览器却可以正常解析、显示这些页面，在这样的局面下，HTML 页面的制作者甚至感觉不到遵守 HTML 规范的意义。

现有的 HTML 页面大量存在不符合规范的内容，如元素的标签名大小写混杂；元素没有合理结束；元素中使用了属性，但没有指定属性值；为元素的属性指定属性值时没有使用引号等。

可能是出于"存在即合理"的考虑，WHATWG 组织开始制定一种"妥协式"的规范：HTML5。既然互联网上大量存在上述多种不符合规范的内容，而且制作者从来也不打算改进这些页面，因此 HTML5 干脆承认它们是符合规范的。

由于 HTML5 规范十分宽松，因此 HTML5 甚至不再提供文档型定义（DTD）。到 2008 年，W3C 已经制定了 HTML 草案。虽然到目前为止，W3C 没有正式发布 HTML5 规范，但大量浏览器厂商和市场都已经开始承认 HTML5。各大浏览器厂商不仅积极地支持 HTML5 规范，而且还参与到 HTML5 规范的制定之中。

目前已经存在很多基于 HTML5 的应用了。有些网站明确表示支持 HTML5，并提示用户升级浏览器，很多网络应用也已经为 HTML5 的到来做了充分的准备。2012 年是 HTML5 真正发力的开始，而且它对于移动应用的优势非常明显。

1.5　CSS3 简介

1.5.1　CSS 概述

CSS 其实是一种描述性的文本，用于增强或者控制网页的样式，并允许将样式信息与网页内容分离。用于存放 CSS 样式的文件扩展名为".css"。

最初，HTML 标签被设计为定义文档结构的功能，通过使用 <h1>、<p>、<table>、<img> 之类的标签，分别在浏览器中展示一个标题、一个段落、一个表格或一个图片等内容。HTML 只是标识页面结构的标记语言。Web 发展初期的两大浏览器厂商 Netscape 和 Internet Explorer 为了表示更加丰富的页面效果，争夺 Web 浏览器市场，不断地添加新的标记和属性到 HTML 规范中，这使原本结构比较清晰的 HTML 文档变得非常混乱。

随着 Web 页面效果的要求越来越多样化，依赖 HTML 的页面表现已经不能满足网页开发者的需求。

CSS 的出现改变了传统 HTML 页面的样式效果。CSS 规范代表了 Web 发展史上的一个独特的阶段。

1.5.2　CSS 的历史

CSS 是伴随着 HTML 的发展而发展的。从 20 世纪 90 年代初 HTML 被发明开始，样式表就以各种形式出现了。

1994 年哈坤提出了 CSS 的最初建议。虽然当时已经有一些样式表语言的建议，但 CSS 是第一个含有"层叠"主意的。在 CSS 中，一个文件的样式可以从其他样式表中继承下来，即"层叠"其他样式表。这种层叠的方式使作者和读者都可以灵活地加入自己的设计，混合各人的爱好。

哈坤于 1994 年在芝加哥的一次会议上第一次展示了 CSS 的建议，从此成为此项目的主要技术负责人。

1996 年年底，CSS 已经完成。同年 12 月 CSS 发布了第一个版本的规范 CSS1。

1998 年 5 月发布第二个版本的规范 CSS2。

2004 年发布 CSS2.1，这是 CSS2 的修订版。

之后 CSS 可以说基本上没有什么变化，一直到 2010 年推出了一个全新的版本——CSS3。CSS3 采用模块化的开发方案，每个模块都能独立地实现和发布，这也为未来的 CSS 扩展奠定了基础。

1.5.3　CSS3 的作用

CSS3 并没有采用总体结构，而是采用了分工协作的模块化结构。为什么要分成这么多模块进行管理呢？这是为了避免产生浏览器对某个模块支持不完全的情况。如果只有一个总体结构，这个总体结构会过于庞大，在对其支持的时候很容易产生支持不完全的情况。如果把总体结构分成几个模块，各浏览器可以选择对哪个模块进行支持，对哪个模块不进行支持，支持的时候也可以集中把某一个模块全部支持完再支持另一个模块，以减少支持不完全的可能性。

这对界面设计来说无疑是一件非常可喜的事情。在界面设计中，最重要的就是创造性，如果能够使用 CSS3 中新增的各种属性，就能够在页面中增加许多 CSS2 中没有办法解决的样式，摆脱界面设计中存在的许多束缚，从而使整个网站或 Web 应用程序的界面设计迈上一个新的台阶。

1.6 网页设计的开发环境

1.6.1 Web 设计软件

1. Dreamweaver CS6

Dreamweaver CS6 是 Adobe 公司推出的一款网页设计的专业软件，其强大功能和易操作性使它成为同类开发软件中的佼佼者。Dreamweaver 是集创建网站和管理网站于一身的专业网页编辑工具，因其界面更为友好、人性化和易于操作，可快速生成跨平台和跨浏览器的网页和网站，并且能进行可视化的操作，拥有强大的管理功能，所以受到了广大网页设计师的青睐，一经推出就好评如潮。它不仅是专业人员制作网站的首选工具，而且普及到广大网页制作爱好者中。Dreamweaver CS6 是 Adobe 公司推出的最新版本。图 1-8 所示为使用 Dreamweaver CS6 制作网页的界面。

图 1-8 使用 Dreamweaver CS6 制作网页的界面

2. Microsoft Expression Web

这是微软公司的一个令人惊讶的成就。尽管 Microsoft Expression Web 比 Dreamweaver 弱小，但是它在发行的时候能够提供一些胜过 Adobe 公司的 CSS 工具。虽然它的工具不如 Dreamweaver，但它仍是一个具有惊人的功能和用户友好性的应用程序。但是，Microsoft Expression Web 受制于 PHP 支持的缺乏（它主要关注面向微软公司的技术）和 Mac OS X 版本的缺乏。但是，对于基于 Windows 且只对静态网站感兴趣的 Web 设计人员，以及开发基于 ASP.NET 站点的人来说，这个软件非常有用。

1.6.2　图形设计软件

1. Photoshop CS6

Photoshop 是被业界公认的图形图像处理专家，也是全球性的专业图像编辑行业标准。Photoshop CS6 是 Adobe 公司的最新的图像编辑软件，它提供了高效的图像编辑和处理功能、人性化的操作界面，深受美术设计人员的青睐。它集图像设计、合成以及高品质输出等功能于一身，广泛应用于平面设计和网页美工、数码照片后期处理、建筑效果后期处理等诸多领域。该软件在网页前期设计中，无论在色彩的应用、版面的设计、文字特效、按钮的制作还是及网页动画方面，均占有重要地位。图 1-9 所示为使用 Photoshop CS6 处理网页图像。

2. Fireworks CS6

Fireworks 能快速地创建网页图像，随着版本的不断升级，功能的不断加强，Fireworks 受到越来越多网页图像设计者的欢迎。Fireworks CS6 更是以它便捷的操作模式，在位图编辑、矢量图形处理与 GIF 动画制作功能上的优秀整合，赢得诸多好评。

图 1-9　使用 Photoshop CS6 处理网页图像

Fireworks CS6 在网页图像设计中，除了对相应的页面插入图像进行调整处理外，还可以使用图像进行页面的总体布局，然后使用切片导出。图 1-10 所示为使用 Fireworks CS6 处理网页图像。

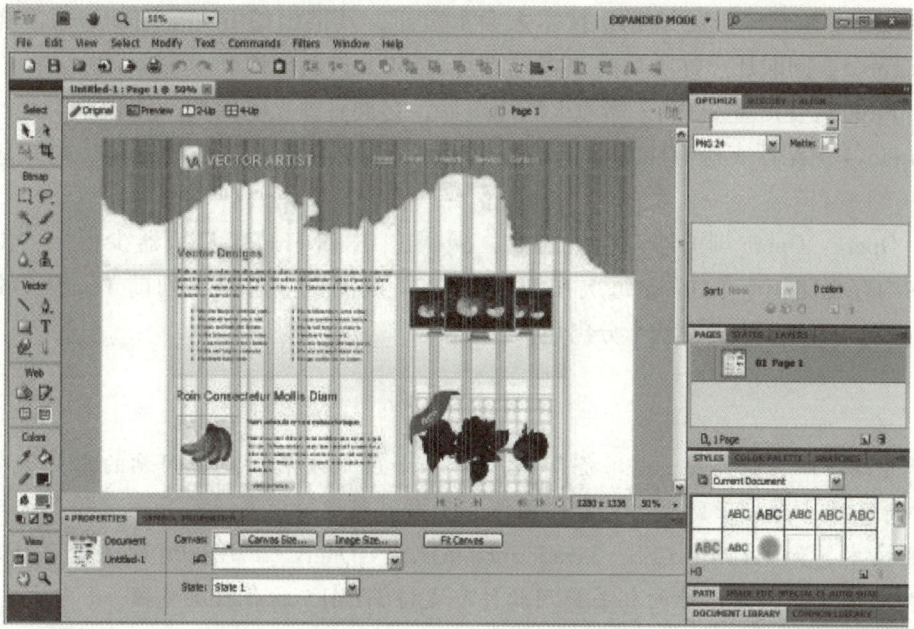

图 1-10　使用 Fireworks CS6 处理网页图像

1.6.3　浏览器指南

现今浏览器的许多新功能都是从 HTML5 标准中发展而来的。因为，无论 HTML5 发生哪些巨大变化，提供哪些革命性的特性，如果不能被业界承认并广泛地推广使用，这些都是没有意义的。

现在，HTML5 被正式地、大规模地投入应用的可能性相当高。这主要是靠各个浏览器厂商来支持的，它们都在最新版本的浏览器中支持 HTML5。目前主流的浏览器如图 1-11 所示。

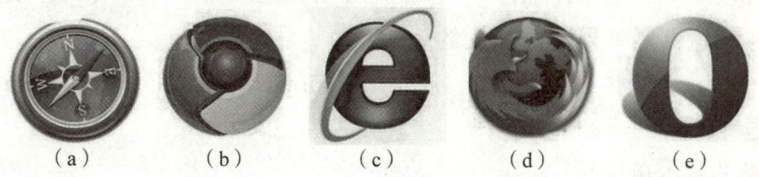

图 1-11　目前主流的浏览器

(a) Safari；(b) Chrome；(c) Internet Explorer；(d) Firefox；(e) Opera

（1）Safari：Safari 是苹果公司开发的浏览器，借以同其他竞争对手抗衡。它采用 Webkit 核心技术，速度很快，不过兼容性和扩展性略微逊色。2010 年 6 月 7 日开发者发布了 Safari5，这款浏览器支持 10 个以上的 HTML5 新技术，包括全屏播放、HTML5 视频、HTML5 地理位置、切片元素、表单验证和 Web Socket 等。

（2）Chrome：Chrome 的中文称为谷歌浏览器，它采用 Webkit 核心技术，采用了"内置高速缓存"的优化技术，运行速度非常快。谷歌公司一直以来都积极地推动 HTML5 的发展。

（3）Internet Explorer：Internet Explorer 微软公司开发的浏览器，简称 IE。IE 浏览器是集成在 Windows 操作系统中的，所以其也是使用最为普遍的一种浏览器，国内大多数用户都使用该浏览器。微软公司在 MIX10 技术大会上宣布，其推出的 Internet Explorer 9 浏览器已经支持 HTML5，同时还声称随后将更多地支持 HTML5 的新标准和 CSS3 特性。

（4）Firefox：Firefox 的中文称为火狐浏览器，它拥有独立的内核，体积小，运行速度非常快。Firefox4 浏览器支持 HTML5，包含了 HTML5 语法分析器、在线视频、离线应用和多线程等。

（5）Opera：Opera 浏览器安全性能高，漏洞比 IE 和 Firefox 浏览器少得多，浏览速度快，占用内存也比较小。Opera 每次在 HTML5 支持的测试中总是名列前茅。从 Opera10 开始，Opera 对 HTML5 的支持就十分出色。

要点回顾

本章介绍了网页制作的一些准备知识，如 Internet 的发展、建立网站的意义、网站和网页的关系等；重点介绍了网页的文本、图像、动画、超链接、表单、导航栏等构成元素和网页的实现技术，如 HTML、CSS、JavaScript、AJAX、jQuery、PHP；简单讲述了 HTML5 和 CSS3 的发展背景、网页设计的相关应用软件和支持 HTML5 的各种浏览器。

习题一

一、选择题

1. 下列不属于文本属性的是（　　）。
   A. 字体　　　　　　B. 字号　　　　　　C. 颜色　　　　　　D. 布局
2. 下列不属于网页的技术构成的是（　　）。
   A. HTML　　　　　B. TCP/IP　　　　　C. CSS　　　　　　D. AJEX
3. HTML 最新版本是（　　）。
   A. HTML4.01　　　B. XHTML　　　　C. HTML5　　　　D. HTML
4. （　　）浏览器是苹果公司开发的。
   A. Safari　　　　　B. Chrome　　　　　C. Firefox　　　　　D. Opera

二、填空题

1. 构成网站的基本单位是_____。
2. 网页的基本元素有_____、_____、_____、_____、_____、_____等。
3. CSS3 采用_____的开发方案，每个_____都能独立地实现和发布，这也为未来的 CSS 扩展奠定了基础。
4. 网页设计开发软件中，_____用于排版布局网页，_____用于设计精美的网页动画，_____、_____用于处理网页的图形图像。

第 2 章

处理网页文件

本章导读

第 1 章介绍了网页设计入门的相关知识。本章从网页文件的基本操作、网页文件夹的组织和网页的浏览等几个方面讲解如何处理网页文件。

2.1 网页文件的基本操作

要设计和处理网页文件，首先要了解和掌握网页文件的基本操作。网页文件的基本操作包括创建、保存和编辑等。

2.1.1 使用记事本创建、保存和编辑网页文件

制作网页可以不用任何软件，直接用记事本制作。用记事本制作简单的网页或对网页源文件作部分编辑很方便。

1. 创建

（1）单击桌面左下角的"开始"按钮，选择"程序"→"附件"→"记事本"选项，打开图 2-1 所示的记事本文件。

图 2-1 记事本文件

（2）在记事本中，输入图2-2所示的HTML语言，可以创建一个简单的网页。

2. 保存

如果直接保存用记事本编写的文件，其会被保存为默认的后缀名为".txt"的文本文件。文本文件是不能直接被浏览器打开的。如何将图2-2所示的记事本创建出来的文件保存为能用浏览器直接打开的网页文件呢？操作步骤如下：

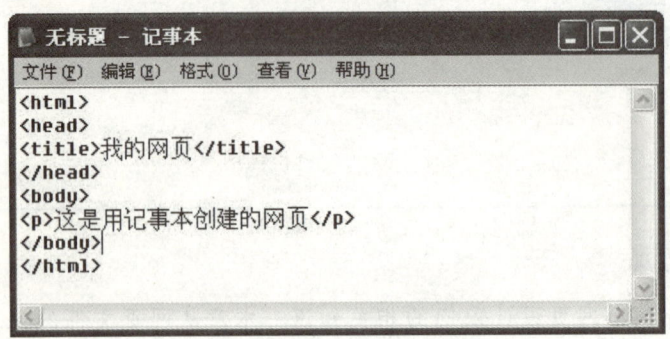

图2-2 在记事本中编写HTML语言

（1）选择记事本菜单栏的"文件"→"保存"命令，或按"Ctrl+S"组合键，弹出"另存为"对话框，如图2-3所示。

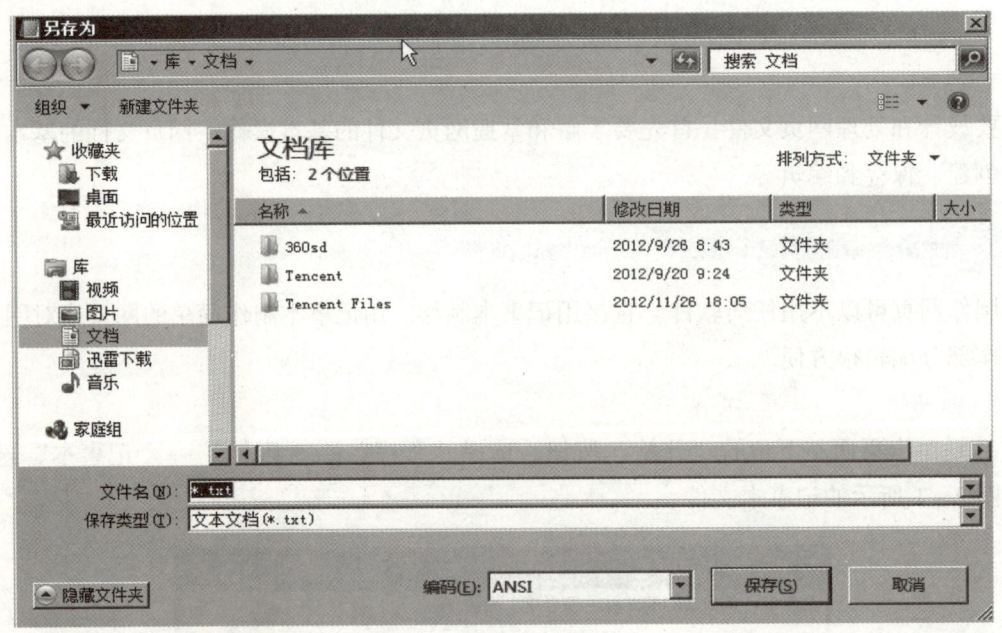

图2-3 "另存为"对话框

（2）选择保存路径，然后在"文件名"文本框中输入文件名称，并加上".htm"或".html"的网页格式的后缀名，如图2-4所示。

（3）单击"保存"按钮，就可以将用记事本创建的文件保存为可以用浏览器直接打开的网页文件。

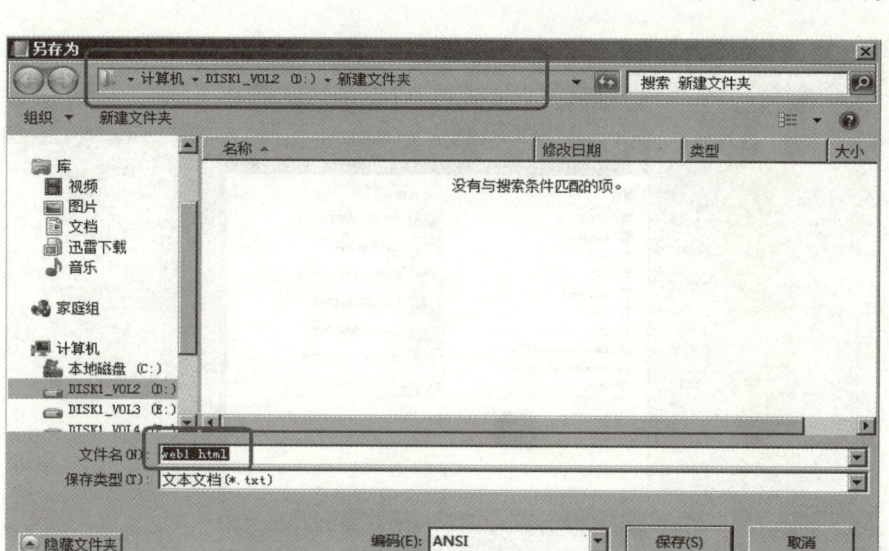

图 2-4　将记事本文件保存为网页文件

3. 编辑

后缀名为".htm"或".html"的网页文件的图标如图 2-5 所示。如果想对此文件进行再次编辑，操作步骤如下：

（1）用鼠标右键单击图 2-5 所示的图标，打开快捷菜单，选择"重命名"命令，将文件后缀名改为".txt"，在弹出的图 2-6 所示的"重命名"对话框中，单击"确定"按钮。

（2）改后的文件图标如图 2-7 所示。双击此文件后，记事本可将其打开，在记事本中可对文件进行编辑。

 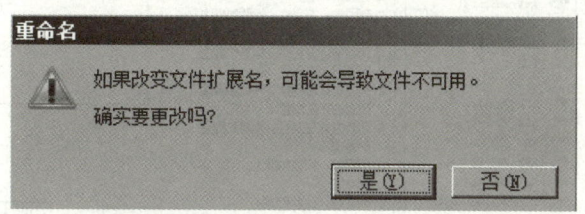 

图 2-5　网页文件　　　　图 2-6　"重命名"对话框　　　　图 2-7　文本文件

（3）编辑完成后，再次用修改后缀名的方式将其保存为网页文件。双击文件，可直接用浏览器查看。

2.1.2　使用 Dreamweaver CS6 创建、保存和编辑网页文件

Dreamweaver CS6 是 Adobe 公司推出的最新版本的网页设计专业软件。它能很好地支持 HTML5 和 CSS3，本节以此版本为例进行介绍。

1. 创建

新建一个文档类型为 HTML5 的网页，操作步骤如下：

（1）打开 Dreamweaver CS6 后默认显示起始页，在菜单栏中选择"文件"→"新建"命令，如图 2-8 所示。

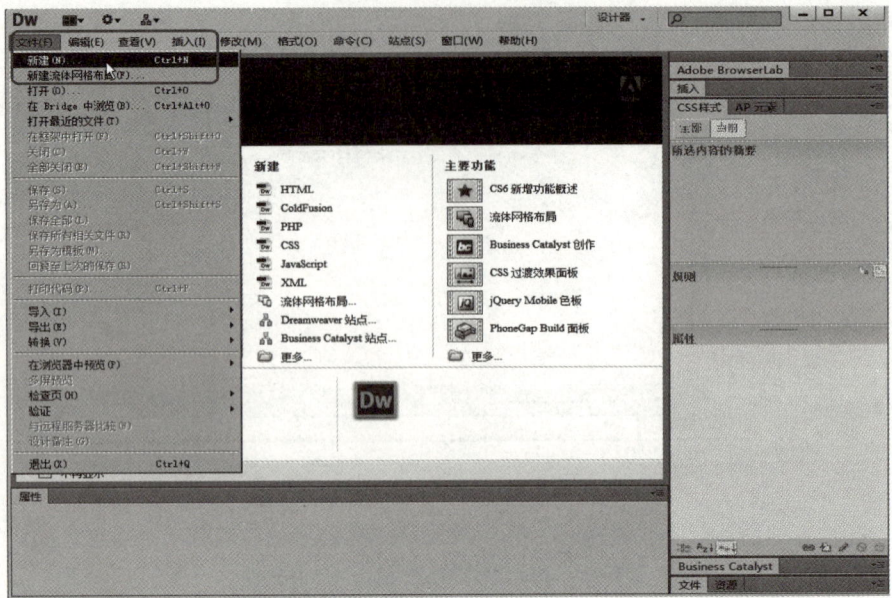

图 2-8 在起始页中选择"新建"命令

（2）弹出"新建文档"对话框，选择"空白页"选项卡，在"页面类型"列表框中选择"HTML"选项，在"文档类型"下拉列表中选择"HTML5"选项，如图 2-9 所示。

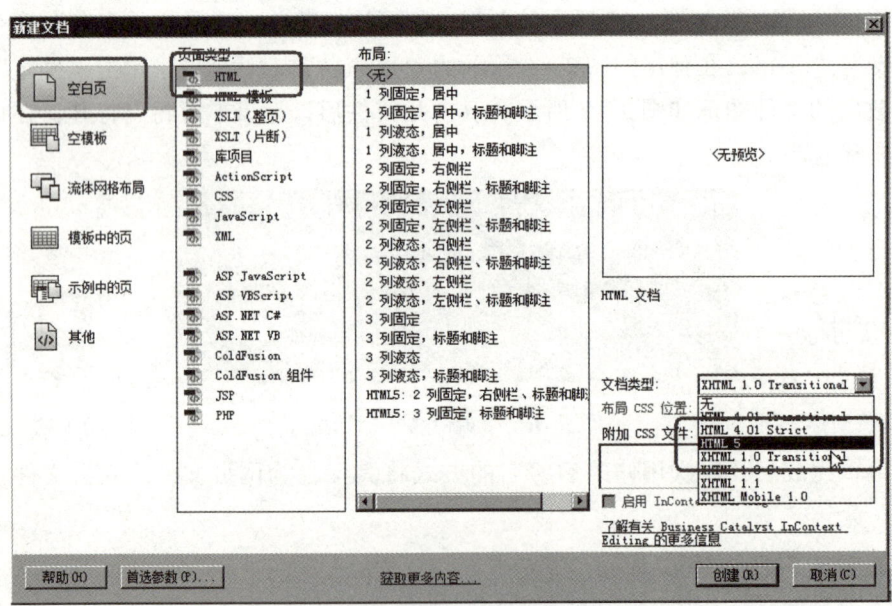

图 2-9 "新建文档"对话框

（3）单击"创建"按钮，即可新建一个空白的类型为 HTML5 的新 HTML 网页文档，如图 2-10 所示。

2. 保存

创建网页后可以将其保存起来，以便以后使用。用户可以"保存文件"及"另存为文件"。

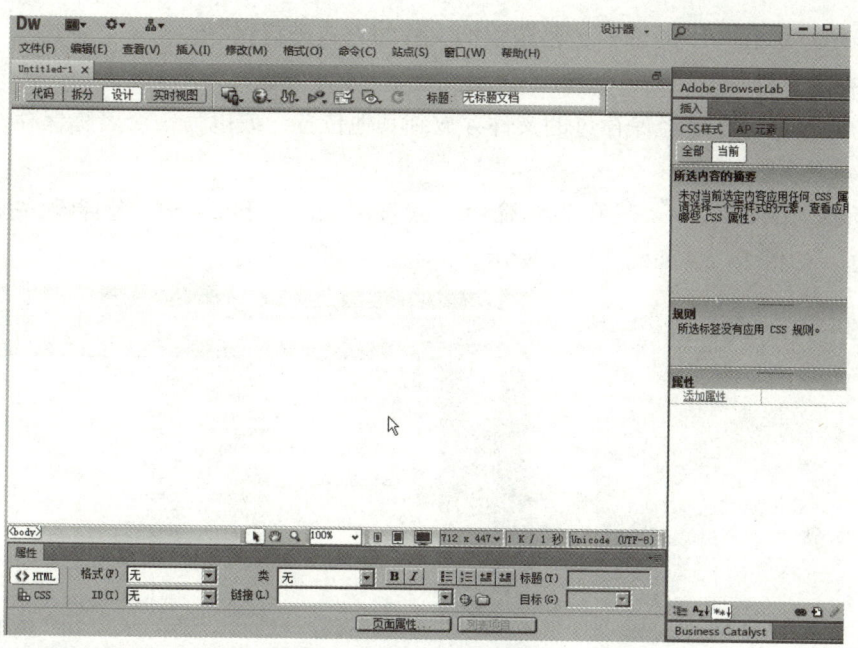

图 2-10　空白的新 HTML 网页文档

1）保存文件

操作步骤如下：

（1）选择"文件"→"保存"命令，或按"Ctrl + S"组合键，弹出"另存为"对话框，如图 2-11 和图 2-12 所示。

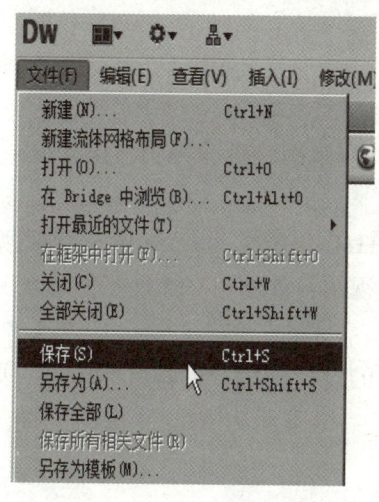

图 2-11　选择"保存"命令

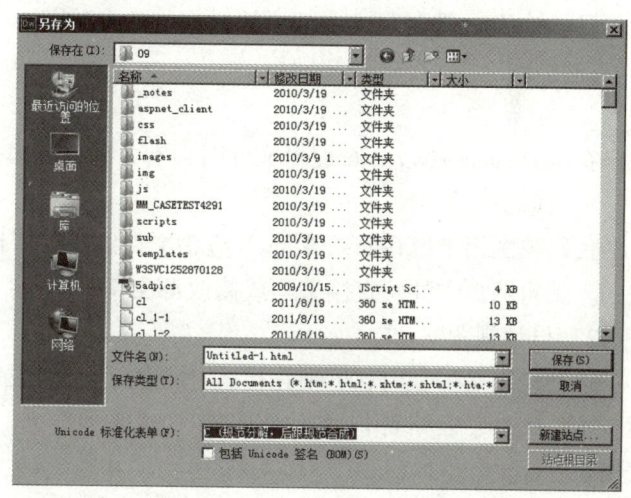

图 2-12　"另存为"对话框

（2）在"保存在"下拉列表中选择文件的保持位置。

（3）在"文件名"文本框中输入文件的名称。

（4）单击"保存"按钮即可。

若保存对旧网页的编辑修改，则选择"文件"→"保存"命令，或按"Ctrl + S"组合键,则不显示"另存为"对话框,已覆盖旧文件的方式进行保存。

2)另存为文件

另存为文件就是将已经保存过的文件存放到其他位置,或以另一个名称保存。其操作步骤如下:

(1)选择"文件"→"另存为"命令,或按"Ctrl + Shift + S"组合键,打开"另存为"对话框,如图 2 – 13 和图 2 – 14 所示。

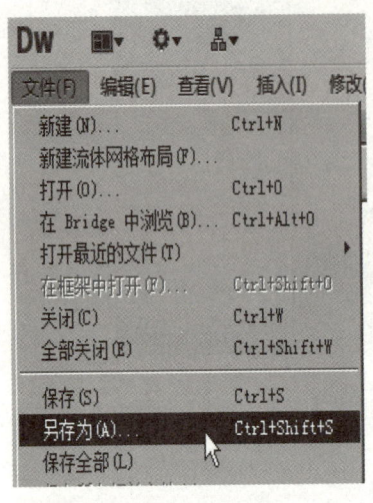

图 2 – 13 选择"另存为"命令

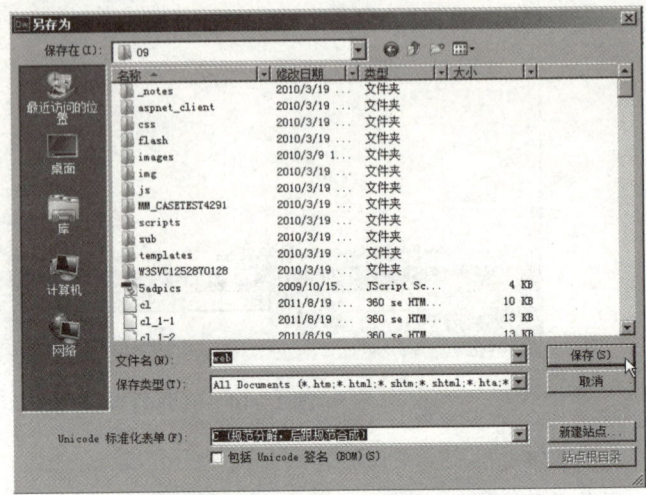

图 2 – 14 "另存为"对话框

(2)在"保存在"下拉列表中选择文件的保存位置。

(3)在"文件名"文本框中输入文件的名称。

(4)单击"保存"按钮即可。

3. 编辑

在用 Dreamweaver CS6 编辑文件时,有 3 种视图模式:代码视图、拆分视图、设计视图。

1)代码视图

代码视图用于编写和编辑 Web 应用文件源代码,包括 HTML、CSS、JavaScript 等各类型代码。编辑网页文件、直接编写或修改源文件,就选择代码视图,如图 2 – 15 所示。

2)设计视图

设计视图是一个内容可视化模式,提供了一种便捷易用的设计环境,可将页面布局、页面文本、图片、表格等内容所见即所得地展示出来。图 2 – 16 所示为在设计视图里插入表格。

3)拆分视图

拆分视图能把文档窗口以水平或垂直的方式拆分为两部分,同时将某个文档的代码视图和设计视图一起呈现,以方便用户同时进行代码编辑和页面设计。如图 2 – 17 所示,选择表格的第一行内容,可同时看见所选内容对应的代码,方便编辑。

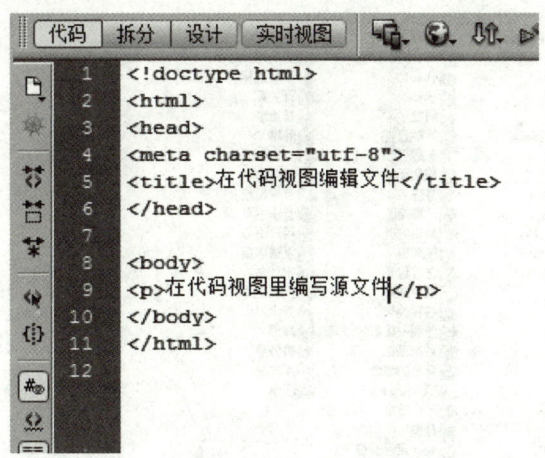

图 2-15 代码视图

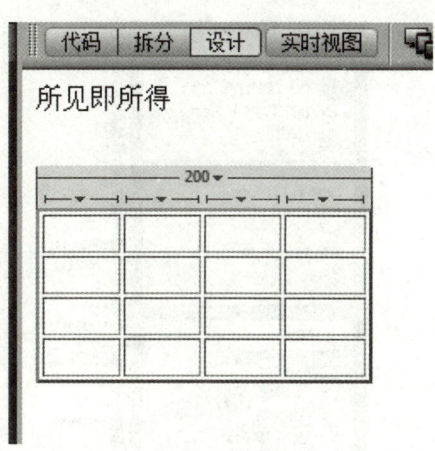

图 2-16 设计视图

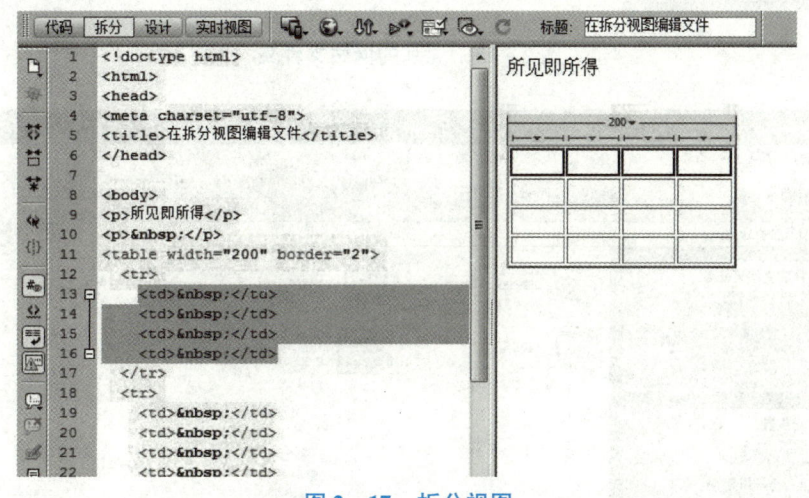

图 2-17 拆分视图

2.2 组织网站文件夹

在创建一个网站时，如果将所有的网页都存储在一个目录下，当网站的规模越来越大时，管理起来就会变得很困难，而且会对网站本身的上传维护、内容扩充和移植都有严重阻碍，如图 2-18 所示。

因此，应合理地使用和组织文件夹来管理文档。通常，在制作网站时首先要在本地硬盘上创建一个文件夹，然后在制作网站的过程中将所有创建和编辑的文档都保存在该文件夹中，此文件夹也叫作网站根目录，如图 2-19 所示。

在网站根目录中合理组织网站的所有文件及文件夹，应遵循以下要求：

（1）在网站根目录中开设 "images" "webs" "common" 3 个子目录，根据需要再开设 "media" 子目录，"images" 子目录中存放不同栏目的页面都要用到的公共图片，例如公司的标志、banner 条、菜单、按钮等；"webs" 子目录中存放主页之外的其他子页面；"com-

图 2-18　混乱的网站文件夹

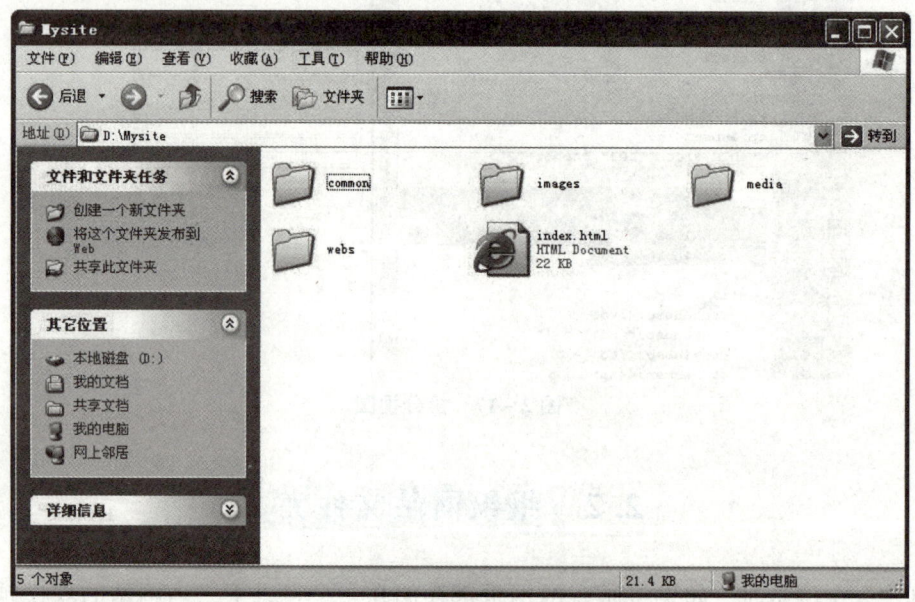

图 2-19　组织网站文件夹

mon"子目录中存放 CSS、js、PHP、include 等公共文件；"media"子目录中存放 Flash、AVI、QuickTime 等多媒体文件。

（2）主页命名为"index.html"，存放在根目录中。

（3）除非有特殊情况，目录、文件的名称全部用小写英文字母、数字、下划线的组合，其中不得包含汉字、空格和特殊字符。网络无国界，使用中文或特殊字符的目录可能对网址的正确显示造成困难。

（4）不要使用过长的目录名。尽管服务器支持长文件名，但是太长的目录名不便于记忆，也没有必要。

（5）尽量用意义明确的目录名，如"Flash""JavaScript"，以便于记忆和管理。

2.3 在浏览器中查看网页

2.3.1 在 Dreamweaver CS6 中选择浏览器

网页文档编辑好后，可以在 Dreamweaver CS6 中选择浏览器预览和测试文档。

1. 选择已有浏览器

（1）用 Dreamweaver CS6，打开源文件"第 2 章\源文件及素材\web.html"，用代码视图查看，如图 2-20 所示。

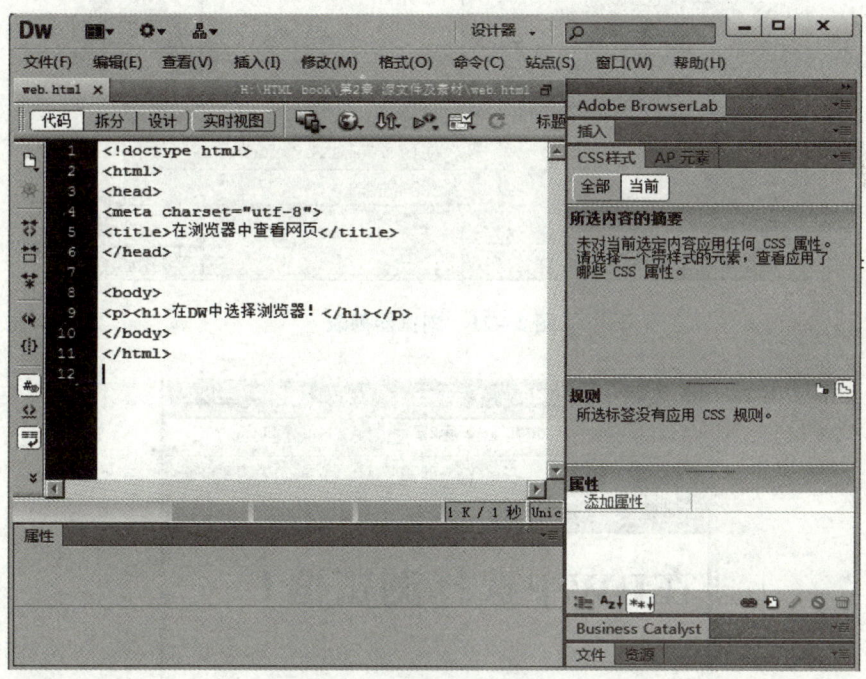

图 2-20　在代码视图中编辑网页

（2）选择"文件"→"在浏览器中预览"命令，在浏览器列表中选择一个列出的浏览器，例如"IExplorer"，如图 2-21 所示。

（3）预览效果如图 2-22 所示。

2. 添加新的浏览器

如何在图 2-21 所示的浏览器列表中添加更多的浏览器以供预览选择呢？以添加个火狐浏览器（Firefox）为例，操作方法如下：

选择"文件"→"在浏览器中预览"→"编辑浏览器列表"命令，或选择"编辑"→"首选参数"→"在浏览器中预览"命令，打开图 2-23 所示对话框。单击" "按钮，打开"添加浏览器"对话框，选择 Firefox 浏览器的存放路径，单击"确定"按钮，添加新

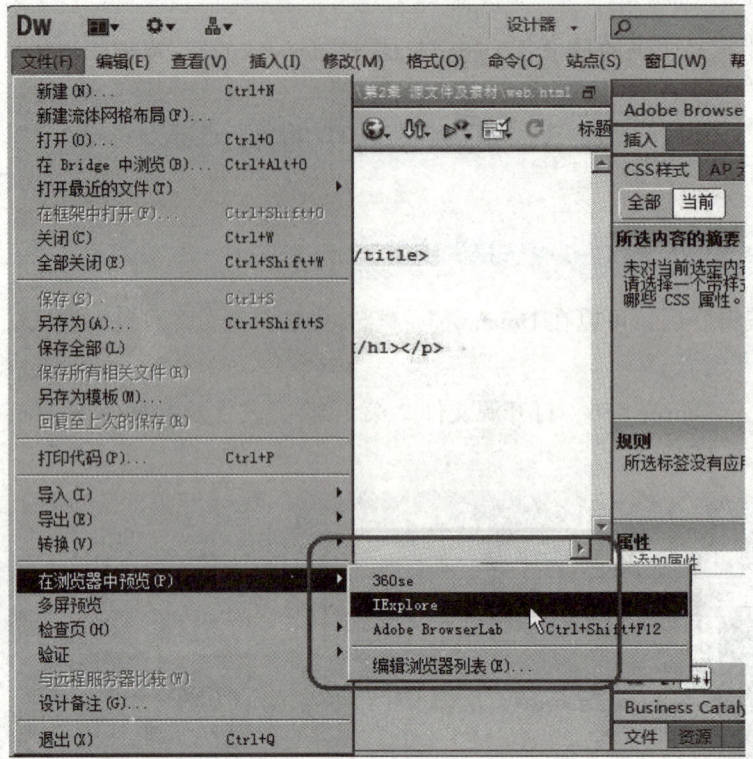

图 2-21 浏览器列表

图 2-22 预览效果

浏览器成功，如图 2-24 所示。

3. 用快捷键浏览网页

按"F12"键，可以直接用主浏览器预览当前文档。按"Ctrl + F12"组合键，可以直接用次浏览器（候选浏览器）打开当前文档。

主、次浏览器，在图 2-23 所示对话框的"默认"区域设置。

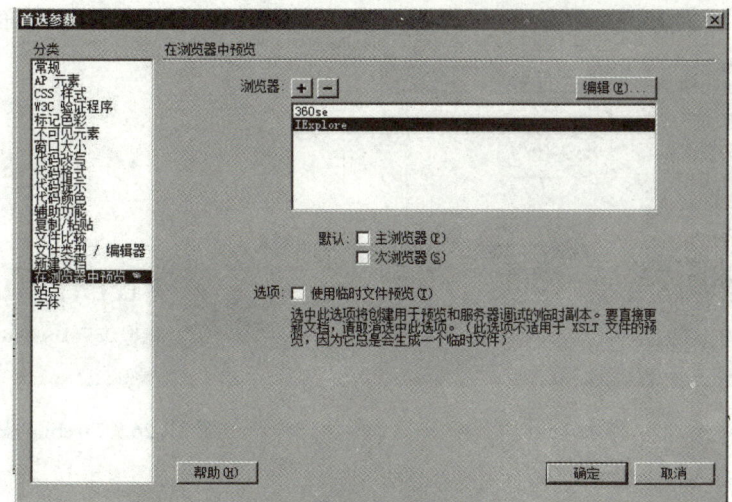

图 2-23 已有浏览器

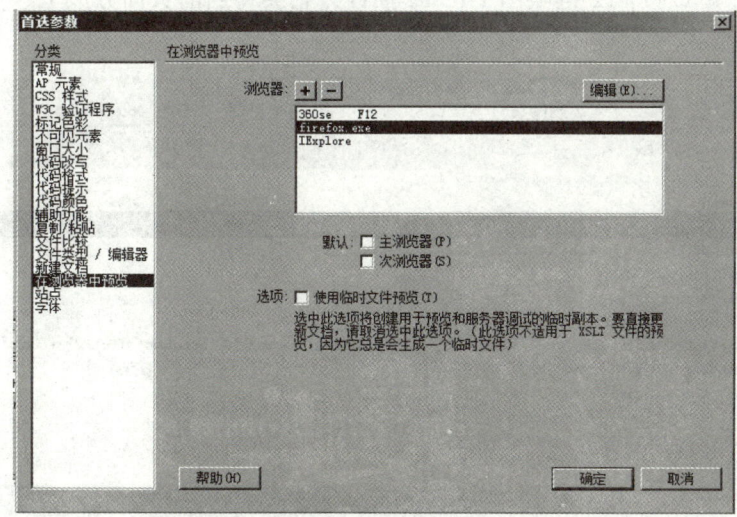

图 2-24 添加新浏览器

2.3.2 利用 Firebug 测试网页

Firebug 是 Firefox 下的一款开发类插件，现属于 Firefox 的五星级强力推荐插件之一。它集 HTML 查看和编辑、JavaScript 控制台、网络状况监视器于一体，是开发 JavaScript、CSS、HTML 和 AJAX 的得力助手。它的作用是给 Web 页面开发者提供一个很好的测试前端页面代码的工具。它深受网页开发者或网页布局爱好者的喜爱。用 DIV + CSS 和 HTML 所写的页面代码，都可以用 Firebug 来测试和调试。

1. 安装 Firebug

Firebug 是与 Firefox 浏览器集成的，所以首先要安装的是 Firefox 浏览器。安装好 Firefox 浏览器后，打开 Firefox 浏览器，在工具菜单中选择"附加组件"选项，如图 2-25 所示。在打开的附加组件管理器页面的右侧搜索栏中输入"Firebug"，如果还没有安装 Firebug，就会出现图 2-26 所示图标，单击该图标进行安装。等待安装完毕，重启 Firefox 浏览器。

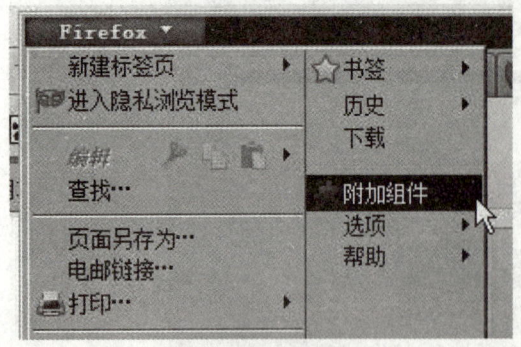

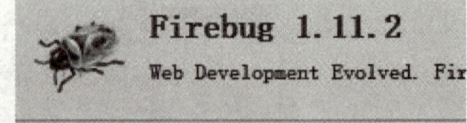

图 2-25　添加组件　　　　　　　　　图 2-26　Firebug 安装图标

2. Firebug 的主要功能

在安装好 Firebug 插件之后，先用 Firefox 浏览器打开需要测试的页面，然后单击右上方的"爬虫"按钮 或按 F12 键唤出 Firebug 插件，它会将当前页面分成上、下两个框架，如图 2-27 所示。

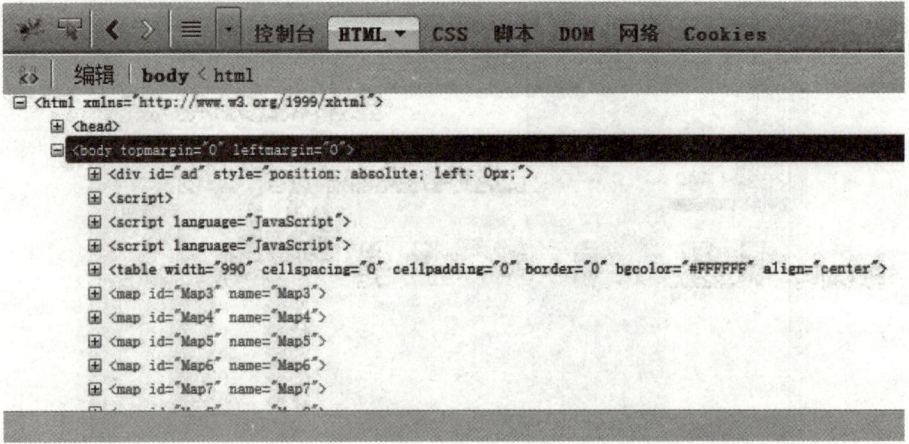

图 2-27　Firebug 界面

从图中可以看到，Firebug 有几个主要的 Tab 按钮，下面将简单介绍这几方面的功能。

1）JavaScript 控制台

JavaScript 控制台能够显示当前页面中的 JavaScript 错误以及警告，并提示出错的文件和行号，以方便调试，这些错误提示比起浏览器本身提供的错误提示更加详细且具有参考价值。

2）查看和修改 HTML

首先看到的是经过格式化的 HTML 代码，它有清晰的层次，用户能够方便地分辨出每一个标签之间的从属并行关系。用户还可以在 HTML 查看器中直接修改 HTML 源代码，并在浏览器中第一时间看到修改后的效果。

3）CSS 调试

Firebug 的 CSS 查看器不仅自下向上列出每一个 CSS 样式表的从属继承关系，还列出了每一个样式在哪个样式文件中定义。用户可以在 CSS 查看器中直接添加、修改、删除 CSS

样式表属性,并在当前页面中能直接看到修改后的结果。

图2-28所示为修改页面中的文字大小。

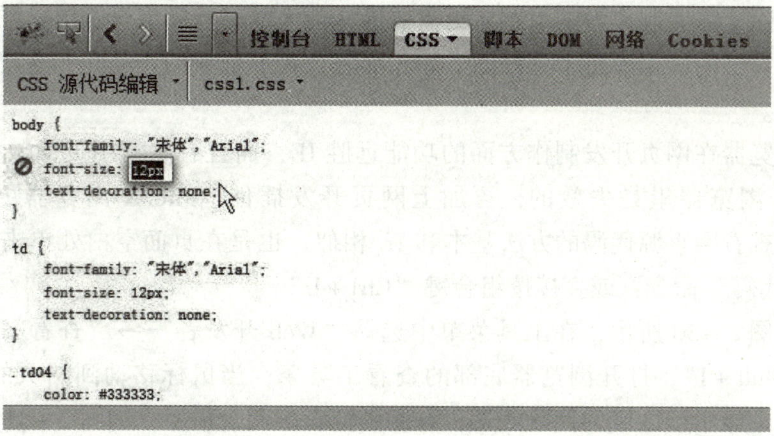

图 2-28　在 CCS 查看器中修改页面中的文字大小

4) JavaScript 调试器

JavaScript 调试器占用空间不大,具有单步调试、设置断点、变量查看等功能。如果一个网站已经建成,然而它的 JavaScript 有性能上有问题或者不是太完美,则可以通过面板上的 Profile 来统计每段脚本运行的时间,查看到底是哪些语句执行时间过长,一步一步排除问题。图 2-29 所示为 JavaScript 调试器。

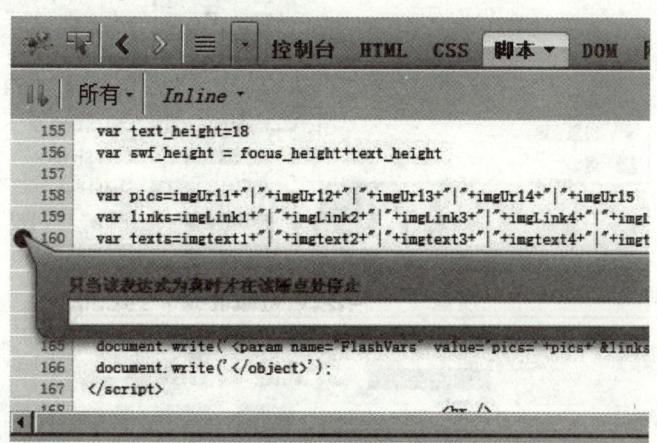

图 2-29　JavaScript 调试器

5) DOM 查看器

使用 Firebug 的 DOM 查看器,能方便地浏览 DOM 的内部结构,快速定位 DOM 对象。双击一个 DOM 对象,就能够编辑它的变量或值。DOM 查看器还有自动完成功能,当输入"document. get"之后,按 Tab 键就能补齐为 document. getElementById,非常方便。

6) 网络状况监视器

Firebug 的网络状况监视器能将页面中的 CSS、JavaScript 以及网页中引用的图片载入所消耗的时间以矩形图呈现出来,进而对网页进行调优。

2.3.3 借鉴他人网页灵感

制作网页除了需要制作者的灵感，更需要借鉴他人的经验和宝贵资源，平时多研究他人的作品来丰富自己的知识库是十分好的方法，那怎么借鉴他人的作品呢？这就需要查看他人的页面源代码。

Firefox 浏览器在网页开发制作方面的功能远胜 IE，而且有些禁用页面效果的 JavaScript 脚本在 Firefox 浏览器里是失效的，再加上网页开发插件，Firefox 浏览器更加如虎添翼。Firefox 浏览器查看网页源代码的方法基本和 IE 相似，也是在页面空白处单击鼠标右键选择"查看页面源代码"命令，或直接按组合键"Ctrl + U"。

也可以如图 2 - 30 所示，在工具菜单中选择"Web 开发者"→"查看"命令，或按组合键"Ctrl + Shift + I"，打开浏览器底部的查看工具条，当鼠标移动到网页的任何区域时，都能在查看器中显示该区域的代码元素，方便浏览者查阅、借鉴，如图 2 - 31 所示。

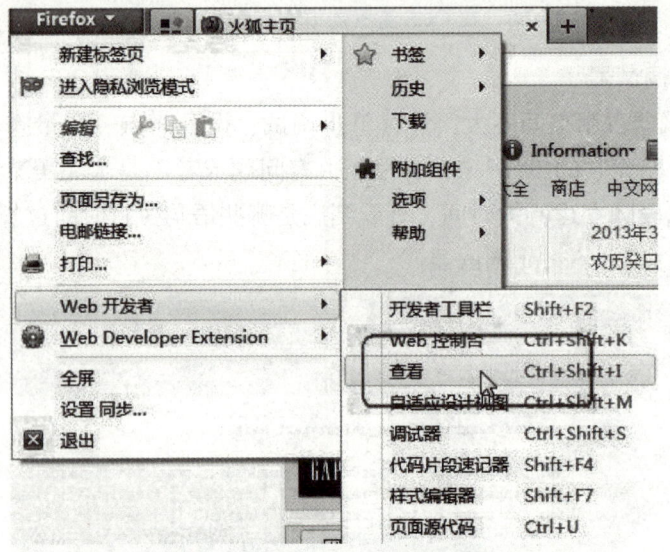

图 2 - 30　选择"查看"命令

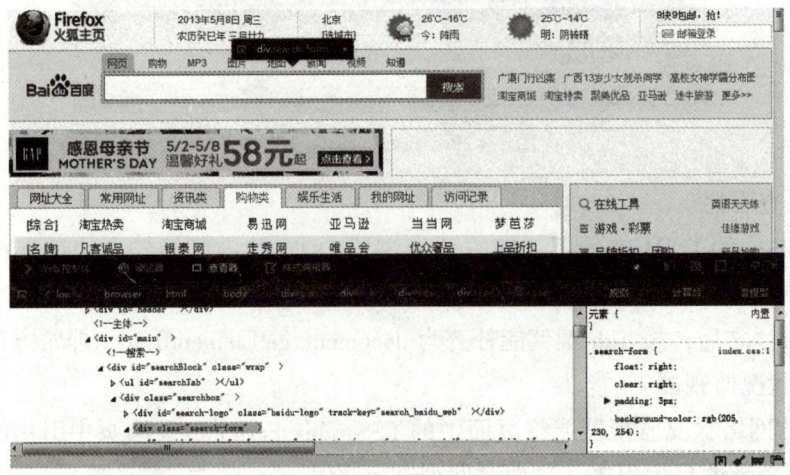

图 2 - 31　实时代码显示

2.4 综合实例

根据本章介绍的知识,编写一个简单的网页并对其进行编辑。

具体操作步骤如下:

(1) 打开 Dreamweaver CS6,新建一个类型为 HTML5 的空白网页。

(2) 打开设计视图。

(3) 在编辑窗口中输入文字"这是我的第一个网页"。

(4) 选择"文件"→"保存"命令,或按"Ctrl+S"组合键,选择文件存储路径,将文件以"index1.html"命名,单击"确定"按钮进行保存。

(5) 按 F12 键,在主浏览器中预览。效果如图 2-32 所示。

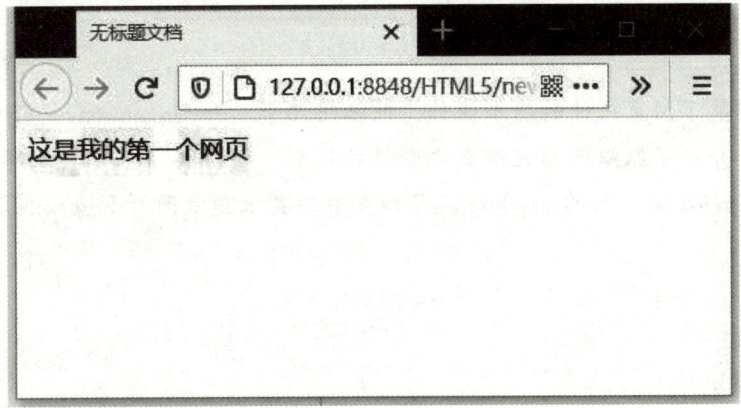

图 2-32 网页效果

(6) 将 Dreamweaver CS6 切换到代码视图,对里面的代码内容进行编辑。完成后的代码如下:

```
<!doctype html>
<html>
<head>
<meta charset = "utf-8">
<title>第 2 章综合实例</title>
</head>
<body text = "red">
<h1>
这是我的第一个网页
</h1>
</body>
</html>
```

(7) 选择"文件"→"另存为"命令,或按"Ctrl+Shift+S"组合键,打开"另存为"对话框,选择文件存储路径,将文件以"index2.html"命名,单击"确定"按钮进行保存。

(8) 按 F12 键，在主浏览器中预览编辑后的网页文件。效果如图 2-33 所示。

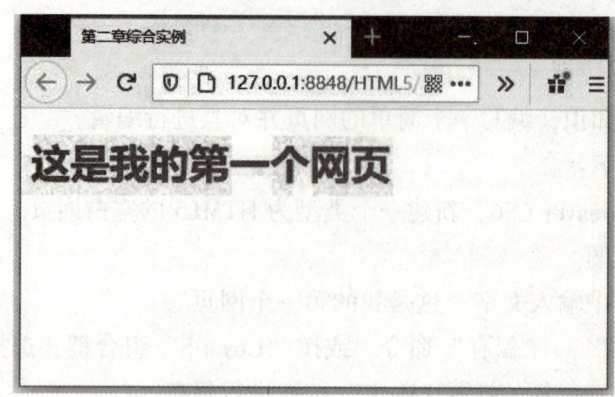

图 2-33　编辑后的网页效果

要点回顾

本章详细讲解了网页文件的基本操作，包括用记事本和 Dreamweaver CS6 新建、保存和编辑网页文件；介绍了组织网站文件夹要遵循的规则。还讲解了如何在浏览器中查看网页，重点介绍了用 Firefox 浏览器的 Firebug 工具和查看工具来测试网页和查看网页代码、借鉴他人网页灵感。

习题二

一、选择题

1. Dreamweaver CS6 是（　　）软件。

   A. 图像处理　　　　B. 网页编辑　　　　C. 动画制作　　　　D. 字处理

2. 保存文件的组合键是（　　）。

   A. "Ctrl + N"　　　B. "Ctrl + O"　　　C. "Ctrl + S"　　　D. "Ctrl + P"

3. 在用 Dreamweaver CS6 编辑文档的过程中，按（　　）键能直接用主浏览器预览当前文档。

   A. F1　　　　　　　B. F12　　　　　　　C. F5　　　　　　　D. F8

4. 下列选项不属于 Firebug 的功能的是（　　）。

   A. 查看和修改 HTML　B. CSS 调试　　　　C. JavaScript 调试　　D. Ftp 上传

二、填空题

1. 网页文件的扩展名为＿＿＿＿和＿＿＿＿。

2. 在用 Dreamweaver CS6 编辑文件时，有＿＿＿、＿＿＿、＿＿＿3 种视图模式。

3. Firebug 是＿＿＿浏览器里的一个附加组件。

4. 使用 Firebug 中的 CSS 查看器，可以直接添加、修改、删除 CSS 样式表＿＿＿，并在当前页面中能直接看到修改后的结果。

实训

打开 Firefox 网站首页，查看其源代码，并用 Firefox 浏览器的工具快速查看页面上任意元素的代码信息，如图 2-34 所示。

1. 训练要点

（1）用 Firefox 浏览器打开网页；
（2）查看网页源代码；
（3）查看页面中任意特定元素的代码信息。

2. 操作提示

（1）Firefox 网站首页网址：http：//firefox.com.cn；
（2）使用组合键"Ctrl + U"打开源代码；
（3）使用组合键"Ctrl + Shift + I"打开查看器，查看网页任意元素的代码信息。

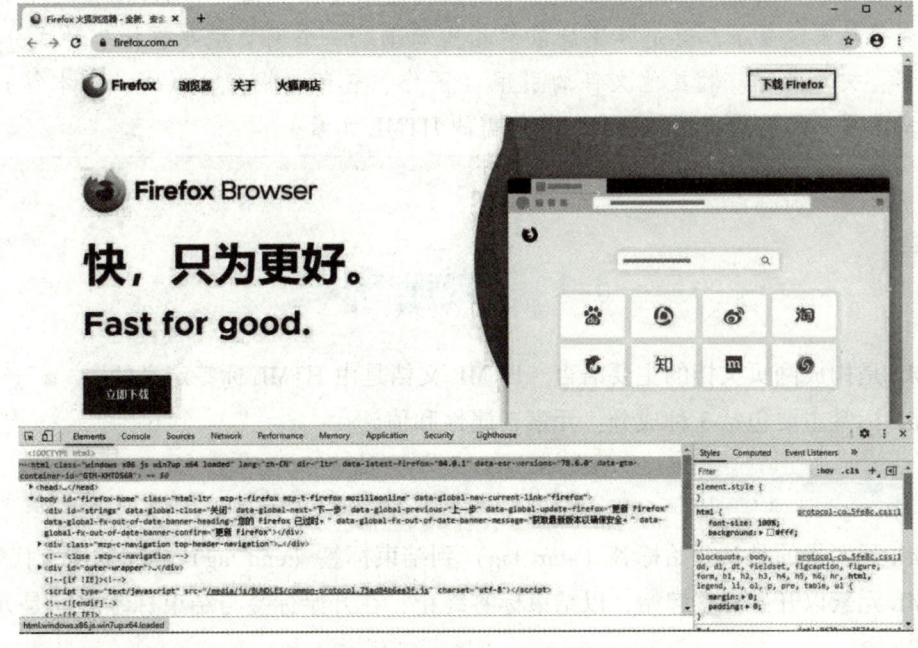

图 2-34　查看网页元素的代码信息

第 3 章

HTML5 的基本结构

> **本章导读**
>
> 学习网页设计应当知道的第一件事，就是创建网页离不开 HTML。尽管网页变得越来越复杂，但是其底层依然相当简单。一个网页主要包括 3 种成分：标签、文本内容、对其他文件的引用（图像、音频、视频、样式、脚本等）。本章主要介绍构建文档基础和结构所需的 HTML 元素。

3.1 HTML 标签

HTML 是构成网页文档的主要语言。HTML 文档是由 HTML 标签定义的。

HTML 标签主要包括 3 种成分：元素、属性和值。

3.1.1 元素

HTML 元素指的是从开始标签（start tag）到结束标签（end tag）之间的所有代码。

HTML 元素以开始标签起始，以结束标签终止，在开始标签与结束标签之间是元素的内容。例如：

```
<a href="http://www.w3school.com.cn" target="_blank">领先的 Web 技术教程</a>
```

上面所示的是一个超链接，超链接的开始标签为 \<a\>，结束标签为 \</a\>，其中 "领先的 Web 技术教程" 为超链接的元素内容，而 \<a\> 标签中的 "href="http://www.w3school.com.cn" target="_blank"" 则是超链接的属性与值。

1. 非空元素（双标签）

在 HTML 元素中，大多数元素都像超链接一样具有内容，这类元素称为非空元素，它们都有开始和结束两个标签，因此也称为双标签。例如：

段落标签：\<p\>一个段落\</p\>；

标题标签：\<h1\>一级标题\</h1\>；

强调标签：< strong >强调内容</ strong >。

2. 空元素（单标签）

有一些元素不具有内容，它们称为空元素。空元素的开始标签和结束标签结合为一体，在开始标签中结束，书写时只写一个标签，因此也称为单标签。例如：

< img src = "pic01.jpg" width = "300" height = "150" alt = "插图" />

上面所示的是一个图像元素，不包围任何文本内容，< img >标签中的"src = "pic01.jpg" width = "300" height = "150" alt = "插图""是图像元素的属性和值，并未被元素包围。空元素只有一个标签，既作为元素开始，又作为元素结束，在结尾处写上空格和斜杠。

除了图像标记以外，常用的单标签还有：

换行标签< br / >；

链接标签< link / >；

水平线标签< hr / >。

3.1.2 属性和值

大多数 HTML 元素都具有属性，一个元素可以有一个或多个属性，每个属性都有各自的值，不同的属性之间需用空格隔开，但它们之间无先后次序。图 3-1 展示了图像元素 img 的属性和值，其中 src、width、height 和 alt 都是图像元素 img 的属性，它们之间不区分前后顺序，并且用空格隔开。

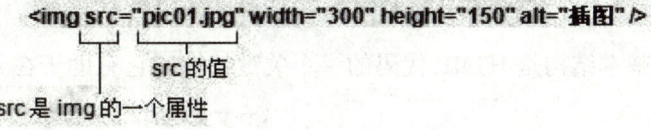

图 3-1 图像元素 img 的属性和值

有的属性可以接受任何值，例如< img >标签中的 width 和 height 属性；有的属性则有限制。最常见的还是那些仅接受枚举或预定义值的属性，也就是说，必须从一个标准值列表中选一个值。

例如段落标签< p >的属性 align（对齐方式）的取值只能设为 center、justify、left 或 right，如图 3-2 所示。

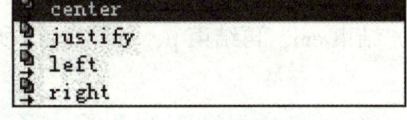

图 3-2 align 属性的预定义值

< p align = "left" >一个段落</ p >

3.1.3 书写规范

在编写 HTML 文档的时候，应该遵守相应的书写规范，虽然 HTML5 没有 XHTML1.0 那样严格的要求，但是依照习惯，仍然推荐沿用以下书写规范。

（1）所有元素、属性和值全部使用小写字母。

虽然在 HTML5 中可以用大写字母，但是不建议使用，例如以下 3 种写法在 HTML5 中都是允许的，但是第一种写法更规范。

```
<p align = "left" >一个段落</p>（推荐写法）
<p align = "left" >一个段落</P>
<P ALIGN = "LEFT" >一个段落</P>
```

（2）所有元素都要有一个相应的结束标签。

前面介绍了双标签和单标签。双标签必须有开始标签和结束标签，例如<p></p>、<a></a>；单标签在结尾处写上空格和斜杠，例如<img />、
。

在 HTML5 中有一些双标签可以省略结束标签，例如段落标签可以只写<p>，列表项标签可以只写<li>；单标签结尾处的空格和斜杠也可以省略，例如<img>、
。但是按照惯例，通常还是严格按照规范书写。

（3）所有属性值必须用引号（""）括起来。

在 HTML5 中属性值两边的引号可以不写，但习惯上还是会书写它们。

（4）所有元素都必须合理嵌套。

如果一个元素包含另一个元素，它就是包含元素的父元素，被包含元素称为子元素。子元素中包含的任何元素都是外层父元素的后代，在下例中，article 元素是 h1 和 p 元素的父元素，反过来，h1 和 p 元素是 article 元素的子元素。p 元素是 em 元素的父元素，em 元素是 p 元素的子元素，同时也是 article 元素的后代。

```
<article>
    <h1>文章标题</h1>
    <p>文章中的<em>段落</em></p>
</article>
```

这种家谱式的基本结构是 HTML 代码的一个关键特性，它有助于在元素上添加样式和应用 JavaScript 行为。

当元素中包含其他元素时，每个元素都必须正确地嵌套，也就是子元素必须完全地包含在父元素中。如果先开始 p，再开始 em，就必须先结束 em，再结束 p，如图 3-3 所示。

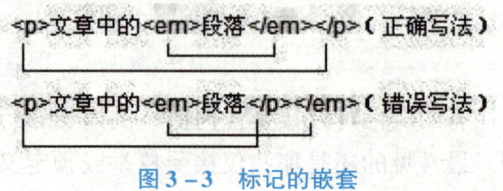

图 3-3 标记的嵌套

3.2 HTML 文档的基本成分

使用 Dreamweaver CS6 新建一个 HTML5 文档，可以发现，每个 HTML 文档都包含以下基本成分（图 3-4）：

（1）DOCTYPE 声明；
（2）html 元素；
（3）head 元素；
（4）说明字符编码的 meta 元素；
（5）title 元素；
（6）body 元素。

```
<!DOCTYPE html>
<html>
<head>
    <meta charset="utf-8">
    <title>无标题文档</title>
</head>

<body>

</body>
</html>
```

图 3-4 HTML 基础页面

3.2.1 DOCTYPE 声明

DOCTYPE 声明是 HTML 文件中必不可少的，它位于文件第一行，就像一本书的序言。

在 HTML4 和 XHTML1.0 时代，有好几种可供选择的 DOCTYPE 声明，每一种都会指明 HTML 的版本，以及使用的是过渡型还是严格型模式，既难理解又难记，例如：

<!DOCTYPEhtml PUBLIC "-//W3C//DTD HTML 4.01 Transitional//EN" "http://www.w3.org/TR/html4/loose.dtd">（HTML4.0 过渡型文档的 DOCTYPE 声明）

<!DOCTYPE html PUBLIC "-//W3C//DTD XHTML 1.0 Strict//EN" "http://www.w3.org/TR/xhtml1/DTD/xhtml1-strict.dtd">（XHTML1.0 严格型文档的 DOCTYPE 声明）

在 HTML5 中，刻意不使用版本声明，一份文档将适用于所有版本的 HTML。HTML5 中的 DOCTYPE 声明方法如下：

```
<!DOCTYPE html>
```

所有浏览器，无论版本，都理解 HTML5 的 DOCTYPE 声明，因此可以在所有页面中使用它。另外，HTML5 的 DOCTYPE 声明不区分大小写，可以写为 <!doctype html>，但是使用 <!DOCTYPE html> 更常规。

3.2.2 head 和 body 元素

HTML 页面分为两个部分：head 和 body。

head 元素构成 HTML 文档的开头部分，通常指明页面标题（<title>、</title>），提供为搜索引擎（如谷歌、百度）准备的关于页面本身的信息（<meta/>），加载样式表（<style>、</style>），加载 JavaScript（<script>、</script>）等。这些信息不会直接显示在浏览器的框内，而是通过另外的方式起作用。

body 元素是 HTML 文档的主体部分，在 <body>、</body> 之间放置的是页面中的所有内容，包括文本、图像、表单、音频、视频以及其他交互式内容，即在浏览器窗口内能看见的东西。

3.3 页面标题

title 元素是页面的标题，每个 HTML 页面都必须有一个 title 元素。每个页面的标题都应该是简短的、描述性的，并且是唯一的，如图 3-5 所示。在大多数浏览器中，页面标题出现在窗口的标题栏，如图 3-6 所示。如果支持标签浏览，页面标题也会出现在标签上。页面标题还会出现在浏览器的历史列表和书签中，如图 3-7 所示。

更为重要的是，页面标题会被谷歌、百度等搜索引擎采用，从而能够大致了解页面内容，并将页面标题作为搜索结果中的链接显示。

很多网页开发人员不太重视 title 元素，他们只是简单地输入网站名称，并将其复制到全站每一个网页，更糟糕的是，让 title 元素的文字仍然保存为代码编辑器默认添加的文字

（例如 Dreamweaver CS6 中为“无标题文档”）。如果流量是网站追求的指标之一，这样做对建站者和潜在的访问者都会产生巨大的损害。

```
<!DOCTYPE html>
<html>
<head>
  <meta charset="utf-8" />
  <title>舌尖上的中国-五味的调和</title>
</head>

<body>

</body>
</html>
```

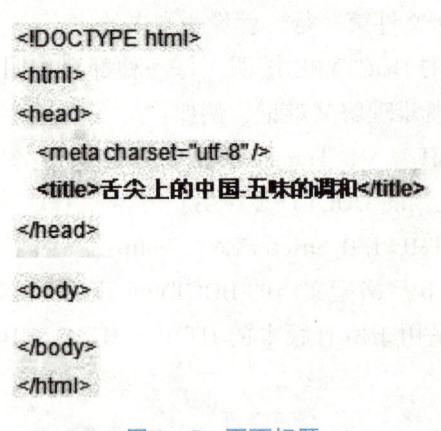

图 3－5　页面标题

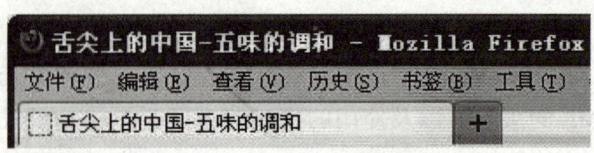

图 3－6　浏览器中显示的页面标题

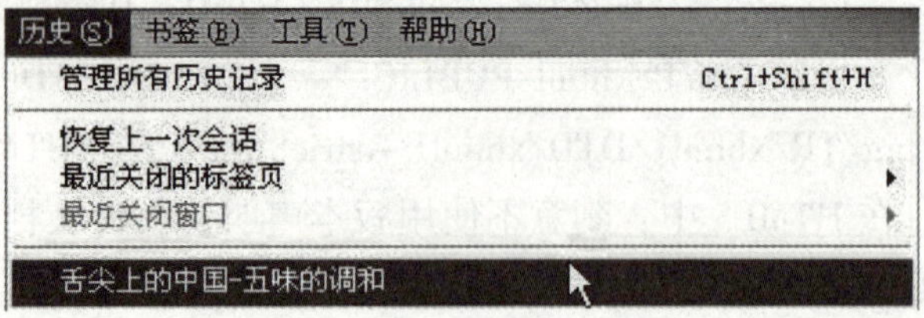

图 3－7　浏览器的历史列表

不同搜索引擎确定网页排名和内容索引规则的算法是不一样的，不过，title 元素通常扮演着重要的角色。搜索引擎会将 title 元素作为判断页面主要内容的指标，并将页面内容按照与之相关的文字进行索引。有效的 title 元素应包含几个与页面内容密切相关的关键词。

作为一种最佳实践，选择能简要概括文档内容的文字作为 title 元素文字。这些文字既要对屏幕阅读器用户友好，又要有利于搜索引擎排名。其次，将网站名称放在 title 元素开头是很常见的做法，不过将页面特有的文字放在 title 元素开头是更好的做法。

3.4 分级标题

HTML 提供了 6 级标题用于创建页面信息的层级关系。使用 h1 ~ h6 元素对标题进行标记，其中 h1 是最高级别的标题，h2 是 h1 的子标题，h3 是 h2 的子标题，依此类推。标题是页面中最重要的 HTML 元素之一。

为了理解 h1 ~ h6 标题，可以将它们与论文、报告、新闻稿等非 HTML 文档里的标题进行类比，例如本章的标题“第 3 章 HTML5 的基本结构”就是一级标题，“3.1 HTML 标记”就是二级标题，“3.1.1 元素”就是三级标题，相当于 HTML 文档中的 h1、h2、h3 标题。

所有的标题都默认以粗体显示，h1 标题的字号最大，h6 标题的字号最小，中间逐层递减，如图 3－8 所示。

图 3－8　h1 ~ h6 标题

h1 ~ h6 标题对页面大纲的定义有重要的

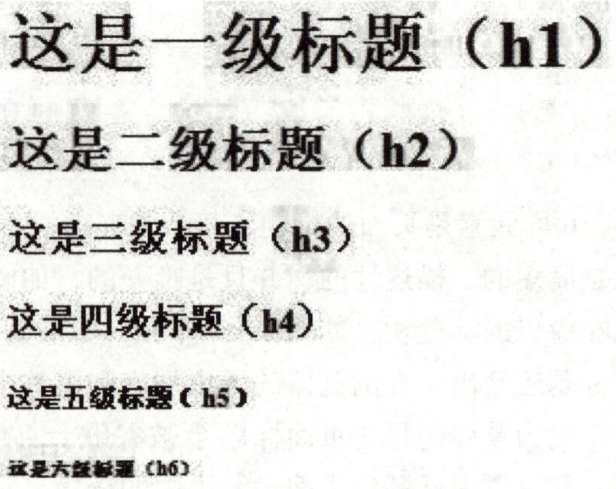

影响,通常,浏览器会从 h1 到 h6 逐级减小标题的字号,但是要注意,应该依据内容所处的层次关系选择标题级数,而不是根据希望文字显示的大小去选择。这样做能让页面具有较高的语义化程度,提升 SEO 效果和可访问性。如果希望更改标题的字体、字号、颜色等样式,可以在 CSS 中实现,这会在后面章节介绍。

有时,一个标题有多个连续的层级,例如带有子标题的新闻页面、有多条标题的广告词等。这时将它们放进 hgroup 元素中可以指明它们是相关的。每个 hgroup 元素都包含两个或两个以上的 h1~h6 标题,不能放入其他元素,也不能仅包含一个标题,例如:

```
<body>
    <hgroup>
        <h1>新闻主标题</h1>
        <h2>新闻副标题</h2>
    </hgroup>
    <p>文章其他内容</p>
</body>
```

3.5 HTML5 页面的构成

图 3-9 所示的网页结构随处可见,抛开内容不谈,可以看到该页面有 4 个主要部分:带导航的页眉、显示在主体内容区域的文章、显示次要信息的侧边栏以及页脚,如图 3-10 所示。

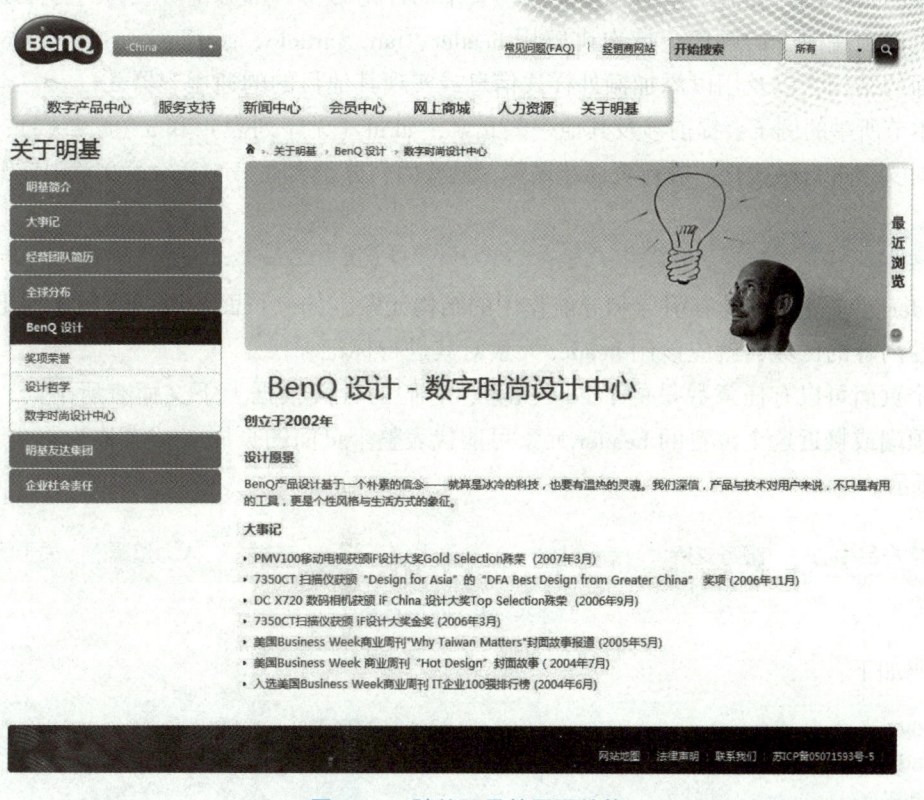

图 3-9 随处可见的网页结构

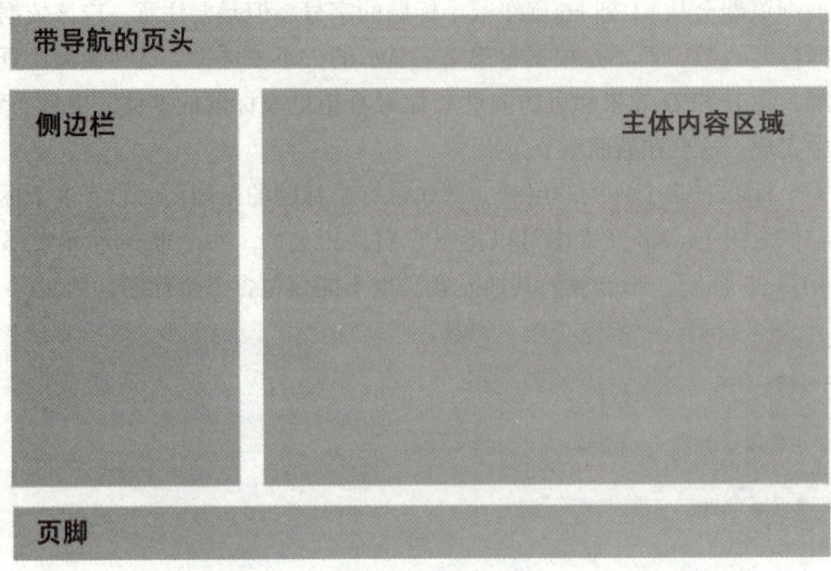

图 3-10 页面的组成部分

在 HTML5 中,为了使文档的结构更加清晰,语义更加明确,新增了几个与页眉、页脚、内容区块等文档结构相关联的结构元素。这里所讲的内容区块是指将 HTML 页面按逻辑进行分割后的单位,而不是按布局位置划分。例如对于书籍来说,章、节都可以成为内容区块;对于博客网站来说,导航菜单、文章正文、文章的评论等每一部分都可成为内容区块。本节按照从页面顶端向下的顺序,依次讲解用 header、nav、article、section、aside 和 footer 元素定义页面的结构,以及用以添加额外样式信息或实现其他目的的通用容器 div。

在本节所举的例子会提前涉及其他一些元素,如 ul(无序列表)和 a(超链接),以及使用 CSS 对文字进行格式化、进行页面布局等,这些内容分别会在第 5 章~第 9 章中详细介绍。

3.5.1 页眉 header

header 元素是一种具有引导和导航作用的结构元素,如果页面中有一块包含一组介绍性或导航性内容的区域,就应该用 header 元素对其进行标记。

一个页面可以有任意数量的 header 元素,它们的含义根据上下文而有所不同。例如处于页面顶端或接近这个位置的 header 元素可能代表整个页面的页眉(或者称为页头),如图 3-11 所示。

图 3-11 网页页眉

代码如下:

```
<body>
<header>
  <nav>
```

```
            <ul>
                <li><ahref = "#">数字产品中心</a></li>
                <li><ahref = "#">服务支持</a></li>
                <li><ahref = "#">新闻中心</a></li>
                <li><ahref = "#">会员中心</a></li>
                <li><ahref = "#">网上商城</a></li>
                <li><ahref = "#">人力资源</a></li>
                <li><ahref = "#">关于明基</a></li>
            </ul>
        </nav>
    </header>
</body>
```

通常，页眉包括网站标志、主导航和其他网站链接甚至搜索框或登录框，如图 3-12 所示。这是 header 元素最常见的使用形式，但不是唯一的形式。header 元素也适合对页面主体内容中某个区块中的带有介绍性或导航性的内容作标记。

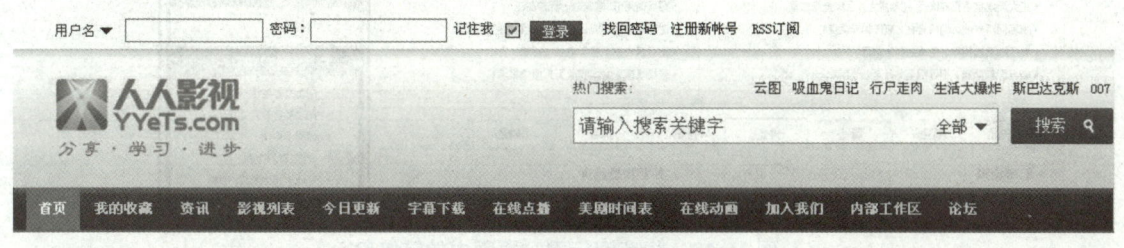

图 3-12 "人人影视" 网站页眉

注意：只在必要时使用 header 元素，如果只有 h1~h6 元素或 hgroup 元素，没有其他需要与之组合在一起的伴生内容，就没有必要用 header 元素将它包含起来。另外，header 元素不一定要包含一个 nav 元素，不过在大多数情况下，如果 header 元素包含导航性链接，就可以用 nav 元素。

3.5.2 导航 nav

nav 元素是一个可以用作页面导航的链接组，nav 元素中的链接可以指向页面中的内容，也可指向其他页面或资源。并不是所有链接组都要使用 nav 元素，应该只对重要的链接组使用 nav 元素。具体来说，nav 元素可以用于以下场合：

（1）传统导航条。现在主流网站上都有不同层级的导航条，其作用是将当前画面跳转到网站的其他主要页面上去，例如图 3-13 所示招商银行网站页面中的两行主导航条。

（2）侧边栏导航条。现在主流网站上都有侧边栏导航条，尤其是博客网站和商品网站，其作用是从当前文章或当前商品页面跳转到其他文章或其他商品页面上去，例如图 3-13 所示招商银行网站页面中右侧的侧边栏导航是一组使用不同方式登录银行的链接组。

（3）页内导航。页内导航的作用是在本页面几个主要的组成部分之间进行跳转。

（4）翻页操作。翻页操作是指在多个页面的前后页或博客网站的前后文章之间滚动。

除此之外，nav 元素也可以用于其他所有设计者觉得重要的导航链接组中。

HTML5 不推荐对辅助性的页脚链接（如 "使用条款" "版权声明" "隐私政策" 等）

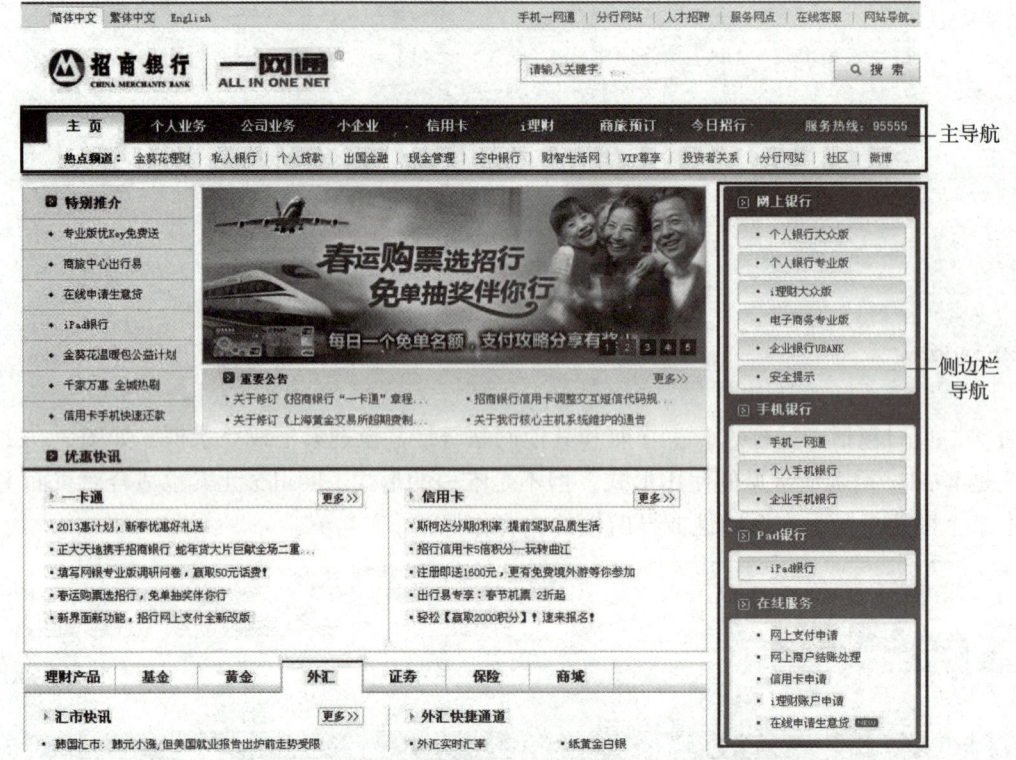

图3-13 招商银行网站页面中的链接组

使用 nav 元素，例如图 3-14 所示招商银行网站的页脚，因为使用 nav 元素的链接组都应该是 HTML 页面中重要的链接组。但是有的网站会在页脚处再次显示顶级全局导航或者其他重要链接，在这种情况下，还是推荐将页脚中的此类链接放入 nav 元素中，例如图 3-15 所示优酷网站的页脚。

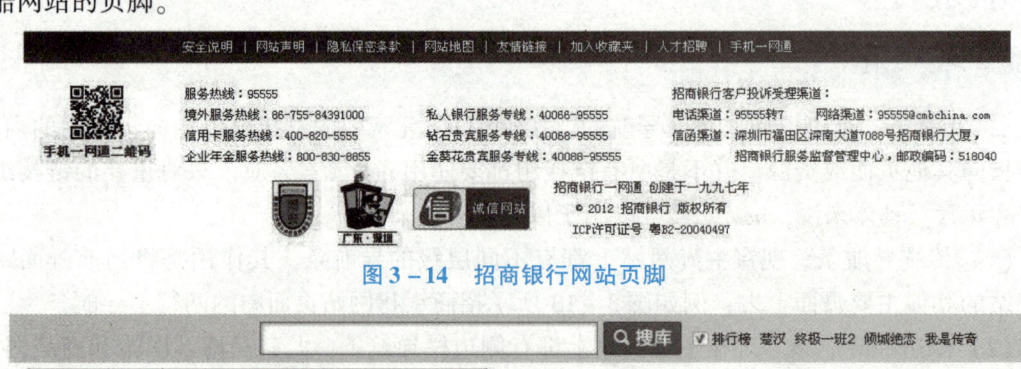

图3-14 招商银行网站页脚

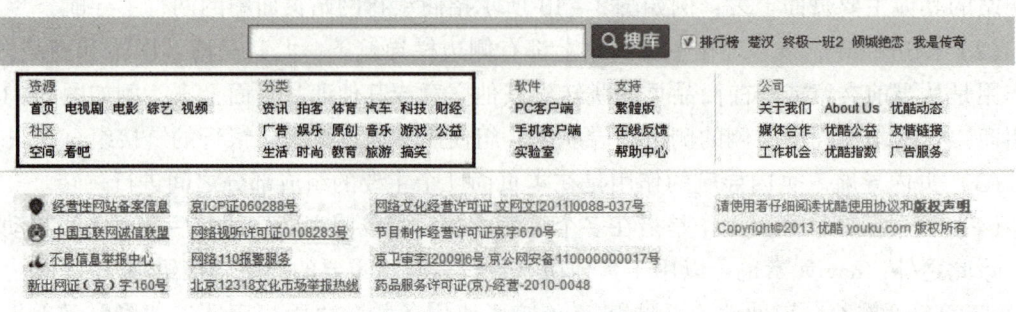

图3-15 优酷网站页脚

nav 元素的代码可以参考 3.5.1 节，该节的例子描述的是放在页眉处的导航链接组。如果是侧边栏中的导航链接组，可以将 nav 元素放在 aside 元素中；如果是页脚中的导航链接组，可以将 nav 元素放在 footer 元素中；如果是正文中的重要导航链接组，也可以将 nav 元素放在 article 元素或者 section 元素中。nav 元素中的链接组一般由 ul 元素（无序列表）或 ol 元素（有序列表）进行结构化，而链接组的样式外观由 CSS 设定，这在第 7 章、第 8 章会详细介绍。

3.5.3 文章 article

article 元素代表文档、页面或应用程序中独立的、完整的、可以独自被外部引用的内容。根据其名称，可猜想 article 元素用于包含像报纸文章一样的内容。但是，article 元素并不局限于此，它可以包含一篇论坛帖子、一篇杂志或报纸文章、一篇博客文章、一个交互式的小部件或者小工具，或者任何其他独立的内容项，如图 3-16 所示。

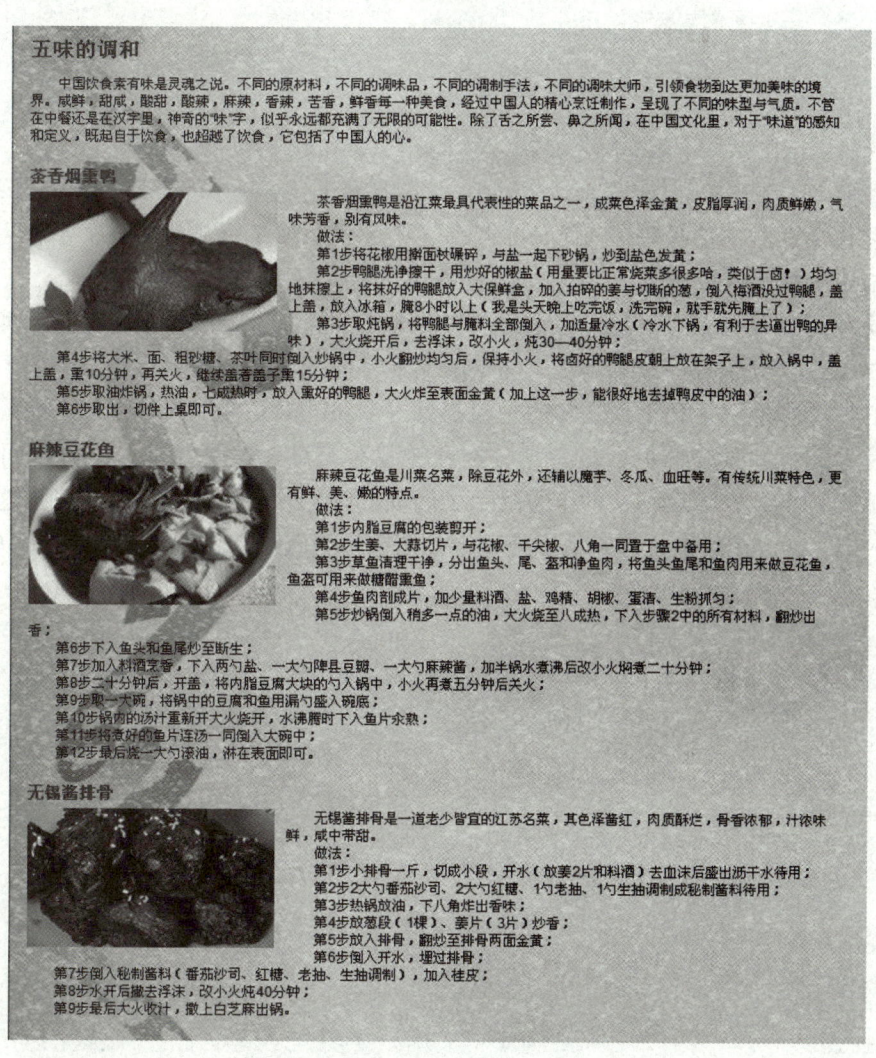

图 3-16 "五味的调和"页面

代码结构如下：

```
<body>
<header>
    <nav>
        ……[包含链接的 ul]……
    </nav>
</header>
<article>
        <h1>五味的调和</h1>
        <p>中国饮食素有味是灵魂之说。……[之后内容省略]</p>

        <h2>茶香烟熏鸭</h2>
        ……[图像与段略]……

        <h2>麻辣豆花鱼</h2>
        ……[图像与段略]……

        <h2>无锡酱排骨</h2>
        ……[图像与段略]……
</article>
</body>
```

注意：以上并非完整代码，而是为了精简，只主要介绍了代码结构，文字图片内容均没有展开，后面的例子也是如此。

一个页面可以没有 article 元素，也可以有多个 article 元素。例如，博客的主页通常包括几篇最新的文章，其中每一篇都是一个 article 元素，如图 3-17 所示。

在图 3-17 中展示了两篇博文，每一篇都是一个 article 元素，并且在每个 article 元素的上部都显示了标题、发表时间、标签、分类和转载等信息，这一部分信息可以用 header 元素包含起来。同样，在每篇博文的下方显示了阅读、评论、转载、收藏等信息，这些信息可以用 footer（页底）元素包含起来，以使整个文档结构更明确，语义更清晰。

代码结构如下：

```
<article>
  <header>
    <h1>[博文大标题]</h1>
    <time>[发表时间]</time>
    ……[页眉其他标签]……
  </header>
  <h2>[博文小标题]</h2>
  ……[正文部分]……

  <footer>
    ……[页脚其他标签]……
  </footer>
</article>
```

之前说过，页面中可以有多个 header 元素，header 元素一般作为页面的页眉，也可以用

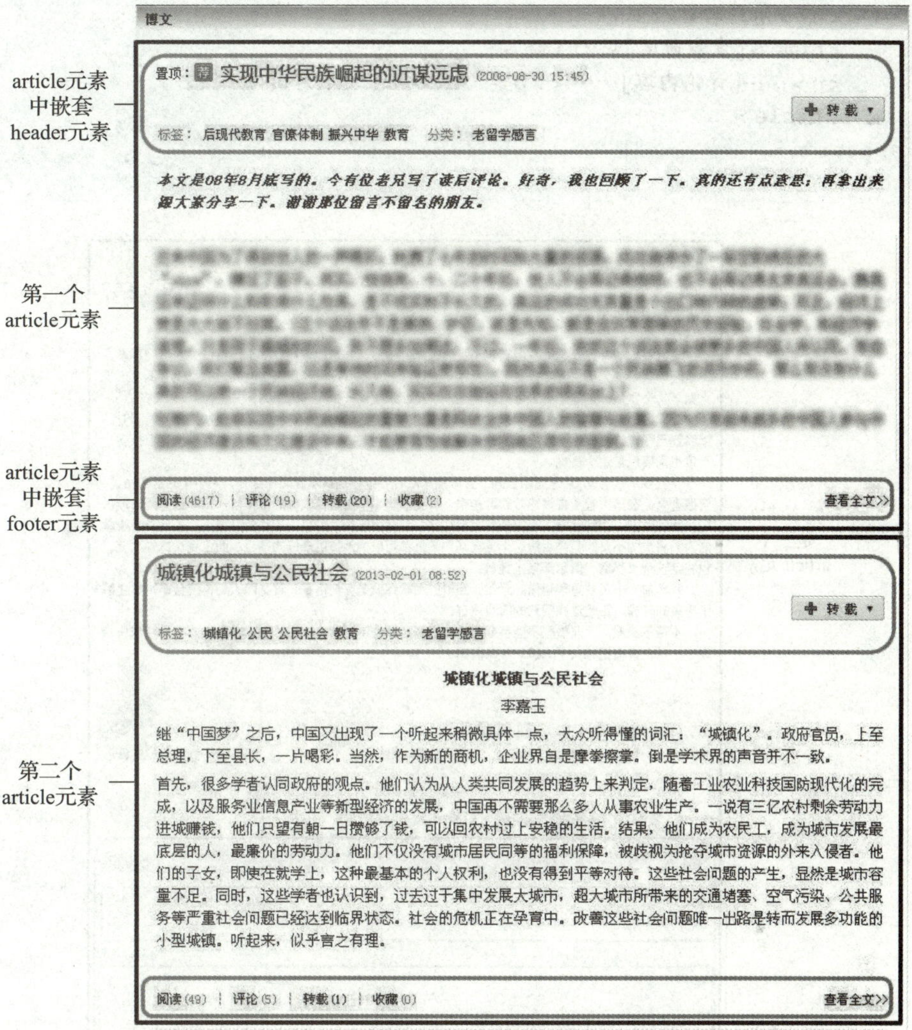

第3章 HTML5 的基本结构

图3-17 具有多个 article 元素的博客页面

来标注页面内容中具有介绍性或导航性的部分，这里的 header 和 footer 就不是整个网页的页眉和页底，而是属于这个 article 元素，即这篇博文的页眉和页脚。

除了可以在 article 元素中嵌套 header 元素和 footer 元素以外，比较常见的还有在 article 元素中嵌套 article 元素，例如图 3-18 所示，一篇博文下方还有评论，那么每条评论也作为一个 article 元素，嵌套在整个博文的 article 元素中。

代码结构如下：

```
<article>
    <h1>[正文标题]</h1>
    ……[正文部分]……
    <section>
        <h2>评论</h2>
        <article>
```

43

```
            <h3>用户名</h3>
            <time>[发表时间]</time>
            <p>……[评论内容]……</p>
        </article>
    </section>
</article>
```

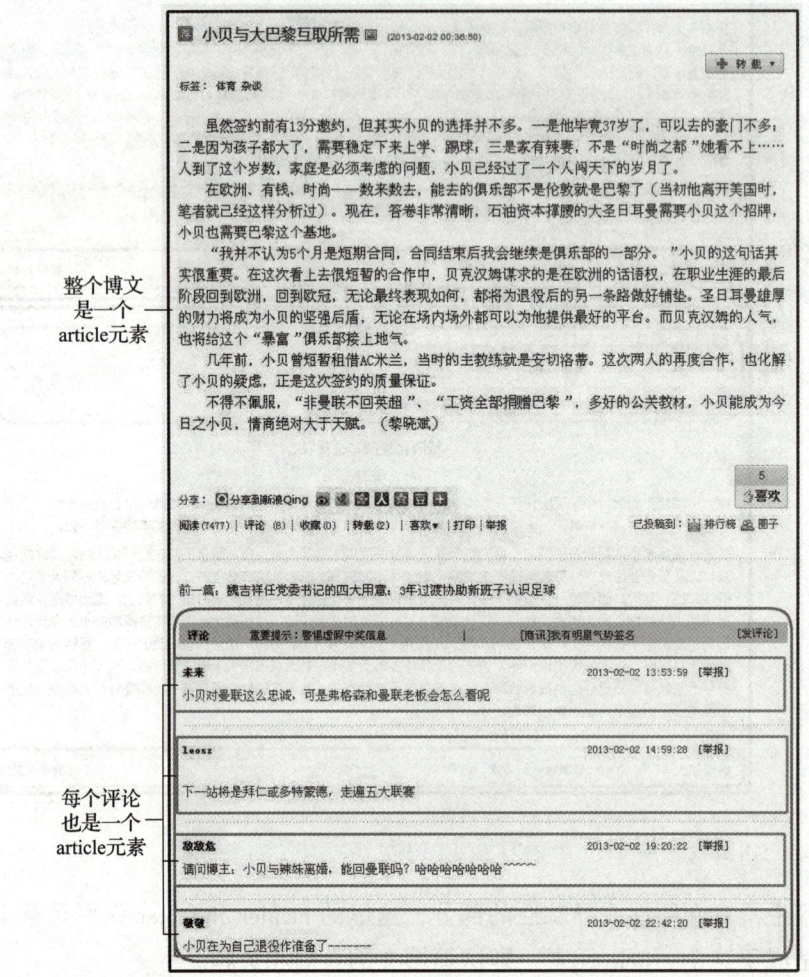

图 3-18 博文中的评论

3.5.4 区块 section

  section 元素代表网页或者应用程序页面的一个一般的区块。一个 section 元素通常由内容及其标题组成，可以用来描述章节、标签式对话框中的各种标签页、论文中带编号的区块。例如图 3-18 所示博文页面中的整个评论部分，就是一个 section 元素，再比如图 3-19 所示的页面中，整篇文章是一个 article 元素，文章中分小节介绍的几个区块就是 section 元素。

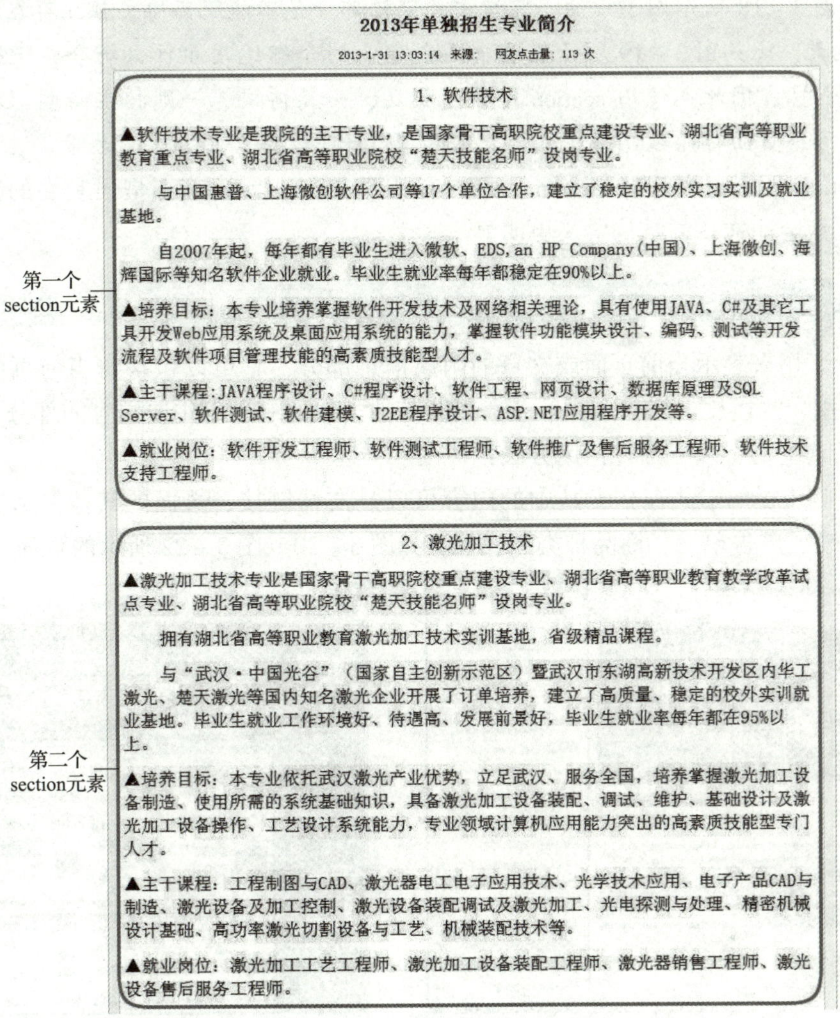

2013年单独招生专业简介

2013-1-31 13:03:14　来源:　网友点击量: 113 次

1、软件技术

▲软件技术专业是我院的主干专业，是国家骨干高职院校重点建设专业、湖北省高等职业教育重点专业、湖北省高等职业院校“楚天技能名师”设岗专业。

与中国惠普、上海微创软件公司等17个单位合作，建立了稳定的校外实习实训及就业基地。

自2007年起，每年都有毕业生进入微软、EDS, an HP Company(中国)、上海微创、海辉国际等知名软件企业就业。毕业生就业率每年都稳定在90%以上。

▲培养目标：本专业培养掌握软件开发技术及网络相关理论，具有使用JAVA、C#及其它工具开发Web应用系统及桌面应用系统的能力，掌握软件功能模块设计、编码、测试等开发流程及软件项目管理技能的高素质技能型人才。

▲主干课程：JAVA程序设计、C#程序设计、软件工程、网页设计、数据库原理及SQL Server、软件测试、软件建模、J2EE程序设计、ASP.NET应用程序开发等。

▲就业岗位：软件开发工程师、软件测试工程师、软件推广及售后服务工程师、软件技术支持工程师。

2、激光加工技术

▲激光加工技术专业是国家骨干高职院校重点建设专业、湖北省高等职业教育教学改革试点专业、湖北省高等职业院校“楚天技能名师”设岗专业。

拥有湖北省高等职业教育激光加工技术实训基地，省级精品课程。

与“武汉·中国光谷”（国家自主创新示范区）暨武汉市东湖高新技术开发区内华工激光、楚天激光等国内知名激光企业开展了订单培养，建立了高质量、稳定的校外实训就业基地。毕业生就业工作环境好、待遇高、发展前景好，毕业生就业率每年都在95%以上。

▲培养目标：本专业依托武汉激光产业优势，立足武汉、服务全国，培养掌握激光加工设备制造、使用所需的系统基础知识，具备激光加工设备装配、调试、维护、基础设计及激光加工设备操作、工艺设计系统能力，专业领域计算机应用能力突出的高素质技能型专门人才。

▲主干课程：工程制图与CAD、激光器电工电子应用技术、光学技术应用、电子产品CAD与制造、激光设备及加工控制、激光设备装配调试及激光加工、光电探测与处理、精密机械设计基础、高功率激光切割设备与工艺、机械装配技术等。

▲就业岗位：激光加工工艺工程师、激光加工设备装配工程师、激光器销售工程师、激光设备售后服务工程师。

图 3－19　页面中的 section 元素

代码结构如下：

```
<article>
  <h1>[正文标题]</h1>
  <section>
    <h2>[小节标题]</h2>
    ……[正文部分]……
  </section>
  <section>
    <h2>[小节标题]</h2>
    ……[正文部分]……
  </section>
</article>
```

注意：section 元素和 article 元素极其相似，非常容易混淆，什么时候用 article 元素，什么时候用 section 元素主要看这段内容是否可以脱离上下文，作为一个完整的、独立的内容存在。比如图3-18所示例子中的一篇博文的评论部分是不能脱离博文独立存在的，因此使用section元素，比如图3-19所示例子中两个专业的介绍适用于什么场合，还得看整个文档的上下文内容，因此也使用section元素。相反，一篇博文、一则招生新闻，放在这个页面或者放在那个页面都能独立存在，那么在这种情况下就适合用article元素。

一个article元素里有没有section元素，有几个section元素都不是强制性的，只不过定义section元素会让文章的结构语义更明显。

3.5.5 侧边栏 aside

aside元素用来表示当前页面或文章的附属信息部分，它可以包含与当前页面或主要内容相关的引用、侧边栏、广告、导航条，以及其他类似的有别于主要内容的部分。

aside元素主要有以下两种使用方法：

（1）以侧边栏的形式存在，其中的内容可以是友情链接、页面的其他栏目、博客中的其他文章列表、广告单元、商品种类列表等，如图3-20～图3-22所示的页面。

图3-20 资讯网页的侧边栏

图3-21 Motorola页面的侧边栏

代码结构如下：

```
<body>

<header>
  <nav>
    ……[包含链接的ul]……
  </nav>
</header>

<article>
  <h1>三文鱼蔬菜配方(干狗粮类)</h1>
  ……[图像与段落]……
</article>

<aside>
```

第 3 章　HTML5 的基本结构

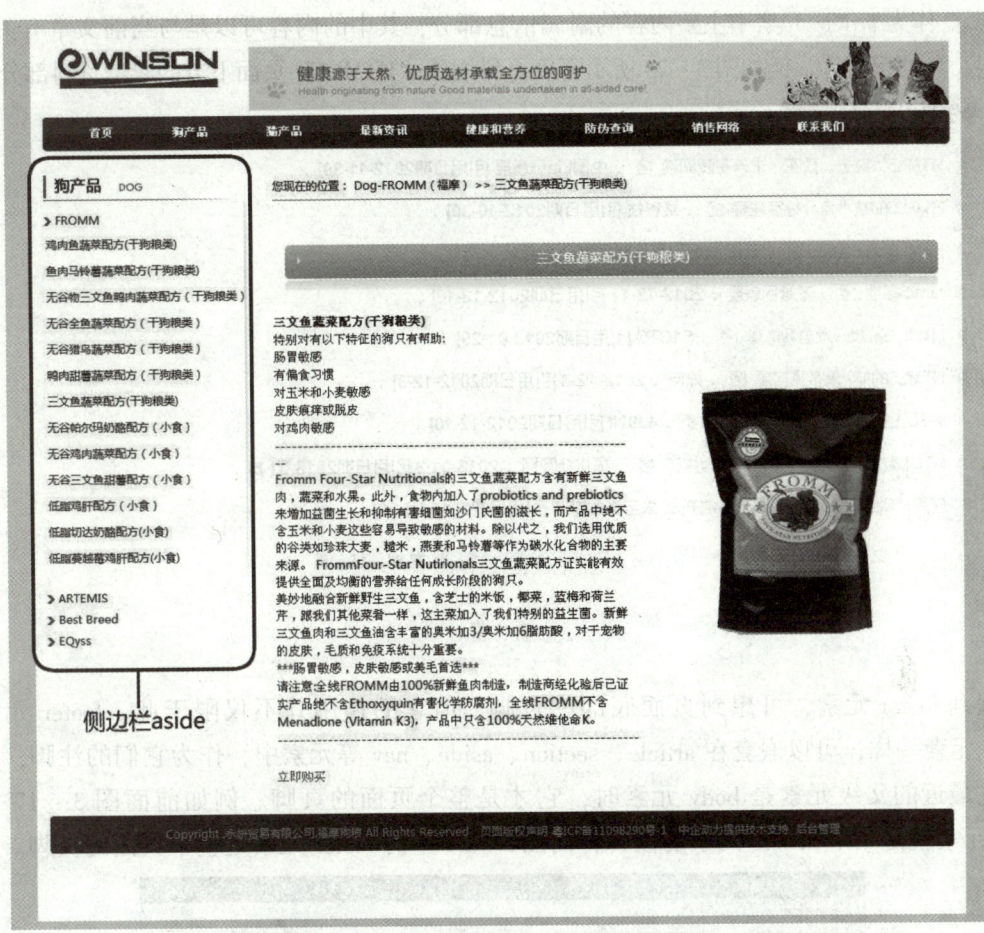

图 3-22　FROMM 狗粮页面的侧边栏

```
        <h2>狗产品</h2>
        <ul>
          <li>FROMM
             <ul>
               <li>鸡肉鱼蔬菜配方(干狗粮类)</li>
               <li>鱼肉马铃薯蔬菜配方(干狗粮类)</li>
               ……
               ……
               <li>低脂蔓越莓鸡肝配方(小食)</li>
             </ul>
          </li>
          <li>ARTEMIS</li>
          <li>Best Breed</li>
          <li>EQyss</li>
        </ul>
</aside>

</body>
```

（2）作为 article 元素中主要内容的附属信息部分，其中的内容可以是与当前文章有关的参考资料、名词解释等，例如图 3-23 所示百度百科词条"HTML5"页面下方的参考资料部分。

参考资料

1. ∧ HTML5：过去、现在、未来在线阅读 ☑ . 中国Linux联盟 [引用日期2012-11-30] .
2. ∧ HTML5的技术差异特征理解 ☑ . 最科技 [引用日期2012-10-30] .
3. ∧ HTML的时代到来 ☑ . 云南seo [引用日期2012-12-4] .
4. ∧ html5标准 ☑ . 万维网联盟 . 2012-12-17 [引用日期2012-12-18] .
5. ∧ HTML 5游戏开发盈利之道 ☑ . 51CTO [引用日期2013-01-29] .
6. ∧ HTML5的N个最常见问题 ☑ . 好问 . 2012-12-3 [引用日期2012-12-3] .
7. ∧ W3C正式宣布完成HTML5规范 ☑ . 4399it [引用日期2012-12-18] .
8. ∧ HTML5规范开发完成，可能成为主流 ☑ . 梧州社区网 . 2013-01-3 [引用日期2013-01-6] .
9. ∧ 应用HTML5须知五则 ☑ . 前端开发-朱宝祥的博客 [引用日期2013-01-29] .

图 3-23　百度百科词条的参考资料

3.5.6　页脚 footer

提到 footer 元素，可想到页面底部的页脚，但它的作用并不仅限于此。footer 元素和 header 元素一样，可以嵌套在 article、section、aside、nav 等元素中，作为它们的注脚，只有当离它最近的父级元素是 body 元素时，它才是整个页面的页脚。例如前面图 3-17 中的 footer 元素就是一个 article 元素的注脚，而图 3-24 中的 footer 元素是整个页面的页脚。

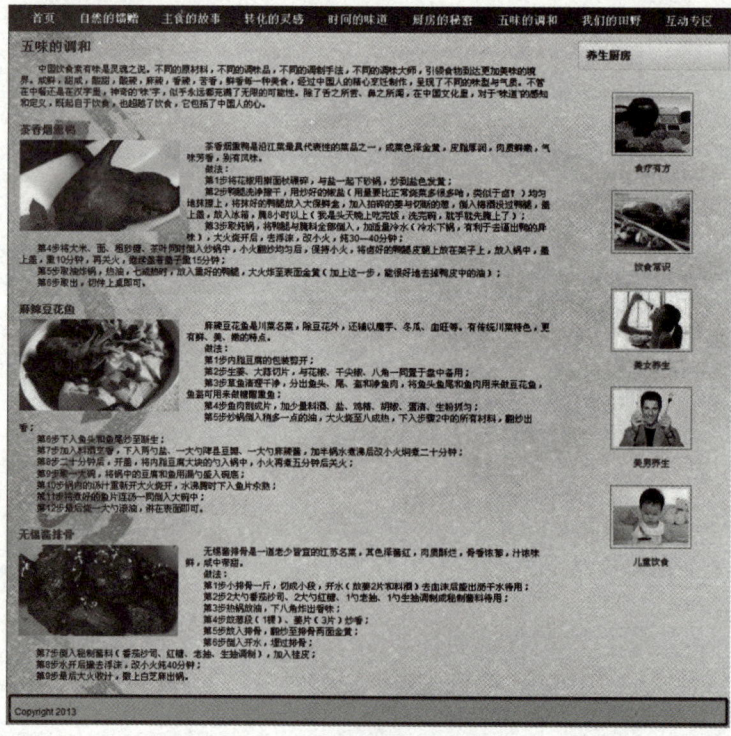

图 3-24　页面的页脚

代码结构如下：

```
<body>
<header>
    ……[页眉部分]……
</header>
<article>
    ……[正文部分]……
</article>
<aside>
    ……[侧边栏部分]……
</aside>

<footer>
    <p>Copyright 2013</p>
</footer>
</body>
```

3.5.7 通用容器 div

前面讲到的 header、nav、article、section、aside 和 footer 元素，选择使用它们都应该是基于语义结构的考虑，而与样式和布局无关。比如有一个区块，这个区块的内容并不是一组具有相似主题的内容，但是希望这个区块具有某种样式（比如背景颜色、边框等），于是对这个区块使用 article 或者 section 元素；再比如有两个区块，希望能在布局上设置为左、右并排放置，于是对其中一个使用 section 元素，对另一个使用 aside 元素，以上这几种做法都是不对的。

有时需要在一段内容外围包一个容器，从而可以为其应用 CSS 样式或 JavaScript 效果，而这段内容从语义上来看使用 article、section、aside 或者 nav 元素都不合适，这时就需要一个通用容器，即一个完全没有语义含义的容器。这个容器就是 div 元素。有了 div 元素，就可以为其添加样式。

图 3-25 所示的招商银行网站主页是非常常见的网页结构，上方有页眉，下方有页脚，中间的部分是左、右两栏布局，在大多数情况下，每一栏都有不止一个区块的内容，主要内容区可能有多个 article 元素或者 section 元素，侧边栏中也有多个 aside 元素，并且页面所有内容都集中在水平居中的位置，两侧留空显示了页面的背景图片。

要实现这样的结构与样式，可以将希望出现在同一栏中的内容包在一个 div 元素里，然后对这个 div 元素添加相应的样式。

代码结构如下：

```
<body>
<!--页面开始-->
<div id="wrapper">
    <header>
        ……
    </header>
```

HTML5 与 CSS3 网页设计（第 2 版）

图 3-25　招商银行网站主页

```
<!--第一栏开始-->
<div id="content">
   <article>
   ……
   </article>
   <article>
   ……
   </article>
</div>
<!--第一栏结束-->

<!--第二栏开始-->
<div id="sidebar">
   <aside>
   ……
   </aside>
   <aside>
   ……
```

- 50 -

从上面的代码可以看到，有一个 id 为 wrapper 的 div 元素包裹着所有的内容，页面的语义没有发生改变，但现在有了一个可以用 CSS 添加样式的通用容器。在 header 和 footer 元素之间是页面的主要内容，分成了左、右两个栏目，左边的第一栏由 id 为 content 的 div 元素包裹起来，右侧的第二栏由 id 为 sidebar 的 div 元素包裹起来。

图 3-26 显示了上面的代码如何在概念上对应到使用 CSS 的布局中。div 元素自身没有任何默认样式，但是可以使用 CSS 对具有不同 id 的 div 元素设置不同的样式及布局方式，这部分内容将在第 5 章及第 9 章介绍。

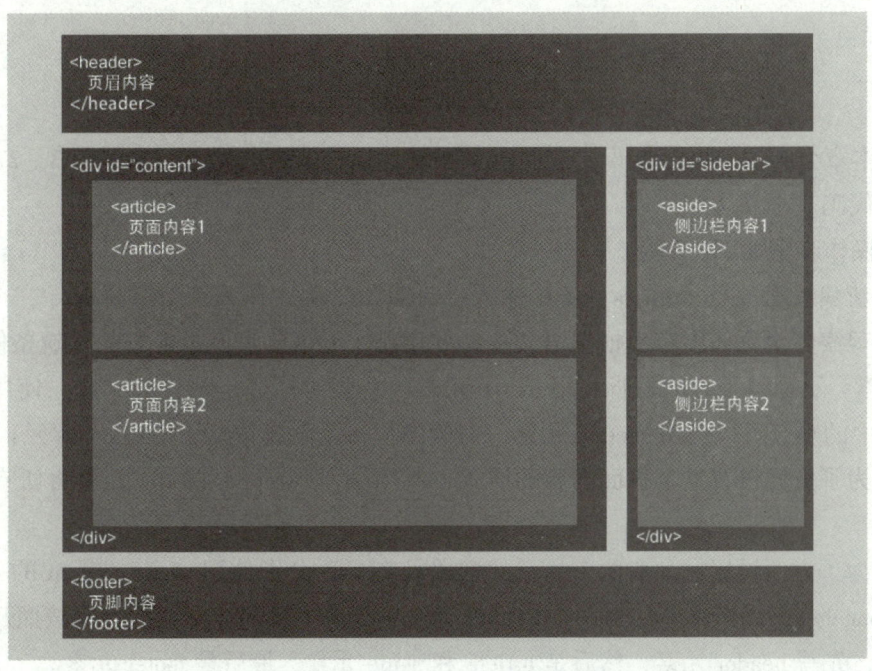

图 3-26　使用 div 元素的页面结构

3.6　添加注释

在 HTML 文档中可以添加注释，标明区域开始和结束的位置，提醒自己或者团队合作者某段代码的意图，也可以用来在调试代码时阻止一部分内容显示出来。在上一节的例子中就展示了注释的用法。

```
<!-- 第一栏开始 -->
<div id = "content">
   <article>
      ……
   </article>
   <article>
      ……
   </article>
</div>
<!-- 第一栏结束 -->
```

访问者在浏览器中是看不到这些注释部分的，但是注释部分可以在使用浏览器的"查看源代码"选项打开 HTML 文档时显示出来。

在 HTML 文档中，一共有 3 种类型的注释，分别适用于不同的对象：

（1）HTML 的注释。表现形式为 <!-- 注释内容 -->；

（2）CSS 的注释。表现形式为 /* 注释内容 */；

（3）JavaScript 的注释。表现形式为 // 注释内容。

3.7 综合实例

根据本章介绍的 HTML 知识，按照语义明确、结构清晰的要求，书写图 3-27 所示页面的 HTML 代码。

具体操作步骤如下：

（1）新建页面，在 <title> 标签中输入"计算机学院"作为页面标题。

（2）观察整个页面内容，根据语义选择使用哪个元素。页面最上方的导航条使用 header 和 nav 元素，页面最下方的页脚使用 footer 元素，左侧的栏目是独立的文章，使用 article 元素，内容中的小节可以使用 section 元素，右侧的栏目是附属信息，使用 aside 元素。

（3）为了方便设置整个页面内容的样式，使用 id 为 wrapper 的 div 元素将所有元素包裹起来。

（4）为了方便设置左、右两个栏目的样式及布局，分别使用 id 为 content 的 div 元素和 id 为 sidebar 的 div 元素将左、右两个栏目内容包裹起来。各部分内容的代码按照从上到下的顺序书写，先写 header 元素，然后是 article 和 aside 元素，最后是 footer 元素。

（5）在每个区域开始和结束的地方添加注释。

（6）向每个区域中填入与内容对应的代码。

完成后的代码如下：

```
<!DOCTYPE html>
<html>
<head>
```

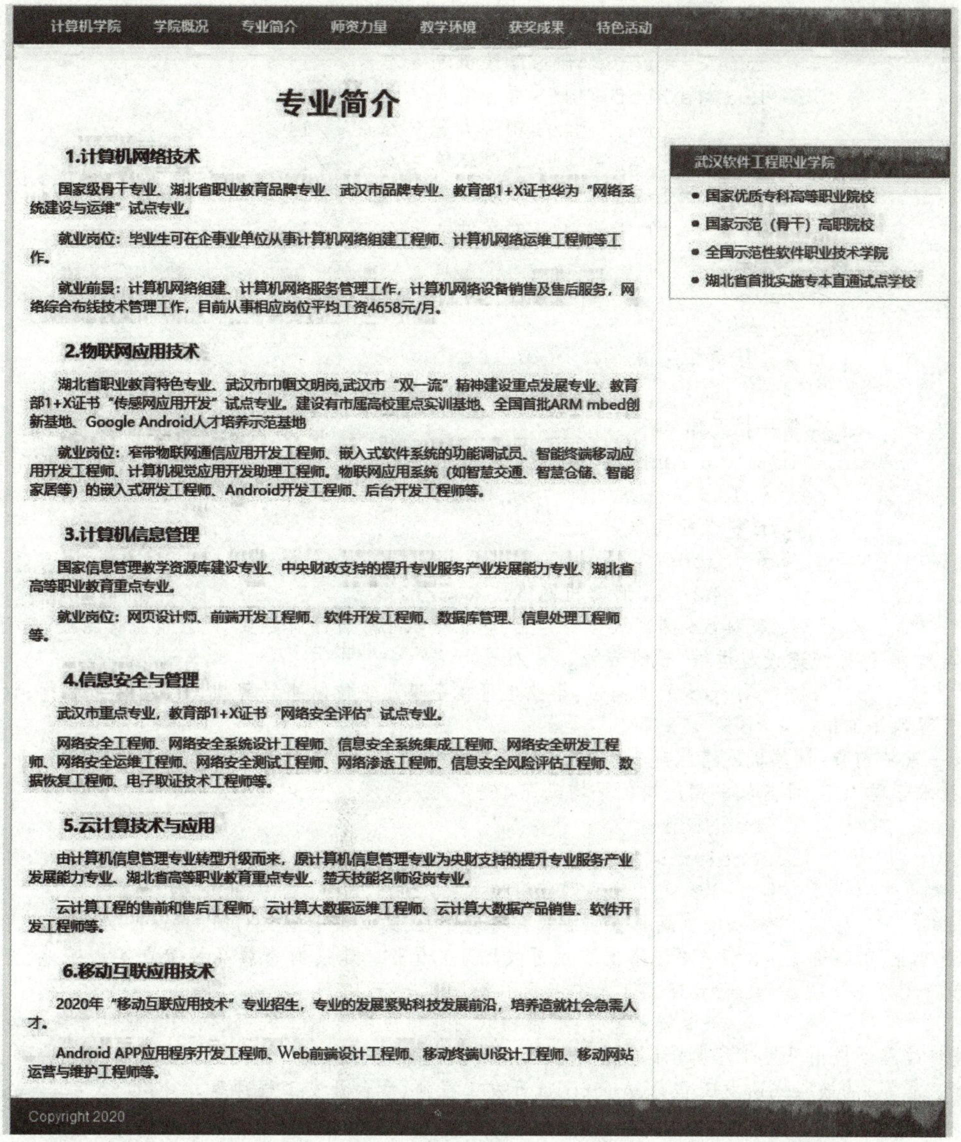

图 3-27 页面效果

```
    <meta charset="utf-8">
    <title>计算机学院</title>
</head>

<body>
<!-- 页面开始 -->
<div id="wrapper">
    <!-- 页眉开始 -->
    <header>
        <nav>
            <ul>
```

```html
            <li><a href="#">计算机学院</a></li>
            <li><a href="#">学院概况</a></li>
            <li><a href="#">专业简介</a></li>
            <li><a href="#">师资力量</a></li>
            <li><a href="#">教学环境</a></li>
            <li><a href="#">获奖成果</a></li>
            <li><a href="#">特色活动</a></li>
        </ul>
    </nav>
</header>
<!--页眉结束-->

<!--第一栏开始-->
<div id="content">
    <article>
        <h1>专业简介</h1>
        <section>
            <h2>1.计算机网络技术</h2>
            <p>国家级骨干专业、湖北省职业教育品牌专业、武汉市品牌专业、教育部1+X证书华为"网络系统建设与运维"试点专业。</p>
            <p>就业岗位:毕业生可在企事业单位从事计算机网络组建工程师、计算机网络运维工程师等工作。</p>
    <p>就业前景:计算机网络组建、计算机网络服务管理工作,计算机网络设备销售及售后服务,网络综合布线技术管理工作,目前从事相应岗位平均工资4658元/月。</p>
        </section>
        <section>
            <h2>2.物联网应用技术</h2>
            <p>湖北省职业教育特色专业、武汉市巾帼文明岗,武汉市"双一流"精神建设重点发展专业、教育部1+X证书"传感网应用开发"试点专业。建设有市属高校重点实训基地、全国首批ARM mbed创新基地、Google Android人才培养示范基地</p>
            <p>就业岗位:窄带物联网通信应用开发工程师、嵌入式软件系统的功能调试员、智能终端移动应用开发工程师、计算机视觉应用开发助理工程师。物联网应用系统(如智慧交通、智慧仓储、智能家居等)的嵌入式研发工程师、Android开发工程师、后台开发工程师等。</p>
        </section>
        <section>
            <h2>3.计算机信息管理</h2>
            <p>国家信息管理教学资源库建设专业、中央财政支持的提升专业服务产业发展能力专业、湖北省高等职业教育重点专业。</p>
            <p>就业岗位:网页设计师、前端开发工程师、软件开发工程师、数据库管理、信息处理工程师等。</p>
        </section>
        <section>
            <h2>4.信息安全与管理</h2>
            <p>武汉市重点专业,教育部1+X证书"网络安全评估"试点专业。</p>
            <p>网络安全工程师、网络安全系统设计工程师、信息安全系统集成工程师、网络安全研发工程师、网络安全运维工程师、网络安全测试工程师、网络渗透工程师、信息安全风险评估工程师、数据恢复工程师、电子取证技术工程师等。</p>
        </section>
        <section>
```

```html
            <h2>5.云计算技术与应用</h2>
            <p>由计算机信息管理专业转型升级而来,原计算机信息管理专业为央财支持的提升专业服务产业发展能力专业、湖北省高等职业教育重点专业、楚天技能名师设岗专业。</p>
            <p>云计算工程的售前和售后工程师、云计算大数据运维工程师、云计算大数据产品销售、软件开发工程师等。</p>
        </section>
        <section>
            <h2>6.移动互联应用技术</h2>
            <p>2020年"移动互联应用技术"专业招生,专业的发展紧贴科技发展前沿,培养造就社会急需人才。</p>
            <p>Android APP应用程序开发工程师、Web前端设计工程师、移动终端UI设计工程师、移动网站运营与维护工程师等。</p>
        </section>
    </article>
</div>
<!--第一栏结束-->

<!--第二栏开始-->
<div id="sidebar">
    <aside>
        <h2>武汉软件工程职业学院</h2>
        <ul>
            <li><a href="#">国家优质专科高等职业院校</a></li>
            <li><a href="#">国家示范(骨干)高职院校</a></li>
            <li><a href="#">全国示范性软件职业技术学院</a></li>
            <li><a href="#">湖北省首批实施专本直通试点学校</a></li>
        </ul>
    </aside>
</div>
<!--第二栏结束-->

<!--页脚开始-->
<footer>
    <p>Copyright 2020</p>
</footer>
<!--页眉结束-->
</div>
<!--页脚结束-->
</body>
</html>
```

这段代码显示的结果如图3-28所示。

不要奇怪为什么页面显示效果和预期不同,按照网页设计中内容与样式分离的原则,HTML负责内容,CSS负责样式,无论是文字部分的表现形式还是区块的布局,都是由CSS完成的工作,而在当前代码中并未添加CSS,因此所有元素都以默认样式显示。

图 3–28 代码对应的页面效果

要点回顾

HTML 标记由元素、属性和值构成。虽然 HTML5 认可了过去一些不规范的书写方式，但是建议初学者依然严格按照规范书写代码。浏览器中看得见的页面内容全都写在 body 元素中，而那些为浏览器和搜索引擎准备的功能性标签写在 head 元素中。把页面当作普通文档，h1~h6 以及 article、aside、nav、section，这些元素将文档划分为不同的区块，基于语义去使用它们标记内容，不要考虑它们在浏览器中的样式。article、section 和 div 元素有相似之处，使用时需注意：如果一块内容能构成一个独立的、有意义的页面（如一篇博文），那么这块内容应该用 article 元素，而不是 section 元素；如果一块内容没有一个自然的标题（比如只有几个段落或几个列表），那么不要使用 section 元素；如果只想为一块内容添加样式或脚本，那么不要使用 article 或 section 元素，这是 div 元素的工作。

习题三

一、选择题

1. 网页中的图像、文本、超链接等内容应书写在（　　）元素中。
   A. head　　　　　　　B. body　　　　　　　C. header　　　　　　　D. article
2. 页面分级标题中（　　）元素的默认样式字号最大。

A. h1   B. h2   C. h4   D. h6

3. 下列段落标签的写法中符合规范的是（　　）。

A. ＜p＞一个段落   B. ＜P＞一个段落

C. ＜p＞一个段落＜/p＞   D. ＜P＞一个段落＜/P＞

4. 如果想为两个段落设置特殊的样式，应该使用（　　）元素将其包裹起来。

A. article   B. section   C. nav   D. div

二、填空题

1. 在 HTML 中，使用_____添加注释。

2. 页面标题的标签是_____。

3. 页面的构成元素主要包括：页眉_____、导航_____、文章_____、区块_____、侧边栏_____、页脚_____和通用容器_____。

实训

制作图 3-29 所示的网页。

1. 训练要点

（1）HTML 文档的基本成分；

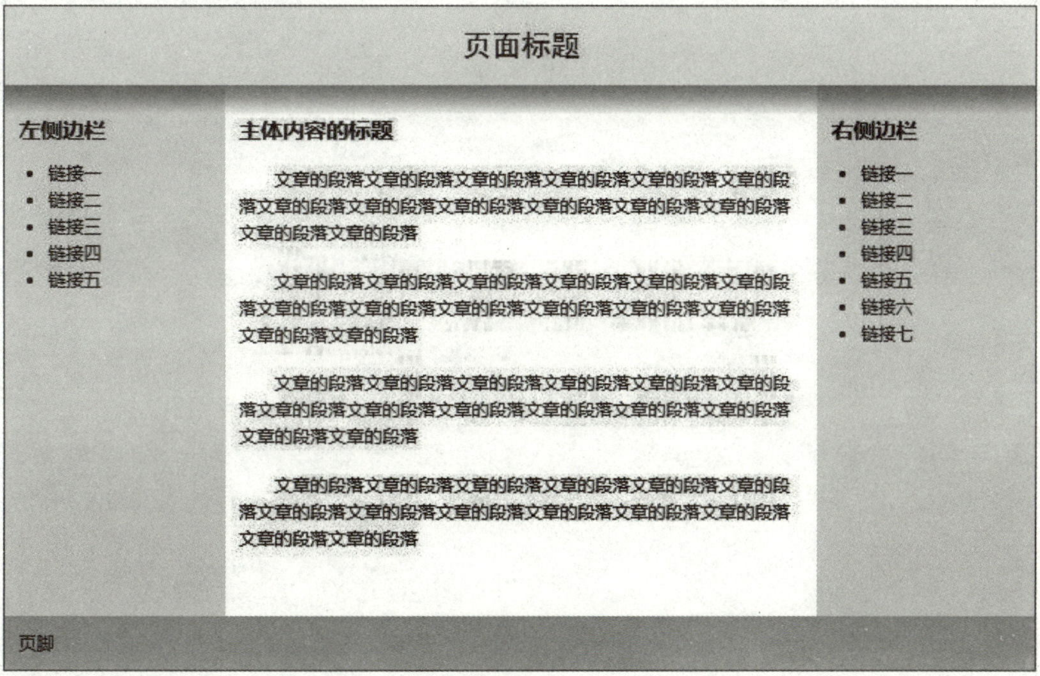

图 3-29　实训页面结构

（2）标记的书写规范；

（3）分级标题的使用；

（4）页面的构成元素。

2. 操作提示

（1）新建 HTML 文件，在 <title> 标签中输入"实训 3"作为页面标题。

（2）使用 id 为 wrapper 的 div 元素将整个页面内容包裹起来。

（3）观察整个页面内容，根据语义来选择使用哪个标记，整个页面大体分为：

①最上方为页眉，使用 header 元素；

②最下方为页脚，使用 footer 元素；

③左侧、右侧为侧边栏，使用 aside 元素；

④中间主体内容，使用 article 元素。

（4）两个侧边栏和主体部分为了布局方便，分别使用 id 为 leftsider、content、rightsider 的 div 元素将它们包裹起来。

（5）页面标题使用 h1 元素，下方的 3 个标题使用 h2 元素。

第4章 文本

本章导读

上一章介绍过，一个网页主要包括3种成分：标签、文本内容、对其他文件的引用（图像、音频、视频、样式、脚本等）。实际上很多网页，其大部分内容还是文本。本章主要介绍针对不同的文本类型，应该如何选择适合的 HTML 文本元素标签。

4.1 段落 p

p 元素是 HTML 的段落元素，HTML 会忽略在文本编辑器中输入的回车和空格，所以文字都在一个段落里，根据窗口的宽度自行转折到下一行，要在网页中开始一个新段落，应该使用 p 元素。

p 元素标签语法为：

<p 属性 = "属性值" > ~标签内容 ~ </p>

说明：

（1）p 元素有一个常用属性 align，它用来指明字符显示时的对齐方向，其值一般有 left（左对齐）、center（居中）、right（右对齐）、justify（两端对齐）4 种。

（2）HTML5 中删除了 HTML4 中 p 元素的 align 属性，而此属性也被 W3C 列为非推荐属性。

开始新段落的步骤如下：

（1）输入"< p >"；

（2）输入新段落的内容；

（3）输入"</p>"结束这个段落。

在 HTML 中，</p> 是可以省略的，因为下一个 <p> 的开始就意味着上一个 <p> 的结束。但在严格的书写规范中，开始标签和结束标签都不能省略。

输入下列代码：

```
<body>
<h1>HTML与CSS前台页面设计</h1>
<h2>第4章 文本</h2>
<p>文本段落标记</p>
</body>
```

运行结果如图4-1所示。

图4-1 p元素标签实例运行结果

4.2 地址address

address元素用来说明文件作者的联系信息，例如作者名字、电子邮件地址、电话及住址等，通常位于页面的底部或相关部分内。

address元素标签语法为：

```
<address 属性="属性值">~标签内容~</address>
```

说明：

（1）address元素的标签内容会以斜体字呈现，且大多数浏览器会在address元素的前后添加一个换行符，自动进行换行。

（2）在HTML、XHTML文件中开始标签和结束标签都不能省略。

提供作者联系信息的步骤如下：

（1）如果要为一个article元素提供作者联系信息，则将address元素放在该元素中。如果要提供整个页面的作者联系信息，则将address元素放在body元素中或放在页面级的footer元素中。

（2）输入"<address>"。

（3）输入作者的电子邮件地址、指向联系信息页面的链接等。

（4）输入"</address>"。

网页文件内容中放置作者联系信息的代码如下：

```
<body >
<h1 >HTML5 与 CSS3 网页设计 </h1 >
<h3 >HTML 标签 </h3 >
<p >HTML(Hyper Text Markup Language,超文本标记语言)是构成网页文档的主要语言。HTML
文档是由 HTML 标签定义的。</p >
<p >HTML 标签主要包括 3 种成分:元素、属性和值。</p >
<address >
唐朝工作室 <br />
email:<a href = "mailto:XXXXX@126.com" >XXXXX@126.com </a ><br/>
Copyrightc twbts |隐私权政策
</address >
</body >
```

运行结果如图 4 – 2 所示。

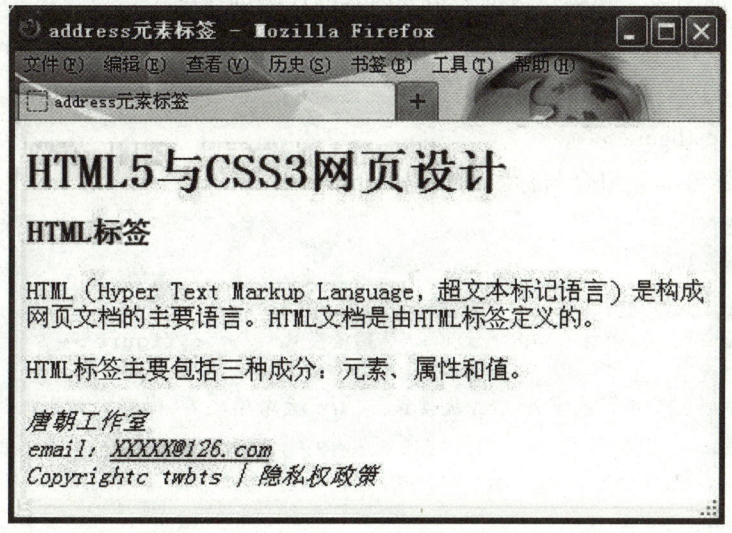

图 4 – 2　address 元素标签实例运行结果

4.3　图 figure 与 figcaption

figure 元素是一个媒体的自合元素,通常作为插图、图标、照片和代码列表的自合。如果要为 figure 元素标签建立的标签组合定标题,则可以使用 figcaption 元素。

figure 元素标签语法为:

`<figure 属性 = 属性值 >标签内容 </figure >`

figcaption 元素标签语法为:

`<figcaption 属性 = 属性值 >标签内容 </figcaption >`

说明:

(1) figure 元素可以包含多个内容块,例如多个图片。但不管 figure 元素里有多少内容,只允许有一个 figcaption 元素。

（2）可选的 figcaption 元素就是 figure 元素的标题，它并不是必需的，但如果出现，就必须是 figure 元素的第一个或最后一个元素。

（3）在网页中，图文是相伴出现的，图可以是图表、图形、照片、代码等，在 HTML5 之前，没有专门实现这个目的的元素。通过引入 figure 和 figcaption 元素，改变了这种情况。figure 和 figcaption 元素是 HTML5 的新元素。

创建图及其标题的步骤如下：

（1）输入"<figure>"。
（2）作为可选步骤，输入"<figcaption>"开始图的标题。
（3）输入标题文字。
（4）如果在第（2）、（3）步创建了标题，就输入"</figcaption>"。
（5）通过添加图像、视频、数据表格等内容的代码创建图。
（6）如果没有在 figure 元素内容之前包含 figcaption 元素，则可以在 figure 元素内容之后重复步骤(2)~(4)。
（7）输入"</figure>"。

为 img 元素标签建立组合与标题的代码如下：

```
<body>
<figure>
    <figcaption>魅力武汉——黄鹤楼 </figcaption>
    <img src="img/素材1.JPG" alt="黄鹤楼夜景" /> </figure>
<p>黄鹤楼，"天下江山第一楼"巍峨耸立于中国中部地区最大城市武汉市武昌蛇山之上，始建于三国时代吴黄武二年(公元223年)，国家AAAAA级景点，江南三大名楼之首，国家旅游胜地四十佳，享有"天下绝景"之称。</p>
</body>
```

运行结果如图 4-3 所示。

图 4-3　figure 和 figcaption 元素标签实例运行结果

4.4 时间 time

time 元素用来定义 24 小时制中的时间或日期，日期或时间的值可包含时差设定。
time 元素标签语法为：

```
<time 属性 = "属性值" > ~标签内容~ </time>
```

说明：

（1）time 元素是 HTML5 标准的新增元素，用来定义日期或者时间，或者同时定义二者。

（2）不要在 time 元素中使用不准确的日期或时间，例如"20 世纪""90 年代初""今天早上"等。

（3）time 元素的属性 datetime 用来规定日期或时间。在 time 元素的内容中未指定时间或时期时，使用该属性。反过来如果未定义此属性，则须在 time 元素的标签内容中设定日期或时间。

（4）datetime 属性应提供机器可读的日期和时间格式，简化形式为：YYYY－MM－DDThh：mm：ss。YYYY 代表年，MM 代表月，DD 代表天，T 是时期和时间之间必需的分隔符，hh 代表时，mm 代表分，ss 代表秒。例如 2013－04－10T16：40：23，表示当地时间 2013 年 4 月 10 日下午 4 点 40 分 23 秒。如果要表示世界时间，可以在末端加上字母 Z，例如 2013－04－10T16：40：23Z。

指定标准时间和日期的步骤如下：

（1）输入"<time"开始 time 元素。

（2）如果需要，可以输入"datetime = "time""，其中 time 应该使用合法的格式。

（3）输入">"来结束这个开始标签。

（4）如果要让时间显示在浏览器中，要输入反映时间或日期的文本。

（5）输入"</time>"。

定义时期和时间的代码如下：

```
<body>
<p>我们在每天早上
    <time>8:30</time>
    开始上课。</p>
<p>我想约你
    <time datetime = "2013-02-14">情人节</time>
    那天一起看电影。</p>
</body>
```

运行结果如图 4-4 所示。

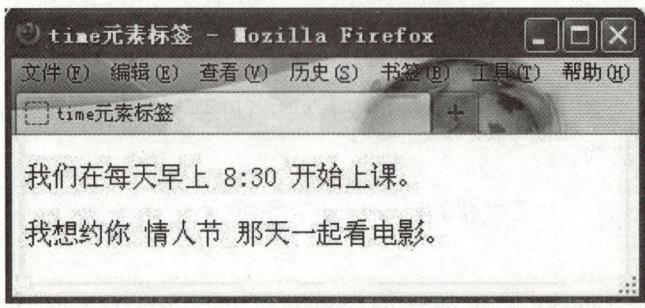

图 4-4 time 元素标签实例运行结果

4.5 重要或强调的文本标签

4.5.1 strong

strong 元素用来设定文件中的重要文本，在一般浏览器中，strong 元素将标签内容设置为粗体。

strong 元素标签语法为：

<strong 属性 = "属性值" > ~标签内容~ </strong>

说明：

（1）在 HTML5 标准中将 strong 元素定义为标示文件中的重要内容，而不再定义为比 em 元素更加重强调的元素。

（2）可以在标记为 strong 的短语中再嵌套 strong 文本。如果这样，作为另一个 strong 元素的子元素的 strong 文本的重要程度都会递增。这个规则对后面讲到的 em 元素也适用。

标记重要文本的步骤如下：

（1）输入"<strong>"。

（2）输入想要标记为重要内容的文本。

（3）输入"</strong>"。

设定文本中的重要内容的代码如下：

```
<body>
<h1>strong 元素</h1>
<p>strong 元素用来<strong>设定文件中重要的内容</strong>,在一般浏览器中,strong 元素将标签内容设置为<strong>粗体</strong>的元素。</p>
</body>
```

运行结果如图 4-5 所示。

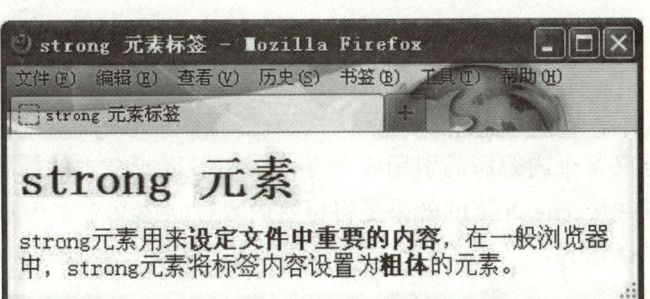

图 4-5 strong 元素标签实例运行结果

4.5.2 em

em 元素用来设定文件中需要强调语气的内容。在一般浏览器中，em 元素的效果是将标签内容以斜体来表示。

em 元素标签语法为：

<em 属性 = "属性值" > ~标签内容~ < /em >

说明：
（1）在 HTML、XHTML 文件中，开始标签和结束标签都不能省略。
（2）如果 em 元素是 strong 的子元素，文本将同时以斜体和粗体显示。
（3）不要使用 b 元素代替 strong 元素，也不要使用 i 元素代替 em 元素。虽然它们在浏览器中显示的样式是一样的，但它们的含义却不一样。

强调文本的步骤如下：
（1）输入 " <em > "。
（2）输入想强调的文本。
（3）输入 " </em > "。

强调文章部分内容的代码如下：

```
<body >
<h1 >重要或强调的文本标记 < /h1 >
<p >在 HTML、XHTML 文件中, em 元素的开始标签和终止标签都 <em >不能省略 </em >
</p >
</body >
```

运行结果如图 4-6 所示。

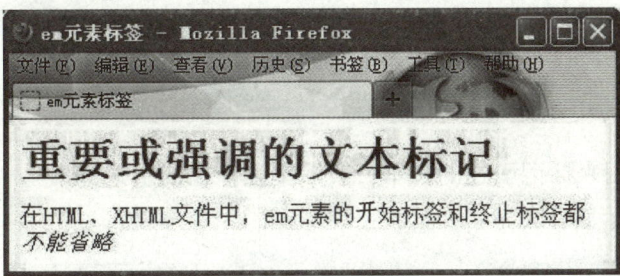

图 4-6 em 元素标签实例运行结果

4.6 引用参考 cite

cite 元素用来定义某个内容源的引用或参考，例如书籍或杂志的标题、电影或歌曲的名称等。在一般浏览器中，cite 元素的效果是将标签内容以斜体文字来表示。

cite 元素标签的语法为：

```
<cite 属性="属性值">~标签内容~</cite>
```

说明：
（1）在 HTML、XHTML 文件中，开始标签和结束标签都不能省略。
（2）对于要从引用来源中引述内容的情况，使用 blockquote 或 q 元素标记引述的文本。cite 元素只用于参考源本身，而不是从中引述的内容。

引用参考的步骤如下：
（1）输入"<cite>"。
（2）输入参考的名称。
（3）输入"</cite>"。

定义作品标题的代码如下：

```
<body>
<p>
<cite>《借山吟馆诗草》</cite>一九二八年秋天石印面世,前有樊樊山十年前为白石老人诗稿所作序文。
</p>
</body>
```

运行结果如图 4-7 所示。

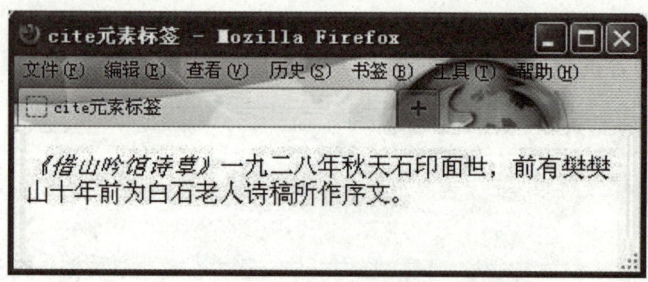

图 4-7　cite 元素标签实例运行结果

4.7 引述 blockquote

blockquote 元素用来标记引述的文本，表示单独存在的引述。
blockquote 元素标签语法为：

```
<blockquote 属性="属性值">~标签内容~</blockquote>
```

说明：

（1）在 HTML、XHTML 文件中，开始标签和结束标签都不能省略。

（2）在 blockquote 元素的标签内容中，可包含单纯字符串，也可以包含 img 元素，且标签内容会自动进行左、右缩排。

（3）blockquote 元素可以包含 cite 元素属性提供引述文本的来源。不过浏览器不会显示 cite 元素属性中的内容。

引述块级文本的步骤如下：

（1）输入"＜blobkquote"开始一个块级引述。

（2）如果需要，输入"cite ="url""，其中 url 会引述来源的地址。

（3）输入"＞"以结束开始标签。

（4）输入希望引述的文本，并用段落等适当的元素包围。

（5）输入"＜/blockquote＞"。

引述文本的代码如下：

```
<body>
<h1>HTML 的 blockquote 元素标签</h1>
<p>定义和用法</p>
<blockquote cite=http://www.w3school.com.cn/tags/tag_blockquote.asp>blockquote 的开始标签和终止标签之间的所有文本都会从常规文本中分离出来，经常会在左、右两边进行缩进（增加外边距），而且有时会使用斜体。也就是说，块引用拥有它们自己的空间。
</blockquote>
</body>
```

运行结果如图 4-8 所示。

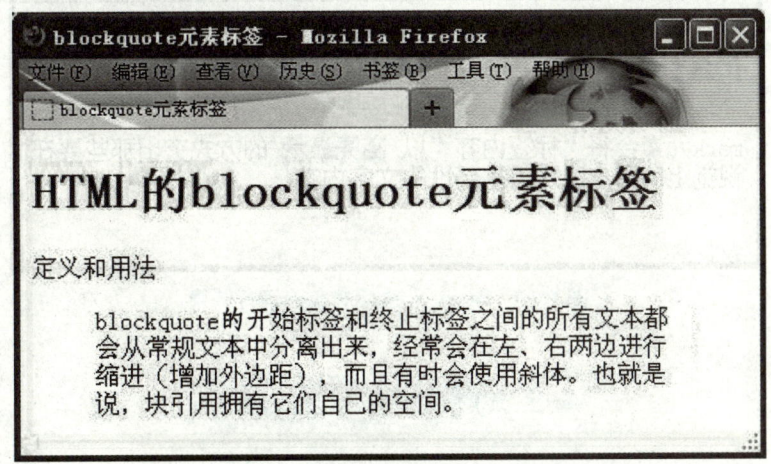

图 4-8　blockquote 元素标签实例运行结果

4.8　突出显示文本 mark

mark 元素用于定义带有记号的文本。其标签内容将以高亮显示，以突出需要重点显示的文字内容。

mark 元素标签语法为：

```
<mark 属性="属性值"> ~标签内容~ </mark>
```

说明：

mark 元素是 HTML 新增的元素，对于 mark 元素支持的浏览器将对该元素的文字默认加上黄色背景，但旧的浏览器不会。可以在样式表中加上"{background-color：yellow;}"，让这些浏览器现实同样的效果。

突出显示文本的步骤如下：

（1）输入"<mark>"。

（2）输入希望引起注意的文字。

（3）输入"</mark>"。

以高亮显示文字内容的代码如下：

```
<body>
<h1>mark 元素是 HTML5 新增元素</h1>
<p> mark 元素会将"标签内容"以 <mark> 高亮显示 </mark> 的方式突出那些要在视觉上向用户说明其重要性的文字内容。</p>
</body>
```

运行结果如图 4-9 所示。

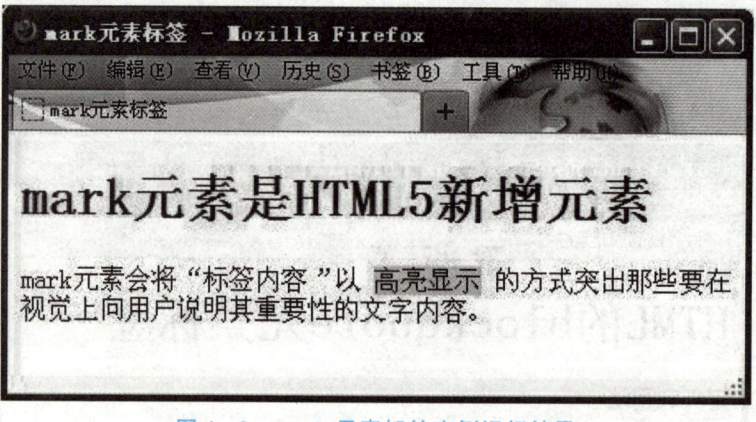

图 4-9   mark 元素标签实例运行结果

4.9　解释缩写词 abbr

abbr 元素标记缩写词并解释其含义。不必对每一个缩写词使用 abbr 元素，只在需要帮助访问者了解该词含义的时候使用。

abbr 元素标签语法为：

```
<abbr 属性="属性值"> ~标签内容~ </abbr>
```

说明：

(1) 在 HTML、XHTML 文件中，开始标签和结束标签都不能省略。

(2) 若要显示在文件中被省略的文本内容，可将被省略部分的文件设置 title 元素属性的属性值。

(3) Firefox 和 Opera 浏览器会对 title 属性的 abbr 元素文字使用虚线下划线。IE6 浏览器或更早版本的 IE 浏览器不支持 <abbr> 标签，因此既没有虚线下划线，也没有提示框，只有文字本身。其他所有浏览器都支持 <abbr> 标签，当访问者将鼠标放在 abbr 元素上，该元素 title 属性的内容就会显示在一个提示框中。

解释缩写词的步骤如下：

(1) 输入"<abbr"。

(2) 作为可选，输入"title = "expansion""，其中 expansion 是缩写词的全称。

(3) 输入">"。

(4) 输入缩写词本身。

(5) 输入"</abbr>"结束标签。

显示被省略的文件内容的代码如下：

```
<body>
<h1>XHTML</h1>
<p> XHTML 可视为为 XML 应用而重新制定的 HTML, <abbr title = "eXtensible HyperText Markup Language" >XHTML</abbr> 完全向下兼容 HTML4.01,因为 XHTML 是直接取用 HTML4.01 中可使用的元素、属性，然后依照 XML 的规则来定义的，所以又具有 XML 的语法。</p>
</body>
```

运行结果如图 4-10 所示。

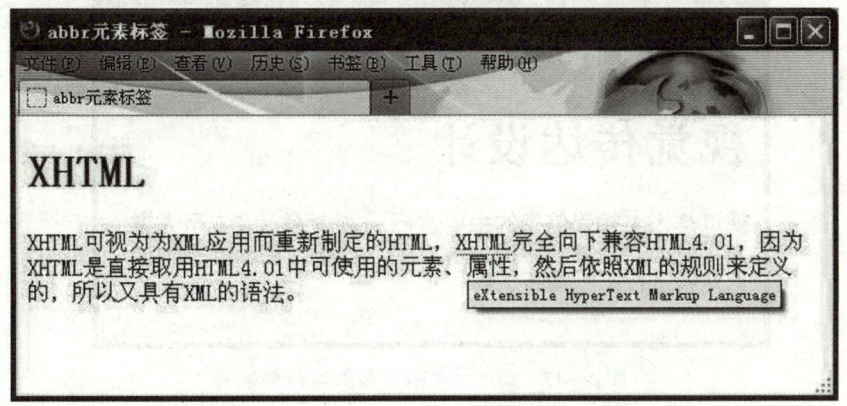

图 4-10　abbr 元素标签实例运行结果

4.10　定义术语 dfn

dfn 元素用来定义文档中第一次出现的术语，并不需要用它标记术语的后续使用。在一般浏览器中，dfn 元素的效果是将标签内容以斜体来表示。

dfn 元素标签语法为：

```
<dfn 属性="属性值">~标签内容~</dfn>
```

说明：

（1）在 HTML、XHTML 文件中，开始标签和结束标签都不能省略。

（2）dfn 元素用来包围要定义的术语，而不是包围定义。

（3）如果要将用户引向术语的定义实例，可以给 dfn 元素加一个 id，然后让站点其他位置的链接指向它。

（4）dfn 元素可以在适当的情况下包围其他的短语元素，如 abbr 元素。如果在 dfn 元素中添加一个可选的 title 属性，其值要和 dfn 术语一致。

标记术语定义的步骤如下：

（1）输入"<dfn>"。

（2）输入要定义的术语。

（3）输入"</dfn>"。

定义特殊术语的代码如下：

```
<body>
<h1>视觉传达设计</h1>
<p>视觉是人类接受信息的主要途径，<dfn>视觉传达设计</dfn>是人类为实现公共信息的传播,对文字、图像、色彩等各种视觉元素进行组织的行为。</p>
</body>
```

运行结果如图 4-11 所示。

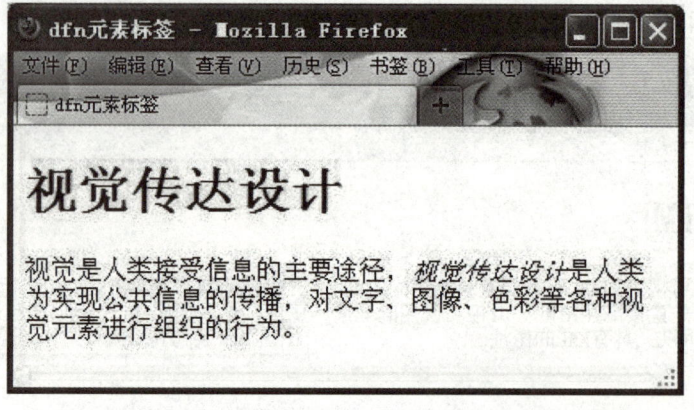

图 4-11 dfn 元素标签实例运行结果

4.11 上标和下标

4.11.1 sup

sup 元素用来定义上标文本，也就是将文字缩小并放置在右上角的位置，变成上标字，例如平方的数字。常见的上标有商标符号、指数和脚注编号等。

sup 元素标签语法为：

＜sup 属性＝"属性值"＞~标签内容~＜/sup＞

说明：

（1）在 HTML、XHTML 文件中，开始标签和结束标签都不能省略。

（2）sup 元素标签中的文本内容将会以当前文本流中字符高度的一半显示，但是与当前文本流中文字的字体和字号都是一样的。其文本出现在当前文本流的上方。

创建上标的步骤如下：

（1）输入"＜sup＞"。

（2）输入要出现在上标的字符或符号。

（3）输入"＜/sup＞"。

撰写数字方程式的代码如下：

```
<body>
<h1>撰写数学方程式</h1>
<p> X <sup>2</sup> +2X +1 =0 </p>
</body>
```

运行结果如图 4－12 所示。

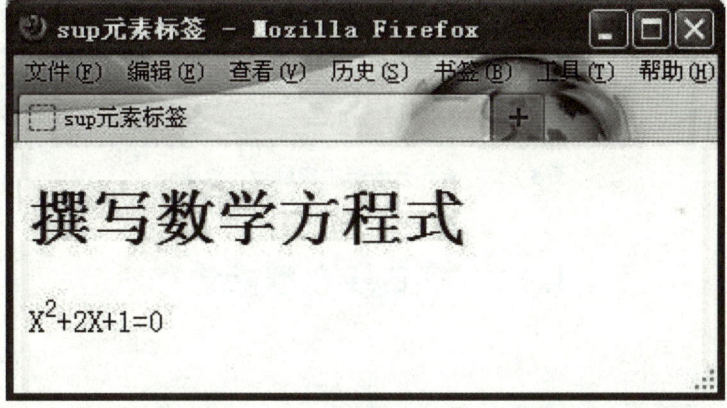

图 4－12　**sup 元素标签实例运行结果**

4.11.2　sub

sub 元素用来定义下标文本，也就是将文字缩小并放置在右下角的位置，变成下标字，常见的下标有化学符号等。

sub 元素标签语法为：

＜sub 属性＝"属性值"＞~标签内容~＜/sub＞

说明：

（1）在 HTML、XHTML 文件中，开始标签和结束标签都不能省略。

（2）sub 元素标签和 sup 元素标签一样，其文本内容将会以当前文本流中字符高度的一半来显示，与当前文本流中文字的字体和字号都一样。sub 元素标签中的文本出现在当前文本流的下方。

创建上标的步骤如下：

(1) 输入"<sub>"。

(2) 输入要出现在下标的字符或符号。

(3) 输入"</sub>"。

撰写化学方程式的代码如下：

```
<body>
<h1>撰写化学方程式</h1>
<p>硫酸：H<sub>2</sub>SO<sub>4</sub></p>
</body>
```

运行结果如图 4-13 所示。

图 4-13 sub 元素标签实例运行结果

4.12 下划线和删除线

4.12.1 ins

ins 元素用来定义已经被插入文档的文本。在一般浏览器中，被 ins 元素包围的文字下方会出现下划线。

ins 元素标签语法为：

```
<ins 属性="属性值">~标签内容~</ins>
```

说明：

(1) 在 HTML、XHTML 文件中，开始标签和结束标签都不能省略。

(2) 如果要在新增的文件编辑内容中指定新增内容或新增原因的 URL，可以使用 cite 元素属性。

标记新插入文本的步骤如下：

(1) 输入"<ins>"。

(2) 输入新内容。

(3) 输入"</ins>"。

4.12.2 del

del 元素用来定义文档中已经被删除的文本。在一般浏览器中,被 del 元素包围的文字会加上删除线。

del 元素标签语法为:

```
<del 属性="属性值">~标签内容~</del>
```

说明:

(1) 在 HTML、XHTML 文件中,开始标签和结束标签都不能省略。

(2) 如果要在删除的文件编辑内容中指定删除内容或删除原因的 URL,可以使用 cite 元素属性。

标记已删除文本的步骤如下:

(1) 将光标放在待标记为已删除的文本或元素之前。

(2) 输入"<del>"。

(3) 将光标放在待标记为已删除的文本或元素之后。

(4) 输入"</del>"。

带有已删除部分和新插入部分的文本代码如下:

```
<body>
<h1>HTML5 与 CSS3 网页设计</h1>
<p>本书是专门为有学习需求的网页设计师打造的工具书。书中会详细说明设计网页所需要的 HTML,帮助您了解新时代 HTML5 的网页标签规范。</p>
<p> <del>定价:50 元</del> <ins>优惠价:9 折 45 元</ins> </p>
</body>
```

运行结果如图 4-14 所示。

图 4-14 ins 和 del 元素标签实例运行结果

4.13 代码标签

4.13.1 code

code 元素定义计算机代码文本，用于表示计算机源代码或者其他机器可以阅读的文本内容。一般浏览器中，code 元素将标签内容以等宽字体显示。

code 元素标签语法为：

```
<code 属性="属性值">~标签内容~</code>
```

标记代码或文件名的步骤如下：

（1）输入"<code>"。

（2）输入代码或文件名。

（3）输入"</code>"。

输出一段程序代码的代码如下：

```
<body>
<h4>下面这段程序代码将会出现在信息窗口</h4>
<pre>
<code>
function message(txt){
window.alert(txt);
}
</code>
</pre>
</body>
```

运行结果如图 4-15 所示。

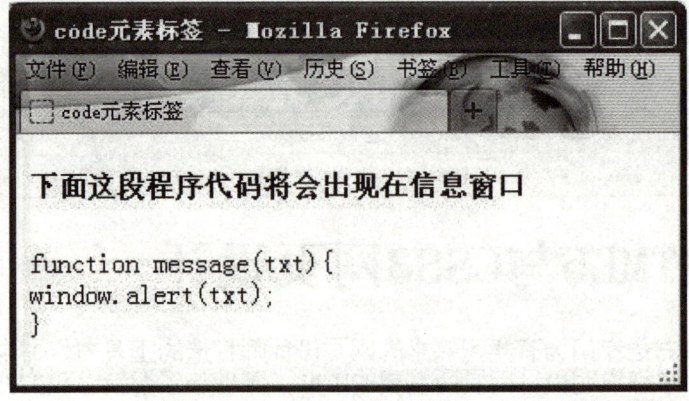

图 4-15 code 元素标签实例运行结果

4.13.2 其他计算机相关标签

kbd、samp 和 var 元素极少使用，下面对它们进行简单说明。

1. kbd 元素

kbd 元素用来定义键盘文本,它表示文本是从键盘上键入的。它经常用在与计算机相关的文档或手册中。和 code 元素一样,标签内容以等宽字体显示。

kbd 元素标签语法为:

<kbd 属性 = "属性值" > ~标签内容~ </kbd>

指定用户利用键盘输入内容的代码如下:

```
<body>
<p>退出程序,请按 <kbd>quit</kbd>键</p>
<p>返回主菜单,请按 <kbd>menu</kbd>键</p>
</body>
```

运行结果如图 4－16 所示。

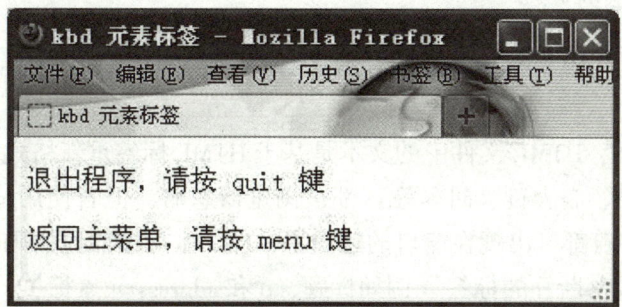

图 4－16　kbd 元素标签实例运行结果

2. samp 元素

samp 元素用来指示程序或系统的示例输出。其标签内容也默认以等宽字体显示。

samp 元素标签语法为:

<samp 属性 = "属性值" > ~标签内容~ </samp>

输出一段错误信息的代码如下:

```
<body>
<p>新手接触网络,有时不连网就尝试打开浏览器,这时浏览器会显示:<samp>Internet Explorer 无法显示该网页</samp></p>
```

运行结果如图 4－17 所示。

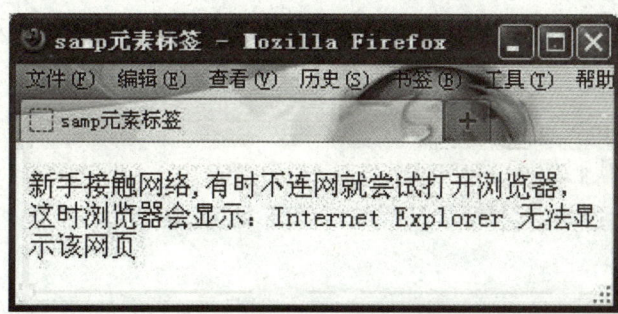

图 4－17　samp 元素标签实例运行结果

3. var 元素

var 元素用来标示文件中变量或自变量的名称。其标签内容以斜体文字显示。

var 元素标签语法为：

<var 属性="属性值">~标签内容~</var>

例如：<var>Computer variable</var>。

4.14 预格式化文本 pre

pre 元素用来定义预格式化的文本。被包围在 pre 元素标签中的文本通常会保留空格和换行符，而文本也会以等宽字体呈现。pre 元素的一个常见应用就是表示计算机的源代码。

pre 元素标签语法为：

<pre 属性="属性值">~标签内容~</pre>

说明：

（1）一般情况下，HTML 文件中的文本是基于 HTML 标签重新格式化的，文本中任何额外的空白字符（空格、制表符、回车等）都被浏览器忽略，但若使用 <pre> 标签，任何被该标签包围的空白字符都可出现在窗口的输出中，即文本可按照原始码的排列方式显示。

（2）可以导致段落断开的标签（例如标题、p 和 address 元素标签）最好不要包含在 pre 元素标签所定义的块里。尽管有些浏览器会把段落结束标签解释为简单的换行，但是这种行为在所有浏览器上并不都是一样的。

（3）pre 元素标签中允许的文本可以包括物理样式变化和基于内容的样式变化，还有链接、图像和水平分隔线。当把其他标签（比如 a 元素标签）放到 <pre> 标签所定义的块中时，就像放在 HTML 文档的其他部分中一样即可。

（4）pre 元素标签中如果含有特殊符号，就必须通过"文字参照"的方法来书写。例如"<"">""&"应写成"<"">""&"。

（5）HTML5 中删除了 HTML4 中的 pre 元素的 width 属性，而此属性被 W3C 列为非推荐属性。

使用预格式化文本的步骤如下：

（1）输入"<pre>"。

（2）输入或复制希望以原样显示的文本，包括所需要的空格、回车和换行。除了代码以外，不要用任何 HTML 标签（如 p 元素标签）标记这些文本。

（3）输入"</pre>"。

预格式化文本的代码如下：

```
<body>
<pre>
这是
预格式文本。
```

```
它保留了      空格
和换行。
</pre>
<p>pre 标签很适合显示计算机代码:</p>
<pre>
for i = 1 to 10
      print i
next i
</pre>
</body>
```

运行结果如图 4-18 所示:

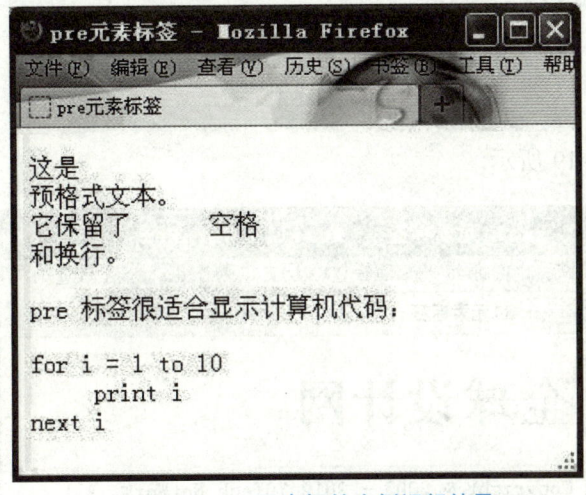

图 4-18 pre 元素标签实例运行结果

4.15 指定细则 small

small 元素用来表示细则一类的次要注释,通常包括免责声明、注意事项、法律限制、版权消息等。有时候还可以用来署名和满足许可要求。

small 元素标签语法为:

```
<small 属性 = "属性值"> ~标签内容~ </small>
```

说明:

(1) 在 HTML、XHTML 文件中,开始标签和结束标签都不能省略。

(2) small 元素中的文本通常是行内文本中一个小块,而不是包含多个段落或其他元素的大块文本。用 small 元素标签标记页面的版权信息只适用于短语,不要用它标记长的法律声明,如"使用条款",这些内容应该用段落和其他需要的语义进行标记。

(3) 在一些浏览器中,small 元素中的文本的字号会比普通文本的小,一定要在符合内容语义的情况下使用 small 元素,而不是仅为了减小字号而使用。

(4) 对于由 em 元素强调过的或由 strong 元素标记为重要的文本,small 元素不会取消对文本的强调，也不会降低这些文本的重要性。

指定细则的步骤如下：

(1) 输入"< small >"。

(2) 输入免责声明、注解、署名等类型的文本。

(3) 输入"</small >"。

标记页面版权信息的代码如下：

```
<body>
<h1>全球设计网
</h1>
<p><small>Copyright &copy; 2003 - 2012 70Tech NetWork. All Rights Reserved </small>
</p>
</body>
</html>
```

运行结果如图 4-19 所示。

图 4-19　small 元素标签实例运行结果

4.16　换行 br

br 元素用来强制对文字进行换行。

br 元素标签语法为：

`<br 属性 = "属性值"/>`

说明：

(1) br 元素标签是空标签，没有结束标签。在 HTML5 中，输入 "< br >" 或 "< br/ >" 都是有效的。但在 XHTML 中，必须把结束标签放在开始标签中，也就是 < br / >。

(2) br 元素标签可以产生分段的效果，但在两段文字间不会加入空白行。

(3) HTML5 中删除了 br 元素的 clear 属性，而此属性也被 W3C 列为非推荐属性。

(4) br 元素标签将表现样式带入 HTML，而不是将所有的呈现样式都交给 CSS 控制，所以不要用 br 元素标签模拟段落之间的距离。可以使用样式表控制段落的行间距和段落间距。

插入换行的步骤如下：

在需要换行的地方输入"
"（或"
"）

在段落中强迫文字换行的代码如下：

```
<body>
<h1>br 元素标签</h1>
<p>br 元素标签将表现样式带入了 HTML,<br/>
而不是让所有的呈现样式都交给 CSS 控制,<br />
所以不要用 br 元素标签模拟段落之间的距离。<br />
可以使用样式表控制段落的行间距和段落之间的距离。</p>
</body>
```

运行结果如图 4-20 所示。

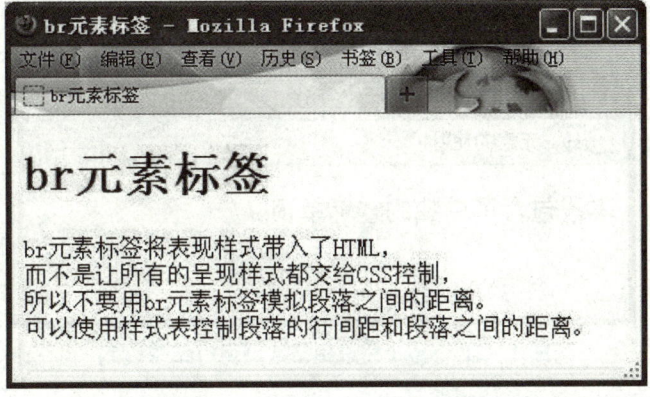

图 4-20　br 元素标签实例运行结果

4.17　span 元素

span 元素用来组合文档中的行内元素，可以把放置在标签内的元素一并进行设定，若加上 id、class 等属性，则可以设定任意范围的样式。

span 元素标签语法为：

```
<span 属性="属性值">~标签内容~</span>
```

说明：

（1）在 HTML、XHTML 文件中，开始标签和结束标签都不能省略。

（2）一个 span 元素可以同时添加 class 和 id 两个常用属性，但通常只应用其中一个。class 属性用于元素组（类似的元素，或者可以理解为某一类元素），而 id 属性用于标识单独的唯一的元素。

（3）span 是一个行内元素，不会引起换行，也没有任何默认样式。

添加 span 元素的步骤如下：

（1）输入"<span"。

（2）如果需要，输入"id="name""，其中 name 用于唯一标识 span 元素所包含的内容。

（3）如果需要，输入"class="name""，其中 name 是 span 元素所属类的名称。

（4）也可以输入其他的属性及其值（如 dir、lang、title 等）。

（5）输入">"结束开始标签。

（6）创建希望包含在 span 元素里的内容。

（7）输入"</span>"。

使用 span 元素创建一个内嵌文本容器，将包含的文本颜色变成红色，代码如下：

```
<body>
<p>本段包含了单独的<span style="color: red">红色</span>单词
</p>
</body>
```

运行结果如图 4-21 所示。

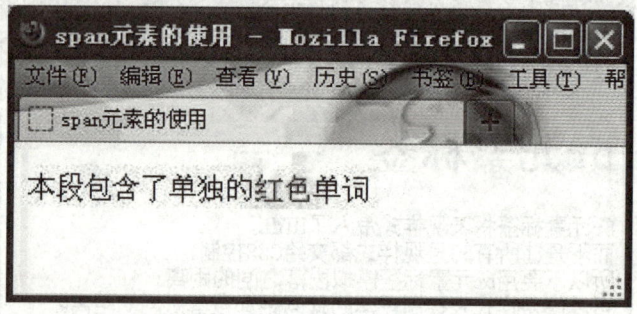

图 4-21 span 元素标签实例运行结果（1）

span 元素的使用代码如下：

```
<!DOCTYPE HTML>
<html>
<head>
<meta charset="utf-8">
<title>span 元素的使用</title>
<style>
    span.span1{
    color:#bbbbbb
}
</style>
</head>
<body>
大家好！我是王毅,来自<span class="span1">武汉</span>
</body>
</html>
```

运行结果如图 4-22 所示。

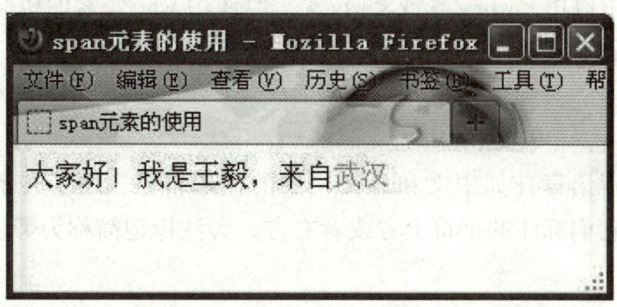

图 4-22 span 元素标签实例运行结果（2）

4.18 其他元素

HTML 中还有一些可以用于文本的元素，但通常很少使用，浏览器对它们的支持还不完善。本节简单介绍其用法。

4.18.1 u

u 元素原来用于为文本添加下划线，在 HTML5 中对 u 元素重新进行了定义，定义 u 元素为一块文字添加明显的非文本注解，比如在中文中将文本表明为专有名词（用于表示人名、地名、朝代名等），或标明文本拼写有误。

因为 u 元素中的标签内容默认添加下划线，最好用 CSS 修改 u 元素的文本样式，避免和链接文本混淆。

例如：

`<p>如果文本不是超链接,就不要<u>对其使用下划线</u>。</p>`

上述代码的显示效果如图 4-23 所示。

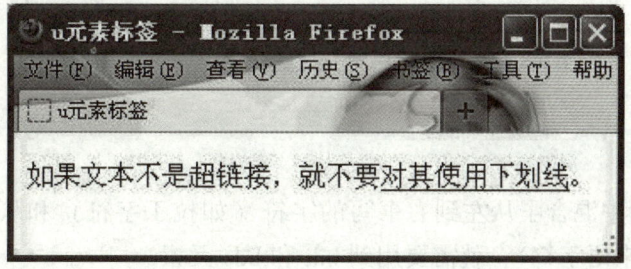

图 4-23 u 元素标签实例运行结果

4.18.2 wbr

wbr 元素是 HTML5 的新元素，用来规定在本文中的何处适合添加换行符。它可以在一个较长的无间断短语中使用，表示此处可以在必要的位置换行。wbr 元素和 br 元素不同，不会强制换行，而是让浏览器知道在哪里可以根据需要进行换行。

输入 wbr 元素，可以用 < wbr / > 或 < wbr >，但使用 wbr 元素的机会并不多，浏览器对它的支持并不一致，IE 浏览器就不支持它。

4.18.3　ruby、rp 和 rt

旁注标记是东南亚语言（如中文和日文）中的惯用符号，用于表示生僻字的发音。这些小注解字符一般在它们标注的字符上方或者右方。旁注标记简称为旁注，日语中的旁注标记称作假名。

ruby 元素是 HTML5 用来为内容添加旁注标记的。ruby 元素标签由一个或多个字符（需要一个解释/发音）和一个提供该信息的 rt 元素组成，还包括可选的 rp 元素标签，用于定义不支持 ruby 元素的浏览器所显示的内容。

例如：

```
<ruby>漢
  <rt>
    <rp>(</rp>
    ㄏㄢˋ
    <rp>)</rp>
  </rt>
</ruby>
```

上述代码的显示效果如图 4-24 所示。

图 4-24　ruby、rp 和 rt 元素标签实例运行结果

4.18.4　bdi 和 bdo

如果 HTML 页面中混合了从左到右书写的字符（如拉丁字符）和从右到左书写的字符（如阿拉伯语或希伯来语字符），就需要用到 bdi 和 bdo 元素。

在 HTML 中，内容的基准方向默认都是从左到右，除非添加 dir 元素，将属性值改为 rtl 来指明内部的方向为从右到左。

bdi 元素是 HTML5 的新元素，用于内容的方向未知的情况，不必包含 dir 属性，默认为 auto（自动判断）。bdi 元素允许设置一段文本，使其脱离其父元素的文本方向设置。在发布用户评论或其他无法完全控制的内容时，该元素很有用。

把用户名从周围的文本设置中隔离出来的代码如下：

```
<ul>
   <li>Username
        <bdi>Tom</bdi>
        :80 points</li>
</ul>
```

上述代码的显示效果如下：

- UsernameTom:80 points

bdo 元素必须包含 dir 属性并设置属性值来定义文字的方向。例如：<bdo dir = "ltr">…</bdo>。其中属性值 ltr 代表文字方向为从左到右，另外一个属性值 rtl 代表文字方向为从右到左。bdo 元素适用于段落中的短语或者句子，不能包围多个段落。

4.18.5　meter

meter 元素也是 HTML5 新增的，用于表示分数的值或者已知范围的测量结果。meter 元素不用于标记没有范围的普通测量值，如高度、宽度等。

例如：

```
<p>miles walked during half-marathon:
   <meter min = "0" max = "13.1" value = "5.7" title = "Miles">5.7</meter>
</p>
```

HTML5 建议浏览器在呈现 meter 元素时，在旁边显示一个表示测量值的横条。支持 meter 元素的浏览器会自动显示测量值，并根据属性值进行着色。meter 元素的标签内容不会显示出来，但大多数浏览器不支持 meter 元素，它们会将标签内容显示出来。

4.18.6　progress

progress 元素也是 HTML5 新增的，用来定义运行中的进度。和 meter 元素一样，progress 元素也不是所有浏览器都支持，支持 progress 元素的浏览器会根据属性值自动显示一个进度条，不支持 progress 元素的浏览器只会显示元素里面的文本内容。

progress 元素有 3 个可选属性：max 指定任务的总工作量，其值必须大于 0；value 指定任务已经完成的量；如果 progress 没有嵌套在一个 form 元素里，又需要将它们联系起来，可以添加 form 属性并将值设为 id。

例如：

```
<p>当前文件保存进度：
   <progress max = "100" value = "30">30%</progress>
</p>
```

4.19　综合实例

根据本章所学内容制作一个简单的关于 HTML 文本格式元素标签的网页，页面效果如

图 4-25 所示。

第46届世界技能大赛
World Skills Shanghai 2021

世界技能大赛是最高层级的世界性职业技能赛事,第46届世界技能大赛由中国上海在2017年10月13日获得承办权,将于2021年9月举行。

赛事背景

世界技能大赛是最高层级的世界性职业技能赛事,被誉为"**世界技能奥林匹克**",其竞技水平代表了各领域职业技能发展的世界先进水平。一个国家在世界技能大赛中的成绩,在一定程度上可以反映这个国家技术技能发展水平。

世界技能组织成立于1950年,是非政府国际组织,现有77个国家和地区成员(截至2017年10月13日),其宗旨是通过各成员之间的合作,促进职业技能水平的提高,在世界范围推动职业技能事业发展。主要活动为每年举办一次世界技能组织大会和每两年举办一次世界技能大赛。

赛事文化

吉祥物

2021年第46届世界技能大赛吉祥物确定为男、女一组卡通图案,男孩叫"能能",女孩叫"巧巧",寓意"能工巧匠"。吉祥物整体造型是上海地标建筑——东方明珠,他们身着工装服,戴着防护镜和工作手套,手上托着代表传统工匠精神的鲁班锁,竖起大拇指,敞开双臂,欢迎全球技能健儿来到上海同台竞技,合作交流。

主题口号

第46届世界技能大赛主题口号为"一技之长,能动天下(Master skills, Change the world)"。这一充满青春气息和力量感的主题口号寓意着:技能是推动人类文明发展的原动力,是全球共同的财富;掌握技能,改变世界、引领未来、造福人类。

外界评价

"上海的现场陈述真是太棒了,世界技能大赛第一次在中国举办,我为你们自豪!"   (瑞典代表托米·赫斯顿)

"上海很棒!我为全世界的技能人才感到高兴,他们2021年可以去上海,亲眼看一看上海的经济奇迹,感受一下中国传统文化。"(拉脱维亚代表印塔安)

"我们非常期待2021年到上海参加技能大赛。"   (德国代表劳伦·斯特本)

"以前都是欧洲或者别的国家举办世界技能大赛,这次能在中国上海举办,我真的非常高兴、非常感动、特别骄傲。上海是国际性大都市,你们的主题告诉大家:技能可以让年轻人走向世界。我们一定支持上海!"   (中国香港代表许爱仪)

图 4-25　综合实例运行结果

代码如下:

```
<html>
<head>
<meta charset = "utf-8">
<title>第四章综合实例</title>
</head>
<body>
<h1>第46届世界技能大赛</h1>
<figure>
        <figcaption> World Skills Shanghai 2021 </figcaption>
        <img src = "图片/worldskills.jpg" alt = "世界技能大赛">
</figure>
<p>世界技能大赛是最高层级的世界性职业技能赛事,第46届世界技能大赛由中国上海在2017年10月13日获得承办权,将于2021年9月举行。</p>
<h2>赛事背景</h2>
<P>世界技能大赛是最高层级的世界性职业技能赛事,被誉为<strong>"世界技能奥林匹克"</strong>,其竞技水平代表了各领域职业技能发展的世界先进水平。一个国家在世界技能大赛中的成绩,在一定程度上可以反映这个国家技术技能发展水平。</P>
<p>世界技能组织成立于1950年,是非政府国际组织,现有77个国家和地区成员(截至2017年10月13日),其宗旨是通过各成员之间的合作,促进职业技能水平的提高,在世界范围推动职业技能事业发展。主要活动为每年举办一次世界技能组织大会和每两年举办一次世界技能大赛。</p>
<h2>赛事文化</h2>
<p><em>吉祥物</em></p>
<p>2021年第46届世界技能大赛吉祥物确定为男、女一组卡通图案,男孩叫"能能",女孩叫"巧巧",寓意"能工巧匠"。吉祥物整体造型是上海地标建筑——东方明珠,他们身着工装服,戴着防护镜和工作手套,手上托着代表传统工匠精神的鲁班锁,竖起大拇指,敞开双臂,欢迎全球技能健儿来到上海同台竞技,合作交流。</p>
<p><em>主题口号</em></p>
<p>第46届世界技能大赛主题口号为"一技之长,能动天下(Master skills, Change the world)"。这一充满青春气息和力量感的主题口号寓意着:技能是推动人类文明发展的原动力,是全球共同的财富;掌握技能,改变世界、引领未来、造福人类。</p>
<h2>外界评价</h2>
<p>"上海的现场陈述真是太棒了,世界技能大赛第一次在中国举办,我为你们自豪!"<cite>(瑞典代表托米·赫斯顿)</cite></p>
<p>"上海很棒!我为全世界的技能人才感到高兴,他们2021年可以去上海,亲眼看一看上海的经济奇迹,感受一下中国传统文化。"<cite>(拉脱维亚代表印塔·安)</cite></p>
<p>"我们非常期待2021年到上海参加技能大赛。"<cite>(德国代表劳伦·斯特本)</cite></p>
<p>"以前都是欧洲或者别的国家举办世界技能大赛,这次能在中国上海举办,我真的非常高兴,非常感动,特别骄傲。上海是国际性大都市,你们的主题告诉大家:技能可以让年轻人走向世界。我们一定支持上海!"<cite>(中国香港代表许爱仪)</cite></p></body>
</html>
```

要点回顾

文本是 HTML 网页中的重要内容之一，编写 HTML 文档时，可以将文本放置在标签之间来设置文本的格式。本章介绍了 HTML 的段落标签、文本格式中的常用标签以及 <span> 标记、HTML 中不常用字符的组成结构和使用的方法。使用这些标签，可告诉 Web 浏览器如何对文本进行格式化和显示，如何对网页元素进行分割和标记，以形成文本的布局、文字的格式及美观简洁的版面。

习题四

一、选择题

1. 以下标签中，没有对应的结束标签的是（　　）。
   A. < body >　　　B. < br >　　　C. < html >　　　D. < title >
2. 下面（　　）是换行符标签。
   A. < body >　　　B. < font >　　　C. < br >　　　D. < p >
3. 在 HTML 中，< pre > 标签的作用是（　　）。
   A. 标题标记　　　　　　　　　　B. 预排版标记
   C. 转行标记　　　　　　　　　　D. 文字效果标记
4. 在 HTML 中，（　　）标签是用来表示版权信息的。
   A. < span >　　　B. < small >　　　C. < code >　　　D. < ins >
5. 在 HTML 中，< abbr > 标签的作用是（　　）。
   A. 解释缩写词含义　　　　　　　B. 预排版标记
   C. 转行标记　　　　　　　　　　D. 文字效果标记

二、填空题

1. 在 HTML 中，可定义一个地址的标签是_____。
2. 预格式化文本标签 < pre > 的功能是_____。
3. 在页面中实现文字下标的标签是_____。
4. _____元素用来定义已经被插入文档的文本。
5. _____元素用来定义文档中已经被删除的文本。

实训

使用 HTML 的文本格式标签设计一个简单的个人主页，内容包括个人简介、兴趣爱好、联系方式 3 个部分。

1. 训练要点

（1）使用 p 元素设置段落；
（2）使用 figure 元素创建图及其标题；
（3）使用 strong 和 em 元素标记重要或需要强调的文本；
（4）使用 cite 元素引用自己喜欢的书籍、电影、歌曲；

(5) 使用 address 元素提供联系方式；
(6) 其他元素可灵活使用。

2. 操作提示

(1) 文字大小：12 px；
(2) 颜色：蓝色；
(3) 文本对齐方式：左对齐；
(4) 字体：楷体。

第 5 章

使用CSS样式

本章导读

将内容（HTML）、表现（CSS）和行为（JavaScript）分离，是当今流行的网页设计理念，其中的CSS是Cascading Style Sheet的缩写，即层叠样式表，主要用于网页风格设计，包括大小、颜色、边框以及元素的精确定位等。HTML5规范推荐把页面外观交给CSS控制，而HTML标签则负责语义部分。本章主要介绍样式表文件的使用方式，CSS构造样式的规则以及样式选择器的类型。

5.1 样式表文件的使用

在定义样式表之前，要知道如何创建和使用包含这些样式的文件。创建样式表文件，并将CSS应用到多个网页（包括整个网站）、单个页面或单独的HTML元素，这3种应用分别通过3种方式实现：外部样式表（首选方法）、内部样式表和内联样式（最不可取的方法）。

5.1.1 外部样式表

外部样式表非常适合给网站上的大多数页面或者所有页面设置一致的外观。可以在一个或者多个外部样式表中定义全部样式，然后让网站上的每个页面加载这些外部样式表，从而确保每个页面都有相同的设置。尽管还有内部样式表和内联样式这些方式，但从外部样式表为页面添加样式才是最佳实践，推荐使用这种方法。

1. 创建外部样式表

和HTML文档一样，能够创建和编写CSS的工具很多，小到普通的文本编辑器如记事本，大到各种网页开发工具如Dreamweaver都能够完成CSS文档的创建与编写任务。

这里以在Dreamweaver CS6的环境下创建CSS为例展开介绍。要创建一个外部样式表，在新建文档界面中选择CSS，如图5-1、图5-2所示。

样式表开头处的@charset并不总是必需的，不过在样式表中包含它也没有任何坏处。如果样式表中包含非ASCII字符，就必须包含它。出于这种原因，可以选择总是包含

第5章 使用 CSS 样式

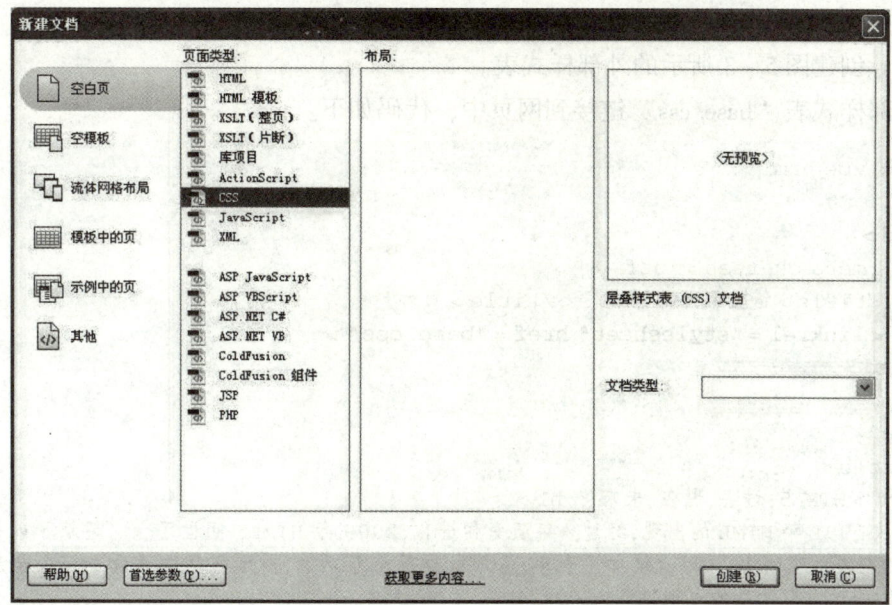

图 5-1 新建 CSS 文档

图 5-2 CSS 文档

@charset，以免后来样式表需要它时再回过头来添加，另外，一定要将它放在样式表的第一行。

可以以任何名称为样式表文件命名。"base.css"和"global.css"是两种常见的样式表名称，它们通常包含应用于网站大多数页面的样式规则。网站制作者通常创建一些为某些区块所特有的附加 CSS 文件，作为对基本样式的补充。例如，对于一个商业网站，"products.css"包含的可能是为产品相关页面准备的样式规则。无论选择什么文件名，一定不要包含空格。

2. 使用外部样式表

创建了样式表之后，需要将它加载到 HTML 页面中去，从而为内容应用这些样式规则。使用外部样式表可以通过链接引用（<link>）或者导入（@import）的方式，不过不推荐导入方式。@import 指令会影响页面的下载速度和呈现速度，在 IE 浏览器中影响更为明显，因此这里主要介绍链接到外部样式表的方式。

在每个希望使用样式表的 HTML 页面的 head 部分，输入

```
< linkrel = "stylesheet" href = "url.css" >
```

其中 url.css 是外部样式表的路径和名称。

例如,创建图 5-3 所示的外部样式表。

将外部样式表"base.css"链接到网页中,代码如下:

```
<!doctype html>
<html>
<head>
    <meta charset = "utf-8">
    <title>链接到外部样式表</title>
    <linkrel = "stylesheet" href = "base.css">
</head>

<body>
<article>
    <h1>HTML5:过去、现在、未来</h1>
    <p>从 1991 年 HTML 的出现,经过多年演变和进化,2009 年 HTML5 问世了。它超越了以往的功能,增加了 Web 网页的表现力,同时也增加了表单、本地数据等全新功能,对于网站的建设是一个全新的体验,HTML5 带给 Web 无穷无尽的可塑性。</p>
    <p>HTML5 支持多种媒体设备和浏览器,对 Web 和移动的应用和浏览器都有着较高的支持性和兼容性。据 IDC 调查,2012 年 1 月,使用 HTML5 开发的应用程序已占据应用总数的 78%。而 2011 年 7 月的调查显示,在移动设备上使用 HTML5 浏览器的设备约有 1.09 亿,预计 2016 年将达到 21 亿。</p>
    <p>乔布斯认为 HTML5 的到来,让 Web 开发人员再也无须依赖第三方浏览器插件,就能开发出高品质的图片、排版、动画等。</p>
</article>
</body>
</html>
```

页面效果如图 5-4 所示,"base.css"中设定的样式将 p 元素的字号设为 14.7 px,首行缩进 2 字符,并应用到所有段落。

出于简化的目的,这个例子中的链接假定 HTML 页面与"base.css"位于同一个路径下。不过,实践中最好将样式表组织在子文件夹里,而不是与 HTML 页面混在一起。常见的样式表文件夹名称包括"css""style"

```
@charset "utf-8";
/* CSS Document */

p {
    font-size: 14.7px;
    text-indent: 2em;
}
```

图 5-3 外部样式表"base.css"

等。如果"base.css"放在名为"css"的文件夹里,文件夹与 HTML 页面位于同一路径下,那么该例中的 link 元素就应该写作"<link rel = "stylesheet" href = "css/base.css">"(关于路径的写法详见 8.1.1 节)。

link 元素位于 HTML 文档的 head 部分。页面可以包含一个以上的 link 元素,但使用 link 元素的次数最好尽可能少,以让页面更快地加载。对外部样式表进行修改时,所有引用它的页面也会自动更新。外部样式表中的规则可能被 HTML 文档内的样式覆盖,如果链接到多个样式表,不同的文件中有相互冲突的显示规则,则靠后的文件中的规则具有更高的优先级(详见 5.1.8 节)。

第 5 章　使用 CSS 样式

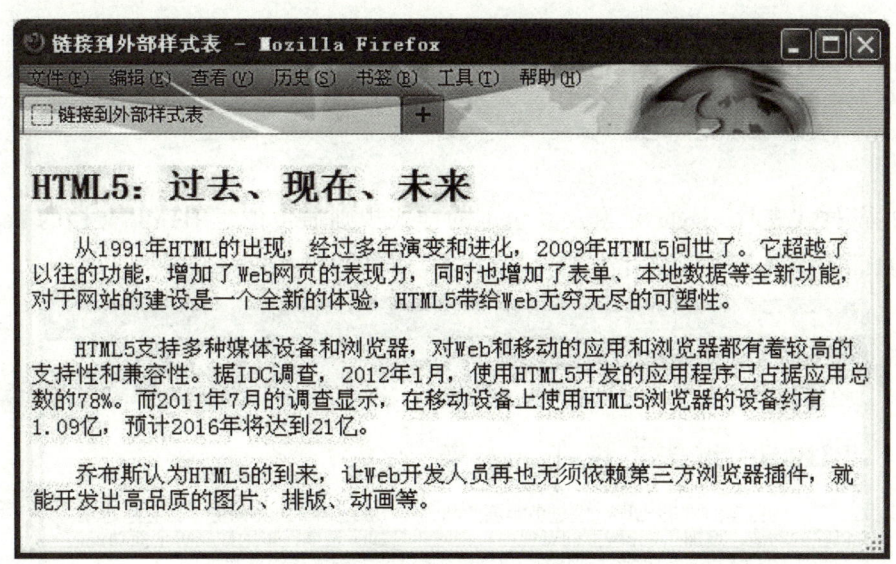

图 5-4　链接到外部样式表

5.1.2　内部样式表

内部样式表是页面中应用 CSS 的第二种方式。它允许在 HTML 文档里直接设置样式。

在 HTML 文档的 head 部分输入 <style> 标签，根据需要，定义任意数量的样式规则，如下例所示：

```
<!doctype html>
<html>
<head>
    <meta charset = "utf -8">
    <title>内部样式表</title>
    <style>
p {
        font-size: 14.7px;
        text-indent: 2em;
}
    </style>
</head>

<body>
<article>
    <h1>HTML5:过去、现在、未来</h1>
    <p>从 1991 年 HTML 的出现,经过多年演变和进化,2009 年 HTML5 问世了。它超越以往的功能,增加了 Web 网页的表现力,同时也增加了表单、本地数据等全新功能,对于网站的建设是一个全新的体验,HTML5 带给 Web 无穷无尽的可塑性。</p>
    <p>HTML5 支持多种媒体设备和浏览器,对 Web 和移动的应用和浏览器都有着较高的支持性和兼容性。据 IDC 调查,2012 年 1 月,使用 HTML5 开发的应用程序已占据应用总数的 78%。而 2011 年 7 月的调查显示,在移动设备上使用 HTML5 浏览器的设备约有 1.09 亿,预计 2016 年将达到 21 亿。</p>
```

```
    <p>乔布斯认为 HTML5 的到来,让 Web 开发人员再也无须依赖第三方浏览器插件,就能开发出
高品质的图片、排版、动画等。</p>
  </article>
  </body>
</html>
```

使用内部样式表时，style 元素及其包围的样式规则通常位于 HTML 文档的 head 部分，浏览器对页面的呈现方式与使用外部样式表时是一样的，如图 5-5 所示。

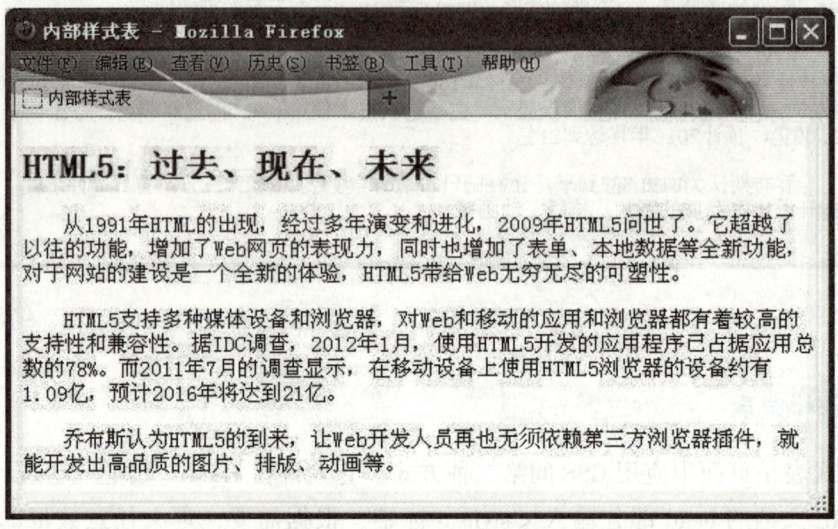

图 5-5　内部样式表

由于这些样式只在一个网页里存在，因此不会像外部样式表中的规则那样应用到其他页面，对于大多数情况，外部样式表是推荐的方式，但理解其他的选择以备不时之需也是很重要的。

从技术上说，在页面的 body 部分添加内部样式表也是可行的，但应尽可能避免这种做法。将内容（HTML）、表现（CSS）和行为（JavaScript）分离是一种最佳实践，而将 HTML 和 CSS 混在一起就会打破这种原则。从实际情况来看，在外部样式表中维护 CSS 比在内部样式表中维护 CSS 更为容易。

5.1.3　内联样式

内联样式是在 HTML 中应用 CSS 的第三种方式。不过，应当最后考虑这种方式，因为它将内容（HTML）和表现（CSS）混在了一起，严重地违背了最佳实践原则。

在希望进行格式化的 HTML 元素中输入"style=""",创建一个样式规则，但不要包括花括号和选择器（不需要选择器是因为直接将样式放入目标元素）。如下例所示：

```
<!doctype html>
<html>
<head>
    <meta charset="utf-8">
```

```
        <title>内联样式</title>
    </head>

    <body>
    <article>
        <h1>HTML5:过去、现在、未来</h1>
        <pstyle="font-size:14.7px;text-indent:2em;">从1991年HTML的出现,经过多年演变和进化,2009年HTML5问世了。它超越了以往的功能,增加了Web网页的表现力,同时也增加了表单、本地数据等全新功能,对于网站的建设是一个全新的体验,HTML5带给Web无穷无尽的可塑性。</p>
        <p>HTML5支持多种媒体设备和浏览器,对Web和移动的应用和浏览器都有着较高的支持性和兼容性。据IDC调查,2012年1月,使用HTML5开发的应用程序已占据应用总数的78%。而2011年7月的调查显示,在移动设备上使用HTML5浏览器的设备约有1.09亿,预计2016年将达到21亿。</p>
        <p>乔布斯认为HTML5的到来,让Web开发人员再也无须依赖第三方浏览器插件,就能开发出高品质的图片、排版、动画等。</p>
    </article>
    </body>
</html>
```

效果如图5-6所示,内联样式只影响一个元素,因此使用它将失去外部样式表的重要好处:一次编写,到处可见。设想要对大量HTML作简单的文字颜色的改变,就需要对这些页面逐一进行检查和修改,这是内联样式不被经常使用的原因。或许内联样式最为常见的使用场景是在JavaScript函数中为元素应用内联样式,从而为页面某个部分添加动态行为。可以通过Firefox或Chrome的开发者工具查看这些生成的内联样式。在大多数情况下,应用这些样式的JavaScript同HTML是分离的,因此仍然保持了内容(HTML)、表现(CSS)和行为(JavaScript)分离的原则。

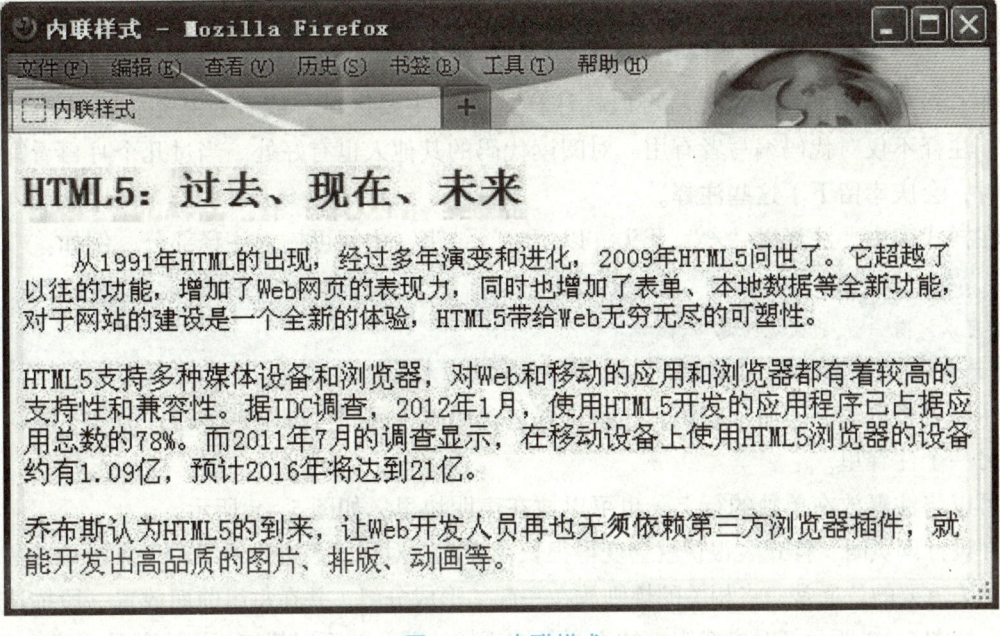

图5-6 内联样式

5.2 CSS 构造样式规则

5.2.1 样式规则

样式表中的每条规则都有两个主要部分：选择器和声明块。选择器决定哪些元素受到影响，声明块由一个或多个属性/值组成，它们指定应该做什么，如图 5-7 所示。

声明块内的每条声明都是一个由冒号隔开、以分号结尾的属性/值。声明块以前花括号开始，以后花括号结束。

每一条声明的顺序并不重要，除非对相同的属性定义了两次。在图 5-7 所示例子中，color: red 也可以放在 text-align: center 后面，效果是一样的。例如：

```
h1 {
    text-align: center;
    color: red;
}
```

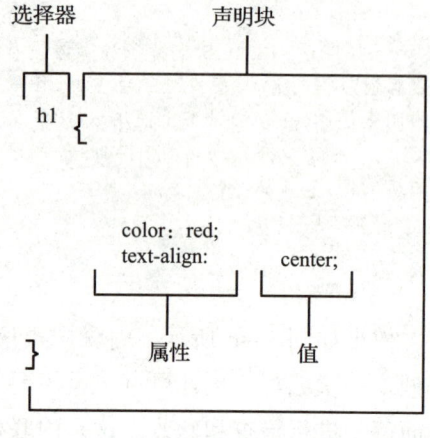

图 5-7 选择器和声明块

在样式规则中可以添加额外的空格、制表符或回车，从而提高样式表的可读性，本例中的格式或许是编码人员最常见的一种格式。

每组属性/值都应该使用一个分号与下一组属性/值分开，但列表中最后一组属性/值后面的分号可以省略，不过推荐书写这个分号。

5.2.2 为样式规则添加注释

在 CSS 中添加注释，这样就可以标注样式表的主要区域，或者对某条规则或声明进行说明。注释不仅对代码编写者有用，对阅读代码的其他人也有好处。当过几个月再看写过的代码时，会庆幸留下了这些注释。

在样式表中，注释以 "/*" 开头，以 "*/" 结束，中间可输入注释部分，例如：

```
/*这是一段注释。
它可以只有一行,也可以跨越多行。
CSS 注释不会同网站 HTML 内容一起显示在浏览器中。*/
```

注释可长可短，但通常较短，注释可以包含回车，因此可以跨越多行，但是不能将注释放在另一个注释里。

可以将注释放在单独的行上，也可以放在声明块里，如图 5-8 所示。

在设计网页时，样式表很快就会变得很长，因此，对样式表进行组织对于保持 CSS 易于维护是至关重要的。通常，将相关的规则放在一起，形成分组，并在每组前面放置一段描述性的注释，如图 5-9 所示。对样式表中的主要区域添加注释，就可以保持样式表井然有序。

```
/* 在不同版本浏览器中添加圆角矩形样式 */
.box{
    -webkit-border-radius:12px;   /* Safari 3-4 */
    -moz-border-radius:12px;   /* Firefox 3.6 及以下 */
    border-radius:12px;   /* 最新浏览器 */
}
```

图 5-8　可以在声明块里或单独的行上添加注释

同时，注释也是很有用的调试工具。将可能引起问题的地方"注释掉"，由于被注释的部分不会在浏览器中显示出来，可以在浏览器中刷新页面，看少了被注释的部分后，问题是否被解决了，如图 5-10 所示。这是非常常见的调试方式。

```
/* GLOBAL NAVIGATION（全站导航）*/
……全站导航的样式规则……

/* MAIN CONTENT（主体内容）*/
……主体内容的样式规则……

/* SIGN-UP FORM（注册表单）*/
……注册表单的样式规则……

/* PAGE FOOTER（页脚）*/
……页脚的样式规则……
```

```
img{
    border: 4px solid red;
    /*margin-right: 12px;*/
}
```

图 5-9　对样式表中的主要区域添加注释　　图 5-10　使用注释调试 CSS

5.2.3　属性的值

每个 CSS 属性对于它可以接受哪些值都有不同的规定。有的属性只能接受预定义的值。有的属性接受数字、整数、相对值、百分数、URL 或者颜色。有的属性可以接受多种类型的值。

1. inherit

对于任何属性，如果希望显式地指出该属性的值与对应元素的父元素对该属性设定的值相同，就可以使用 inherit 值。

2. 预定义的值

大多数 CSS 属性都有一些可供使用的预定义值。例如，float 属性被设为 left、right 或 none。与 HTML 中属性值的书写方式不同，在 CSS 中，不需要也不能将预定义的值放在引号里，如图 5-11 所示。

3. 长度和百分数

很多 CSS 属性的值是长度。所有长度都必须包含数字和单位，并且它们之间没有空格。例如 3 em、10 px，如图 5-12 所示。唯一的例外是 0，它可以带单位，也可以不带单位。

图 5-11　CSS 属性预定义的值　　图 5-12　长度必须指出单位

有的长度是相对于其他值的。一个 em 的长度大约与对应元素的字号相等，因此 2em 表示"字号的两倍"。（当 em 用于设置元素的 font-size 属性本身时，它的值继承自对应元素的父元素的字号。）ex 应与字体的 x 字母高相等，也就是与这种字体中字母 x 的高度相等。不过，浏览器对 ex 的支持不是太好，因此很少用到它。

px（像素）并不是相对于其他样式规则的。例如，以 px 为单位的值不会像以 em 为单位的值那样受 font-size 设置的影响，但是不同设备上一个像素的大小不一定完全相等。

还有一些无须说明的绝对单位，如磅（pt），应该在为打印准备的样式表中保留这个单位。一般来说，应该只在输出尺寸已知的情况下使用绝对长度。

百分数（如 65%）的工作方式很像 em，它们都是相对于其他值的值，百分数通常是相对于父元素的，在图 5-13 所示的例子中，字号被设为父元素字号的 80%，详情见 5.2.4 节。

在上述单位中，最常使用的是 em、px 和百分数。

4. 纯数字

只有极少数的 CSS 属性接受不带单位的数字。其中最常见的就是 line-height（行高）和 z-index（元素的堆叠顺序），如图 5-14 所示。

不要将数字和长度弄混，数字没有单位。在图 5-14 所示的例子中，行高由数字 1.5 与字号大小相乘得到。

5. URL

有的 CSS 属性允许开发人员指定另一个文件的 URL（尤其是图像）。在这种情况下，使用 url（文件的路径和文件名）的方式，如图 5-15 所示。注意，URL 中的相对路径应该是相对于样式表的位置，而不是相对于 HTML 文档的位置。

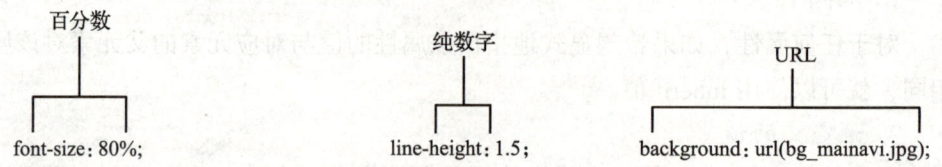

图 5-13　百分数通常是相对于父元素的　　图 5-14　设置行高　　图 5-15　设置背景图片的 URL

可以为文件名加上引号，但这不是必需的。此外，在 url 和前括号之间不应该有空格。括号和地址之间允许有空格，但通常不这样做。

6. CSS 颜色

有多种方法为 CSS 属性指定颜色，最容易的是使用预定义的颜色关键词作为颜色值。

CSS3 指定了 16 个基本的名称，如图 5-16 所示，又增加 135 个名称，从而组成了 151 种 SVG 1.0 颜色关键词。完整的列表见 http：//www.w3.org/TR/SVG/types.html#ColorKeywords。

当然，除了几样最简单的名称，没有人记得住这些颜色名。可以使用 Dreamweaver 中的工具进行取色。在实践中，常见的定义 CSS 颜色的方法是使用十六进制格式或 RGB 格式。后面将讲到，还可以使用 HSL 格式指定颜色，使用 RGBA 和 HSLA 指定颜色的透明度，这些都是 CSS3 中新增的方式。

1）RGB

可以通过制定红、绿、蓝的量来构建自己的颜色。可以使用百分数、0~255 的数字或十六进制数来指定这 3 种颜色的值。例如，如果创建一种深紫色，可以使用 89 份红、127 份蓝、没有绿。这个颜色可以写作 rgb(89，0，127)，如图 5-17 所示。

2）十六进制

这是目前最为常见的方式，如图 5-18 所示。将 RGB 中的数字值转化为十六进制，

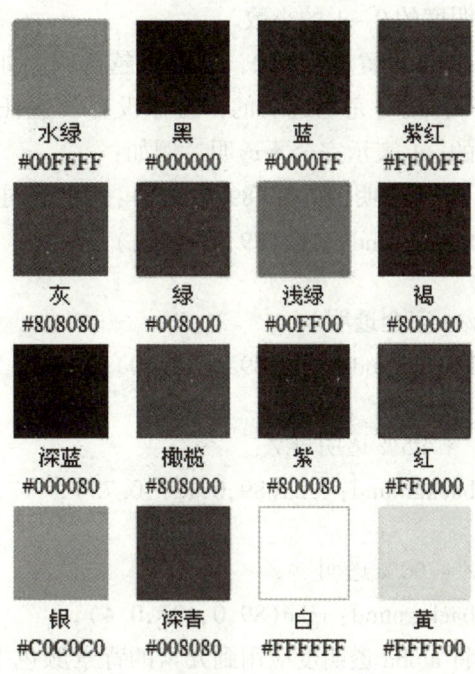

图 5-16　16 种预定义颜色

然后将它们合并到一起，再在前面加一个"#"，就像#59007F 这样（89、0、127 在十六进制中分别是 59、00、7F）。

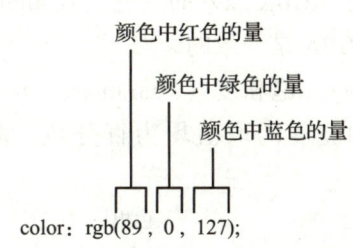

图 5-17　RGB 格式的颜色

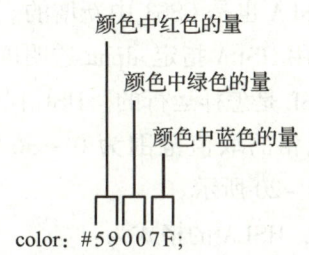

图 5-18　十六进制格式的颜色

如果一个十六进制颜色是由 3 对重复的数字组成的，如#FF3344，则可以缩写为#F34。这种做法也是一种最佳实践，因为没有理由让代码无谓地变长。

类似 Dreamweaver 中的取色工具或者 Photoshop 这样的工具在选择颜色时可以显示颜色的 RGB 值以及对应的十六进制数，如图 5-19 所示。

7. CSS3 提供更多指定颜色的方式：RGBA、HSL 和 HSLA

CSS3 引入了另一种指定颜色的方式——HSL，以及通过 RGBA 和 HSLA 设置 alpha 透明度的能力（使用十六进制记法无法指示 alpha 透明度）。

1) RGBA

RGBA 在 RGB 的基础上加上一个代表 alpha 透明度的 A。可以在红、绿、蓝数值后面加上一个用以指定透明度的 0~1 的小数。

alpha 设置越接近 0,颜色就越透明。如果 alpha 设为 0,就是完全透明的,就像没有设置任何颜色。相反的,1 表示完全不透明。例如:

/*不透明,和 rgb(89,0,127);效果相同 */
background:rgba(89,0,127,1);

图 5-19　取色板

/*完全透明 */
background:rgba(89,0,127,0);

/* 25%透明 */
background:rgba(89,0,127,0.75);

/* 60%透明 */
background:rgba(89,0,127,0.4);

将 alpha 透明度应用到元素的背景颜色上的做法很常见,因为 alpha 透明度可以让元素下面的任何东西(如图像、其他颜色、文本等)透过来并混合在一起,也可以对其他基于颜色的属性使用 alpha 透明度,如 color、border、border-color、box-shadow、text-shadow 等,但需要说明的是,不同浏览器对它们的支持程度并不相同。

2) HSL 和 HSLA

HSL 和 HSLA 也是 CSS3 中新增的。HSLA 是除了 RGBA 以外的颜色设置 alpha 透明度的另一种方式。用 HSLA 指定 alpha 透明度的方法与 RGBA 是一致的。

先看看 HSL 是怎样运行的。HSL 代表色相(hue)、饱和度(saturation)和亮度(lightness),其中色相的取值范围为 0~360,饱和度和亮度的取值均为百分数,范围为 0~100%,如图 5-20 所示。

依此类推,HSLA 的格式为:
/*纯色背景(不透明) */
background:hsl(282,100%,25%,1);

/* 25%透明 */
background:hsl(282,100%,25%,0.75);

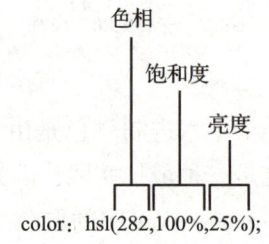

图 5-20　HSL 格式的颜色

/* 60%透明 */
background:hsl(282,100%,25%,0.4);

并非所有的图像编辑器都可以在对话框中指定 HSL，不过，通过 Mathis 强大的免费在线工具 HSL Color Picker（http：//hslpicker.com），可以选取颜色，获取其 HSL 值、十六进制数值和 RGB 值，还可以输入这些格式的颜色值，查看颜色的变化。

不幸的是，如同标准世界那些最新的发展常常遭遇的情形，对于 RGBA、HSL 和 HSLA 这些功能，IE9 之前的版本均不支持。它们无法理解这些记法，因此会忽略这些声明。对于 IE9 之前的版本，通过一些变通的方法可以使用 RGBA 和 HSLA，但 HSL 还是用不了，因此只能继续使用十六进制数或 RGB 来指定颜色。为 IE9 之前版本准备的代码将在 13.1 节中介绍。

5.2.4　层叠样式

对于每一个元素，每个浏览器都有其默认样式，可以用自己的样式覆盖它们或对它们进行补充。

那么，如果某一个元素上应用了多条样式规则，会发生什么情况？例如，一段文字，有几个样式规则同时作用在它上面，一个设置其颜色为红，一个设置其颜色为蓝，在这些相互冲突的规则中应该应用哪个规则，就是本节要讨论的内容。CSS 用层叠的原则来考虑继承、特殊性和位置等重要特征，从而判断相互冲突的规则中哪个规则应该起作用。

1. 继承

很多 CSS 属性不仅影响选择器所定义的元素，而且会被这些元素的后代继承，例如：

```
<body>
    <p>由于两种主要的浏览器(Netscape 和 Internet Explorer)不断地将新的 HTML 标签和属性(比如字体标签和颜色属性)添加到 HTML 规范中,创建文档内容清晰地独立于文档表现层的站点变得越来越困难</p>
    <p>为了解决这个问题,万维网联盟<em>(W3C)</em>,这个非营利的标准化联盟,肩负起了 HTML 标准化的使命,并在 HTML 4.0 之外创造出样式(Style)。</p>
    <p>样式表允许以多种方式规定样式信息。样式可以规定在单个的 HTML 元素中,在 HTML 页的头元素中,或在一个外部的<strong>CSS</strong>文件中,甚至可以在同一个 HTML 文档内部引用多个外部样式表。</p>
</body>
```

假设所有的 p 元素显示为红色，并且带有黑色边框。em 和 strong 元素包含在 p 元素里，因此它们是 p 元素的子元素。由于 color 属性是继承的，border 属性不是，那么，p 元素里包含的任何元素都会是红色的，但不会有黑色的边框，如图 5-21 所示。在本例中，并没有显式地指定 em 和 strong 元素的样式，它们从其父元素 p 那里继承字体、字号、颜色等属性。斜体来自浏览器为 em 设的默认样式，同样，加粗为 strong 的默认样式。

2. 特殊性

继承决定了一个元素没有应用任何样式时应该怎样显示，而特殊性则决定了应用多个规则时应该怎样显示。根据特殊性原则，选择器越特殊，规则就越强。

例如，针对 p 元素的颜色定义 4 个具有不同特殊性的规则，代码如下：

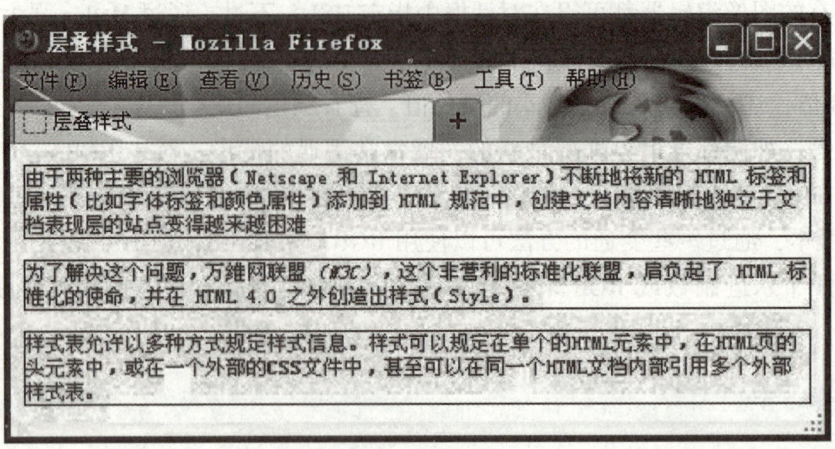

图 5-21 样式的继承

```
p {
    color: red;
}
p.group {
    color: blue;
}
p#last {
    color: green;
}
p#last {
    color: magenta;
}
```

第一个影响所有的 p 元素，第二个只影响 class 属性为 group 的 p 元素，而第三个和第四个则只影响 id 属性为 last 的唯一的 p 元素。

将其分别应用到不同的段落中，代码如下：

```
<body>
    <p>由于两种主要的浏览器(Netscape 和 Internet Explorer)不断地将新的 HTML 标签和属性(比如字体标签和颜色属性)添加到 HTML 规范中,创建文档内容清晰地独立于文档表现层的站点变得越来越困难</p>
    <p class="group">为了解决这个问题,万维网联盟<em>(W3C)</em>,这个非营利的标准化联盟,肩负起了 HTML 标准化的使命,并在 HTML 4.0 之外创造出样式(Style)。</p>
    <p id="last" class="group">样式表允许以多种方式规定样式信息。样式可以规定在单个的 HTML 元素中,在 HTML 页的头元素中,或在一个外部的<strong>CSS</strong>文件中,甚至可以在同一个 HTML 文档内部引用多个外部样式表。</p>
</body>
```

这里有 3 个段落：第一个是一般的，第二个是带有一个 class 属性的，第三个是同时带有一个 class 属性和一个 id 属性的。

注意，id 属性被认为是最特殊的（因为它们在一个文件中必须是唯一的），而带 class 属性的选择器则比不带 class 属性的选择器更特殊。同时，具有多个 class 属性的选择器比只有一个 class 属性的选择器更特殊。在特殊性次序中，最低级的是只有元素名的选择器，这时继承的规则被认为是最一般的，可以被任何其他规则覆盖。

3. 位置

有时候，特殊性还不足以判断在相互冲突的规则中哪一个应该优先，在这种情况下，规则的位置就可以起到决定的作用：晚出现的优先级高。

在上例中，第三个和第四个规则中定义的 p#last 具有相同的特殊性，但由于第四个规则最后出现，因此它的优先级更高。

因此上例中的 3 个段落，第一个段落没有使用 class 或 id 属性，采用第一个规则的样式，段落为红色；第二个段落使用 class 属性，采用第二个规则的样式，段落为蓝色；第三个段落同时使用了 class 和 id 属性，由于 id 属性的特殊性最强，优先级比 class 属性高，因此采用 id 属性的样式，而同时定义的两个 p#last 样式中，后定义的样式优先，因此采用第四个规则的样式，段落为洋红色，如图 5-22 所示。

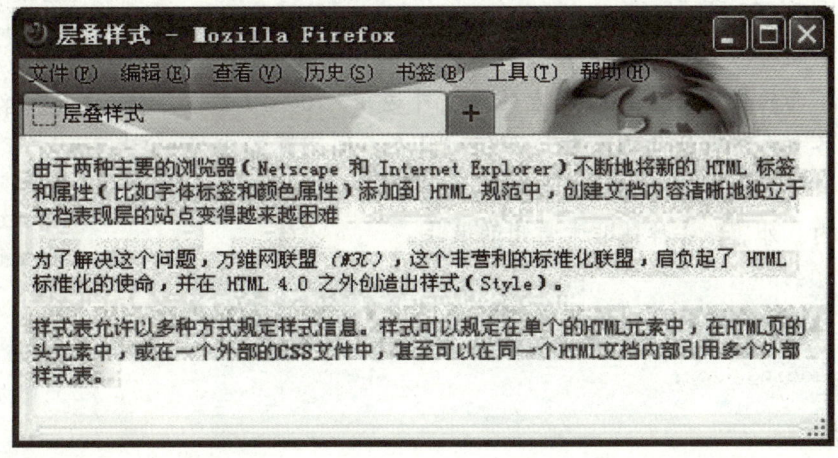

图 5-22　CSS 中的特殊性和位置

5.3　CSS 样式选择器

上一节介绍过，CSS 样式规则有两个主要部分。选择器决定样式规则应用于哪些元素，而声名则定义要应用的样式。

5.3.1　选择器概述

选择器决定样式规则应用于哪些元素。例如，如果要对所有的 p 元素添加 Times 字体、12 px 高的格式，就需要创建一个只识别 p 元素而不影响代码中其他元素的选择器。如果要对每个区域中的第一个 p 元素设置特殊的样式，就需要创建一个稍微复杂的选择器，它只识别作为页面中每个区域的第一个 p 元素。

选择器可以定义 5 个不同的标准来选择要进行格式化的元素：

（1）元素的类型或名称（详见 5.3.2 节）；

（2）元素的类或 id（详见 5.3.3 节）；

（3）元素所在的上下文（详见 5.3.4 节）；

（4）元素的伪类或伪元素（详见 5.3.5 节、5.3.7 节）；

（5）元素是否有某些属性和值（详见 5.3.6 节）。

为了指出目标元素，选择器可以使用这 5 个标准的任意组合。在大多数情况下，只使用一个或两个标准即可。另外，如果要对几组不同的元素应用相同的样式规则，可以将相同的声明同时应用于几个选择器（详见 5.3.8 节）。

5.3.2 按标签名称选择元素

选择要格式化的元素，最常用的标准可能是元素的名称。例如，要让所有的 p 元素行间距为 1.5 倍，首行缩进 2 字符；所有的 h2 元素字号为 14 像素，加粗。按标签名称的方式选择元素设置样式，如图 5-23 所示。

注意：通配符"*"（星号）匹配代码中的任何元素名称。例如，使用下面的代码会让每个元素的内、外边距为 0。由于每个元素都有各自系统默认的内、外边距值，且在不同浏览器中显示效果不同，因此在设置网页样式之初使用通配符"*"将所有元素的默认内、外边距去掉是非常常用的做法。

图 5-23　设置所有 p 和 h2 元素的样式

```
* {
    margin: 0px;
    padding: 0px;
}
```

5.3.3 按 class 或 id 选择元素

在很多时候，并不想将页面中的某个元素全部设置为同一样式，只想为其中的一个或者几个元素添加样式，例如在所有段落中只有某一段或某几段颜色为红色，其余段落皆为默认的黑色。这时就可以使用 class 或 id 去标识这些元素，这样就只对被标识的元素进行格式化。

按 class 选择要格式化的元素，选择器写为 ".classname"，哪个元素要使用这个样式，就在该元素的属性中加上 "class="classname""；按 id 选择要格式化的元素，选择器写为 "#idname"，哪个元素要使用这个样式，就在该元素的属性中加上 "id="idname""。

例如下面 3 个段落，要将 class="textred" 的段落设为红色，将 id="textblue" 的段落设为蓝色，分别按 class 和 id 选择元素设置样式，如图 5-24 所示。

```
<body>
    <p>由于两种主要的浏览器(Netscape 和 Internet Explorer)不断地将新的 HTML 标签
```

和属性(比如字体标签和颜色属性)添加到 HTML 规范中,创建文档内容清晰地独立于文档表现层的站点变得越来越困难</p>
    <pclass="textred">为了解决这个问题,万维网联盟(W3C),这个非营利的标准化联盟,肩负起了 HTML 标准化的使命,并在 HTML 4.0 之外创造出样式(Style)。</p>
    <pid="textblue">样式表允许以多种方式规定样式信息。样式可以规定在单个的 HTML 元素中,在 HTML 页的头元素中,或在一个外部的 CSS 文件中,甚至可以在同一个 HTML 文档内部引用多个外部样式表。</p>
</body>

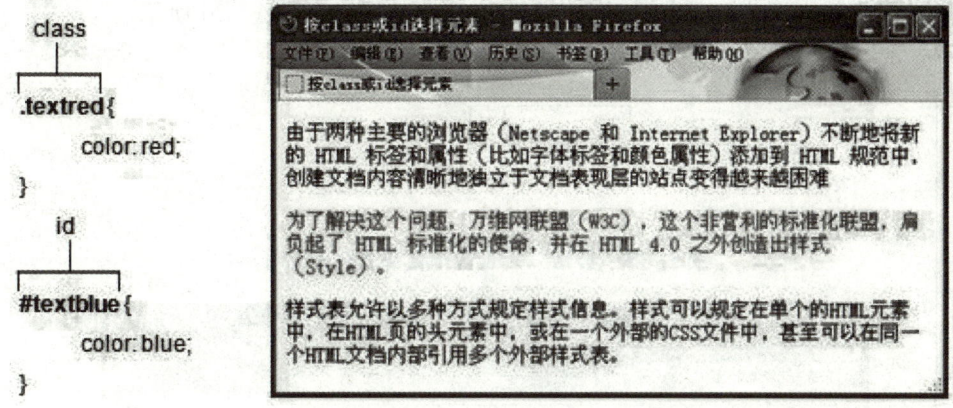

图 5-24　使用 class 和 id 选择器

注意:要在 class 选择器和 id 选择器之间作出选择时,建议尽可能使用 class 选择器。这主要是因为 class 选择器是可再用的,可以用于多个元素,而 id 选择器是唯一的,只能出现在一个元素上。

5.3.4　按上下文选择元素

在 CSS 中,可以根据元素的祖先元素、父元素或同胞元素来定位它们。祖先元素是包含目标元素的任何元素,不管它们之间隔了多少代。例如在下面的代码中,前两个段落的祖先元素是类名为 about 的 article 元素,后两个段落的祖先元素是类名为 part3 的 section 元素以及类名为 about 的 article 元素。

```
<article class="about">
    <h1>HTML5:过去、现在、未来</h1>
    <p> HTML5 支持多种媒体设备和浏览器,对 Web 和移动的应用和浏览器都有着较高的支持性和兼容性。据 IDC 调查,2012 年 1 月,使用 HTML5 开发的应用程序已占据应用总数的 78%。而 2011 年 7 月的调查显示,在移动设备上使用 HTML5 浏览器的设备约有 1.09 亿,预计 2016 年将达到 21 亿。</p>
    <p>乔布斯认为 HTML5 的到来,让 Web 开发人员再也无须依赖第三方浏览器插件,就能开发出高品质的图片、排版、动画等</p>
    <section class="part3">
        <h2>HTML5 的未来</h2>
        <p>长久以来,HTML5 一直被遮蔽在 Flash Web 开发框架的阴影中,难以显露头角。但今时今日,却发生了变化。虽然 Flash 和 IE 浏览器占领着大部分市场份额,但手机系统厂商 Apple 和 Android 却都与 HTML5 站在同一条战线上。</p>
```

```
        <p>预计2016年将有超过21亿部移动设备使用HTML5浏览器,该数据是2010年1.09亿
的20倍之多。与此同时,还介绍了HTML5的新功能和特性</p>
    </section>
</article>
```

1. 按祖先元素选择要格式化的元素

选择器写为:祖先元素 希望格式化的元素

例如要设置类名为 about 的 article 元素中所有的段落均为斜体,article.about 即祖先元素,希望格式化的元素为 p,中间用空格隔开,如图5-25、图5-26所示。

图5-25 按祖先元素选择要格式化的元素

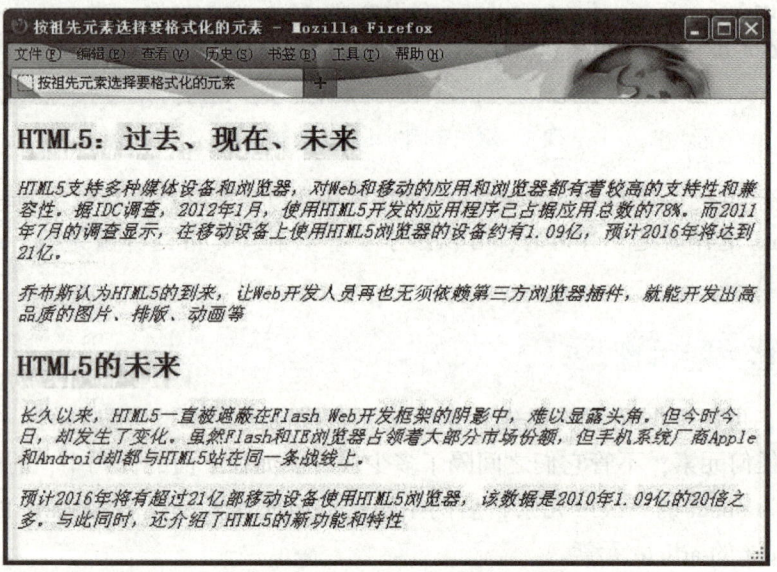

图5-26 显示结果

2. 按父元素选择要格式化的元素

选择器写为:父元素 > 希望格式化的元素

与按祖先元素选择方式不同的是,按父元素选择方式仅选择其子元素,而不会包括子子元素、子子子元素等。

例如 article 元素中有4个段落,其中前两段是 article 元素的子元素,后两段放置在 section 元素中,是 article 元素的子子元素。如果仅想设置前两段有下划线,则可以使用按父元素选择方式,如图5-27、图5-28所示。

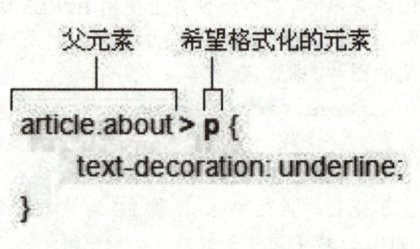

图5-27 按父元素选择要格式化的元素

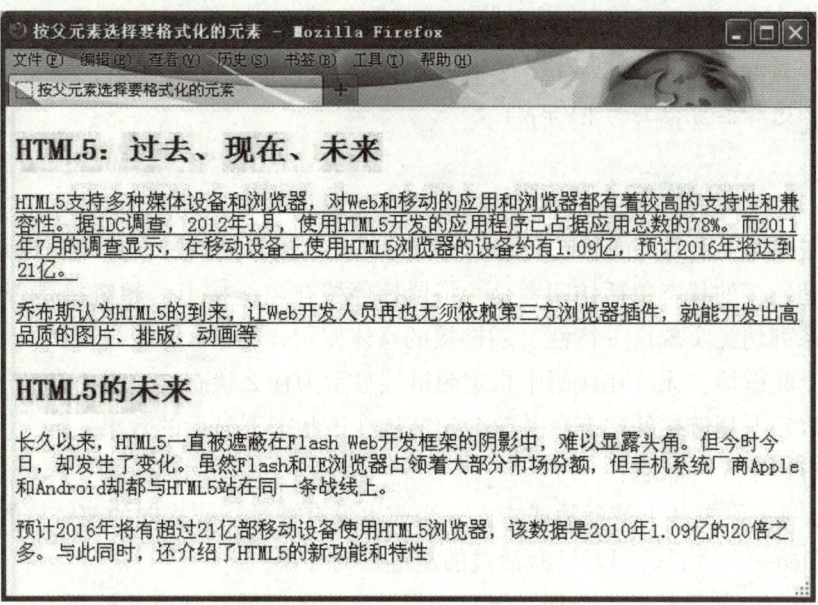

图 5-28　显示结果

3. 按相邻同胞元素选择要格式化的元素

同胞元素是拥有同一父元素的任何类型的子元素。相邻同胞元素是直接毗邻的同胞元素，即它们之间没有其他同胞元素。在这个例子中，h1 和第一段是相邻同胞元素，h1 和 h2 则不是相邻同胞元素。

选择器写为：相邻同胞元素 + 目标元素

例如要设置第一段为红色，因为第一段和 h1 相邻，可以使用图 5-29 所示的代码，显示效果如图 5-30 所示。

图 5-29　按相邻同胞元素选择要格式化的元素

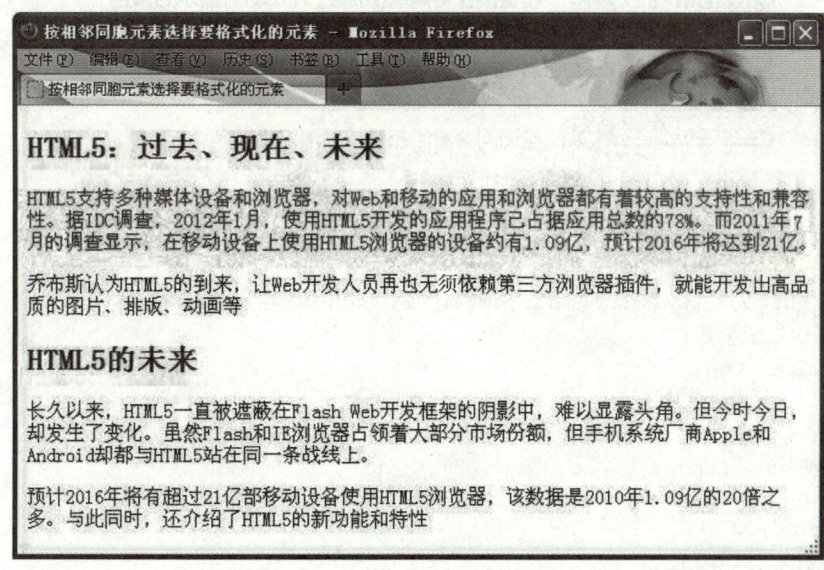

图 5-30　显示效果

注意：这里的相邻同胞元素应该是目标元素前的相邻同胞元素，例如要选择第二段来设置样式，选择器就不能写为 h2 + p，这指的是 h2 后续的相邻同胞元素，即第三段。如果要选择第二段，选择器可以写为 h1 + p + p。

5.3.5 按状态选择链接元素

CSS 允许根据元素的当前状态对它们进行格式化。最常见的是设置超链接元素不同状态下的样式。超链接的状态包括访问者是否将鼠标停留在超链接上、超链接是否被访问过等。可以通过一系列伪类实现这一特性（超链接的具体使用详见第 8 章）。

创建一个超链接，无法在代码中指定超链接显示为什么状态，这是由访问者控制的。伪类让用户可以获取超链接的状态，并改变超链接在该状态下显示的效果。

超链接有以下 5 种状态：

（1）link——设置从未被激活或指向，当前也没有被激活或指向的超链接的外观；

（2）visited——设置访问者已激活过的超链接的外观；

（3）focus——如果超链接是通过键盘选择并已准备好激活状态的外观；

（4）hover——设置正被指向的超链接的外观；

（5）active——设置激活时超链接的外观。

不是设置每个超链接的外观时都必须同时写上这 5 种状态，但是这些状态的书写必须按照以上顺序进行。

例如为如下超链接设置 5 种状态，效果如图 5-31 所示。

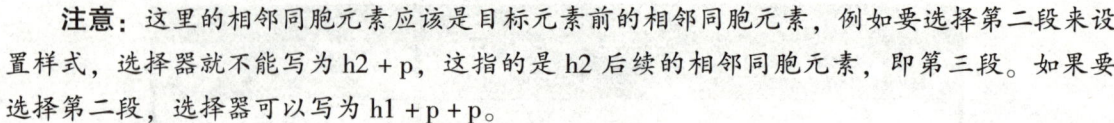

图 5-31 超链接的 5 种状态

代码如下：

```
< ahref = "http://www.w3school.com.cn" >w3school 在线教程 </a>
a:link {
     color: red;
}
a:visited {
     color: orange;
}
a:focus {
     color: purple;
}
```

```
a:hover {
    color: green;
}
a:active {
    color: blue;
}
```

5.3.6 按属性选择元素

在 CSS 中可以对具有给定属性或属性值的元素进行格式化。

选择器写为：

元素［属性 = "value"］——表示属性值等于这里的 value 的元素被选中；

元素［属性 ~ = "value"］——表示属性值包含这里的 value 的元素被选中；

元素［属性 | = "value"］——表示属性值等于这里的 value 或以 value 开头（"|"是管道符号，不是数字1，也不是小写字母l）。

或者写为

^ = "value" ——表示属性值以 value 开头的元素被选中；

$ = "value" ——表示属性值以 value 结尾的元素被选中；

* = "value" ——表示属性值中包含 value 的元素被选中。

当前所有主流浏览器均支持按元素包含的属性选择元素。后面 3 种选择方式是 CSS3 中新增的特性，在 IE7 和 IE8 中会有一些异常。

下面来看一些具体的例子，有的例子涉及第 6 章（图像）和第 8 章（超链接的属性）的内容，可以参照这两章来看。

（1）这个选择器中没有属性值，它选择的是所有具有 class 属性的 section 元素。

```
section[class]{
    color:red;
}
```

（2）这个选择器选择任何 href 属性值等于#（必须完全匹配）的 a 元素。

```
a[href = "#"] {
    color:red;
}
```

（3）假设一个 section 元素有两个类，如 < section class = "blog text" >，另一个 section 元素有一个类，如 < section class = "blog" >。~ = 语法可以测试单词的部分匹配，由于第一个 section 元素的 class 属性中包含 blog 属性，因此在这个例子中，两个元素都会显示为红色。

```
section[class ~ = "blog"]{
    color:red;
}
```

下面这个选择器也可以同时选中这两个 section 元素，"* ="表示属性值中包含 blo 的元素。

```css
section[class*="blo"] {
    color:red;
}
```

但是下面这个选择器就不能满足要求,因为 blo 并不是某个完整属性的值。

```css
section[class~="blo"] {
    color:red;
}
```

(4) 这个选择器选择任何带有 lang 属性且属性值以 zh 开头的 h2 元素。

```css
h2[lang|="zh"] {
    color:red;
}
```

(5) 通过使用通用选择器,这个选择器选择任何带有 lang 属性且属性值以 zh 开头的元素。

```css
*[lang|="zh"] {
    color:red;
}
```

(6) 通过联合使用多种方法,这个选择器选择所有既有任意 href 属性,同时 title 属性值中包含属性值 howdy 的 a 元素。

```css
a[href][title~="howdy"] {
    color:red;
}
```

(7) 作为上一个选择器的精确度低一些的变体,这个选择器选择所有既有任意 href 属性,同时 title 属性值中包含 how(它匹配 how、howdy、show 等,无论 how 出现在属性值的什么位置)的 a 元素。

```css
a[href][title*="how"] {
    color:red;
}
```

(8) 这个选择器匹配任何 href 属性以 http://开头的 a 元素。

```css
a[href^="http://"] {
    color:red;
}
```

(9) 这个选择器匹配任何 src 属性值完全等于 logo.png 的 img 元素。

```css
img[src="logo.png"] {
    border: 1px solidgreed;
}
```

(10) 这个选择器的精确度比上一个低一些,它匹配任何 src 属性值以 .png 结尾的 img 元素。

```
img[src $ = ".png"] {
    border: 1px solidgreed;
}
```

5.3.7 选择元素的一部分

在 CSS 中可以只选择元素的第一个字母或第一行，并对其添加样式。

1. 选择元素的第一行

选择器写为：元素：first – line

例如要设置每一个段落的第一行文字为红色，效果如图 5 – 32 所示，代码如下：

```
p:first – line {
    color: red;
}
```

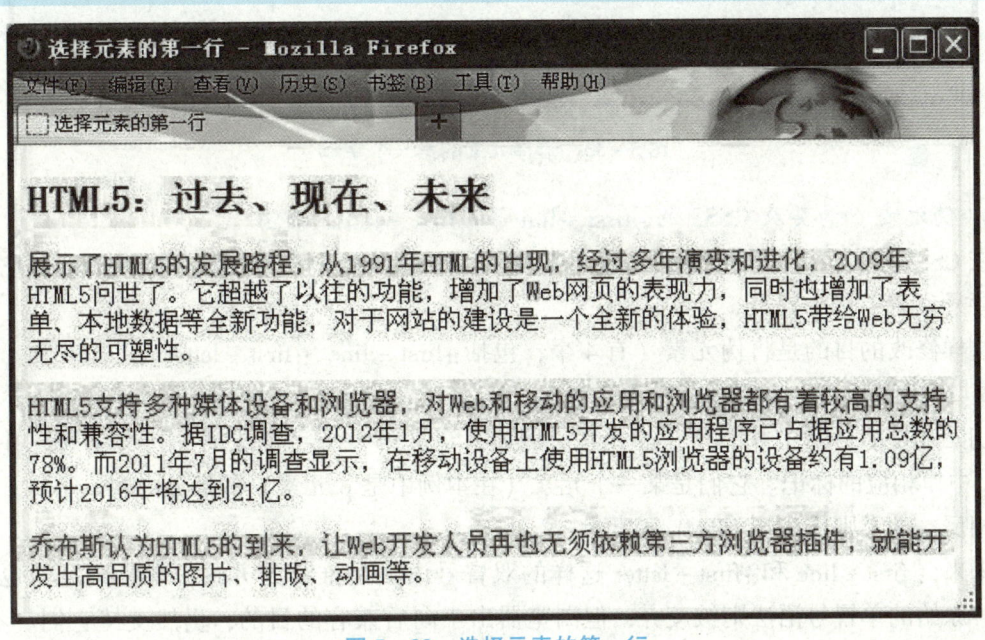

图 5 – 32　选择元素的第一行

2. 选择元素的第一个字母

选择器写为：元素：first – letter

例如要设置每一个段落的第一个文字为红色，效果如图 5 – 33 所示，代码如下：

```
p:first – letter {
    color: red;
}
```

只有某些特定的 CSS 属性可以应用于 first – letter 伪元素，包括 font（字体）、color（颜色）、background（背景）、text – decoration（划线）、vertical – align（垂直对齐）、text – transform（大小写转换）、line – height（行高）、margin（外边距）、padding（内边距）、border（边框）、float（浮动方向）和 clear（不允许浮动的方向）。这里面部分属性将在第 9 章介绍。

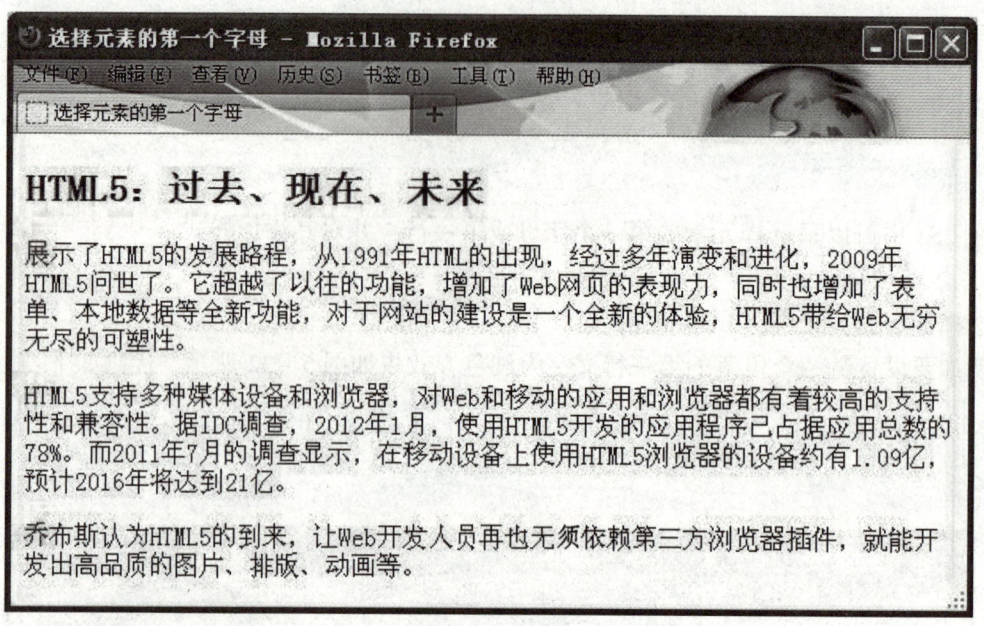

图 5-33 选择元素的第一个字母

3. 伪元素、伪类及 CSS3 的 ::first-line 和 ::first-letter 语法

在 CSS3 中，:first-line 的语法为 ::first-line，:first-letter 的语法为 ::first-letter。它们用两个冒号代替了单个冒号。

这样修改的目的是将伪元素（有 4 个，包括 ::first-line、::first-letter、::before 和 ::after）与伪类（如 :link、:hover 等）区分开。

伪元素是 HTML 中并不存在的元素。例如，定义第一个字母或第一行文字时，并未在 HTML 中作相应的标记。它们是某一个元素（在本例中是 p 元素）的部分内容。

相反，伪类则应用于 HTML 元素。

未来，::first-line 和 ::first-letter 这样的双冒号语法是推荐的方式，现代浏览器也支持它们。原始的单冒号语法则被废弃，但浏览器出于向后兼容的目的，仍然支持它们。不过，IE9 之前的版本均不支持双冒号。

5.3.8 选择器的分组

在设置网页样式时，经常需要将同样的样式规则应用于多个元素。可以为每个元素重复地设置样式规则，也可以组合选择器，一次性地设置样式规则。当然，后一种方法效率更高，通常也会让样式表更易于维护。

选择器写为：元素1，元素2，元素3

可以列出任意数量的单独的选择器（无论它们包含的是元素名称、id 还是 class 属性），用逗号分隔它们。当选择器很长时，可以让每个选择器位于单独的行，以增强代码的可读性。

例如 h2 和 p 元素都设置了首行缩进 2 字符，字号为 14.7 px 的属性，效果如图 5-34 所示。

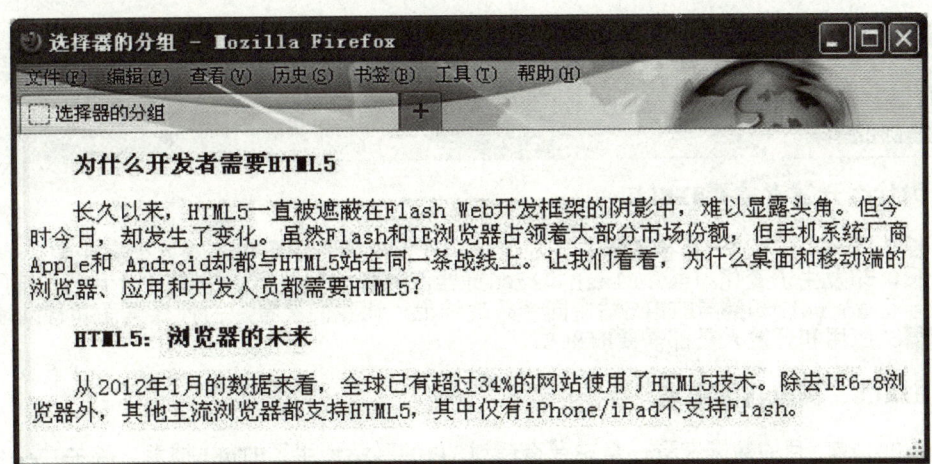

图 5-34　选择器的分组

代码如下：

```
h2,
p {
    text - indent: 2em;
    font - size: 14.7px;
}
```

可以组合使用任何类型的选择器，从最简单的到最复杂的都可以。例如，可以使用 h1，.about p:first - letter 来选择一级标题以及包含在 class 属性为 about 的所有元素中的 p 元素的第一个字母。例如，可以使用 a:link，a:visited 来设置超链接在访问前和访问后具有相同的样式。

5.3.9　组合使用选择器

在前面几小节用非常简单的例子介绍了各种类型的选择器的使用方法，但是现实中常常需要组合使用这些技术，才能找到要格式化的元素。

下面通过一个极端的例子展示如何组合使用选择器。

```
.about h2[lang|="zh"] + p em {
    color: red;
}
```

从右向左看，它表明选择的是 em 元素，em 元素是包含在 p 元素中的，而 p 元素是 lang 属性值以 zh 开头的 h2 元素的直接相邻同胞元素，并且是 class 属性等于 about 的 h2 元素的子元素。

实际上，很少需要编写这么复杂的选择器，但必要时可以这么做。

如果只是想让图 5-35 中的 em 元素显示为红色，完全可以写成：

```
.about em {
    color: red;
}
```

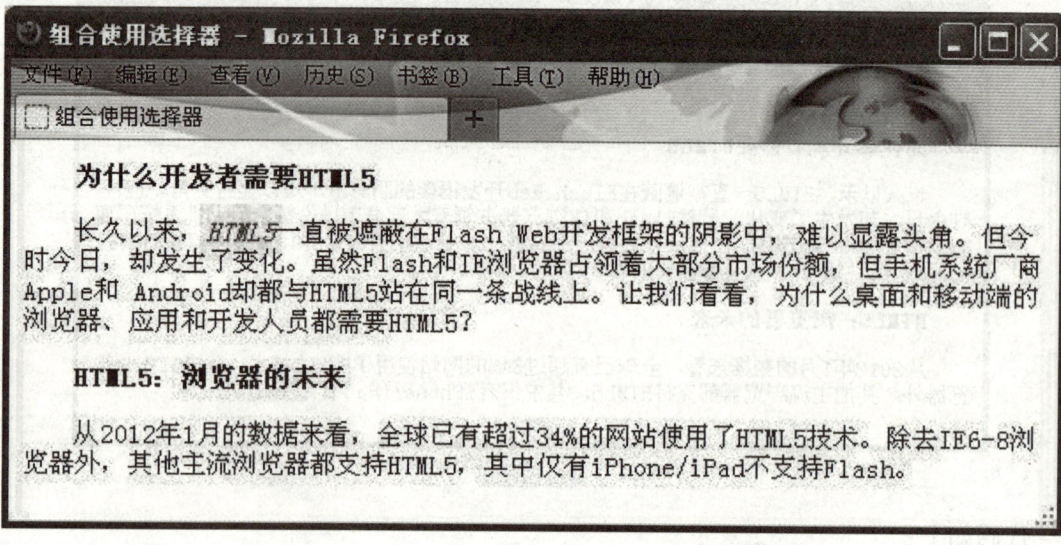

图 5 – 35 组合使用选择器

尽管在 HTML 中 em 元素是嵌套在 p 元素中的,但没有必要写成:

```
.about  p em {
        color: red;
}
```

除非不想段落以外的 em 元素应用该样式。总之,从最简单的开始,按需增加特殊性。

5.4 综合实例

当今流行的网页设计理念是把页面外观交给 CSS 控制,让 HTML 标签则负责语义部分。结合所学知识创建 HTML 页面,并为其添加 CSS 样式,网页最终效果如图 5 – 36 所示。

具体操作步骤如下:

(1)按照语义明确、结构清晰的原则,创建 HTML 页面,代码如下(文字部分省略):

```
<!doctype html>
<html>
<head>
    <meta charset = "utf-8">
    <title>职业教育"1+X"证书制度来了</title>
</head>

<body>
<!-- 页面开始 -->
<article id = "maincontent">
        <h1>职业教育"1+X"证书制度来了</h1>
            <p>教育部……应用型本科高校及国家开放大学等积极参与。</p>

            <!--文章导读开始 -->
```

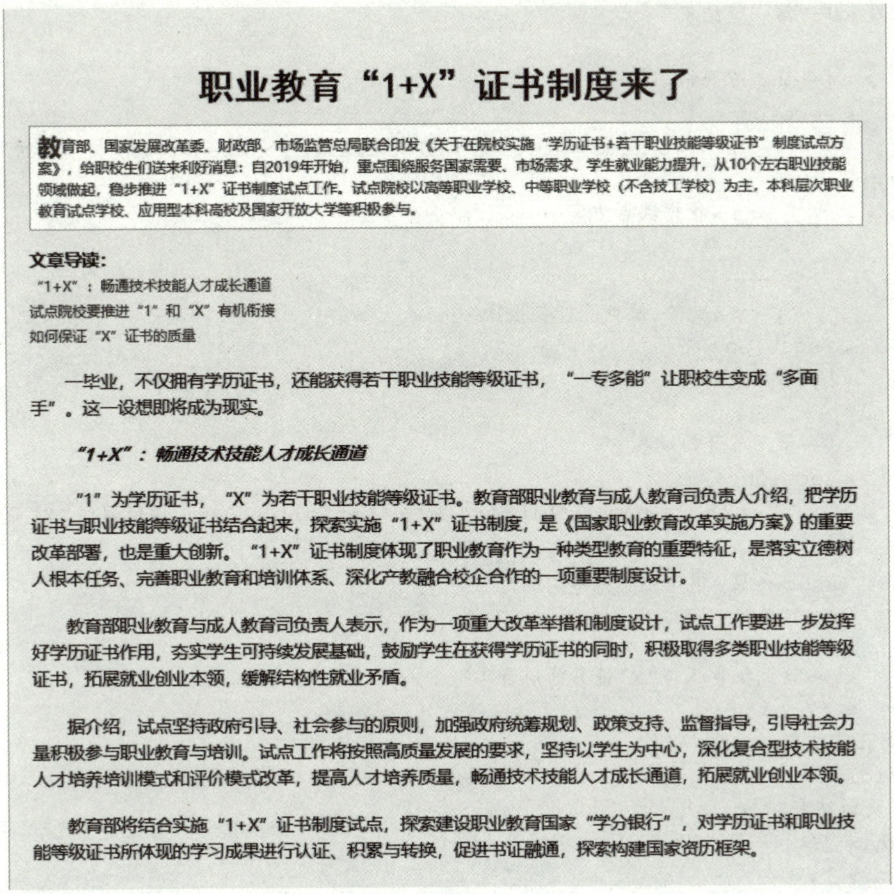

职业教育"1+X"证书制度来了

教育部、国家发展改革委、财政部、市场监管总局联合印发《关于在院校实施"学历证书+若干职业技能等级证书"制度试点方案》,给职校生们送来利好消息:自2019年开始,重点围绕服务国家需要、市场需求、学生就业能力提升,从10个左右职业技能领域做起,稳步推进"1+X"证书制度试点工作。试点院校以高等职业学校、中等职业学校(不含技工学校)为主,本科层次职业教育试点学校、应用型本科高校及国家开放大学等积极参与。

文章导读:

"1+X":畅通技术技能人才成长通道

试点院校要推进"1"和"X"有机衔接

如何保证"X"证书的质量

一毕业,不仅拥有学历证书,还能获得若干职业技能等级证书,"一专多能"让职校生变成"多面手"。这一设想即将成为现实。

"1+X":畅通技术技能人才成长通道

"1"为学历证书,"X"为若干职业技能等级证书。教育部职业教育与成人教育司负责人介绍,把学历证书与职业技能等级证书结合起来,探索实施"1+X"证书制度,是《国家职业教育改革实施方案》的重要改革部署,也是重大创新。"1+X"证书制度体现了职业教育作为一种类型教育的重要特征,是落实立德树人根本任务、完善职业教育和培训体系、深化产教融合校企合作的一项重要制度设计。

教育部职业教育与成人教育司负责人表示,作为一项重大改革举措和制度设计,试点工作要进一步发挥好学历证书作用,夯实学生可持续发展基础,鼓励学生在获得学历证书的同时,积极取得多类职业技能等级证书,拓展就业创业本领,缓解结构性就业矛盾。

据介绍,试点坚持政府引导、社会参与的原则,加强政府统筹规划、政策支持、监督指导,引导社会力量积极参与职业教育与培训。试点工作将按照高质量发展的要求,坚持以学生为中心,深化复合型技术技能人才培养培训模式和评价模式改革,提高人才培养质量,畅通技术技能人才成长通道,拓展就业创业本领。

教育部将结合实施"1+X"证书制度试点,探索建设职业教育国家"学分银行",对学历证书和职业技能等级证书所体现的学习成果进行认证、积累与转换,促进书证融通,探索构建国家资历框架。

图 5-36 页面效果

```
<section class="review">
    <h3>文章导读:</h3>
    <a href="#title1">"1+X":畅通技术技能人才成长通道</a><br />
    <a href="#title2">试点院校要推进"1"和"X"有机衔接</a><br />
    <a href="#title3">如何保证"X"证书的质量</a><br/>
</section>
<!--文章导读结束-->

<p>一毕业……这一设想即将成为现实。</p>

<!--第一节开始-->
<section>
    <h2><a name="title1" id="title1"></a>"1+X":畅通技术技能人才成长通道</h2>
    <p>"1"为学历证书……</p>
    ……
    ……
    <p>教育部将结合实施"1+X"证书制度试点……</p>
</section>
```

```
            <!--第一节结束-->

            <!--第二节开始-->
            <section>
                    <h2><a name="title2" id="title2"></a>试点院校要推进"1"和"X"有机衔接</h2>
                    <p>根据试点方案……</p>
                    ……
                    ……
                    <p>此外,试点院校要根据……</p>
            </section>
            <!--第二节结束-->

            <!--第三节开始-->
            <section>
                    <h2><a name="title3" id="title3"></a>如何保证"X"证书的质量</h2>
                    <p>根据试点方案……</p>
                    ……
                    <p>谈到如何保证"X"证书的质量……</p>
            </section>
<!--第三节结束-->
</article>
<!--页面结束-->
</body>
</html>
```

（2）新建 CSS 文档，保存为"global.css"。
（3）在 HTML 文档中链接"global.css"，代码如下：

```
<head>
    <meta charset="utf-8">
    <title>职业教育"1+X"证书制度来了</title>
    <linkrel="stylesheet" href="global.css" />
</head>
```

（4）在"global.css"中按照从大范围到小范围、从上到下的顺序，分区域依次添加样式。

由于每个元素都有各自系统默认的内、外边距值，且在不同浏览器中显示效果不同，因此在设置网页样式之初使用通配符"*"将所有元素的默认内、外边距去掉是非常必要的。代码如下：

```
* {
    margin: 0px;              /*外侧边距*/
    padding: 0px;             /*内侧边距*/
}
```

设置 id 为 maincontent 的 article 元素属性。宽度为 700 px；页面水平居中；左、右有

1 px 粗颜色为#ccc 实线型的边框；内边距上方 25 px，左、右 20 px，下方为 0；背景颜色为 #F9FBF9。代码如下：

```css
#maincontent{
    width: 700px;                          /*宽度*/
    margin: 0 auto;                        /*水平居中*/
    border-right: solid 1px #ccc;          /*右侧边框*/
    border-left: solid 1px #ccc;           /*左侧边框*/
    padding: 25px 20px 0;                  /*内侧边距*/
    background-color: #F9FBF9;             /*背景颜色*/
}
```

设置 class 为 review 的 section 元素（文章导读）中的 h3 元素字体大小为 14.7 px，代码如下：

```css
.review h3 {
    font-size: 14.7px;                     /*字号*/
}
```

设置一级标题字体为"黑体"，字号为 30 px，上方间距为 25 px，下方间距为 15 px，水平居中，代码如下：

```css
h1{
    font-size: 30px;                       /*字号*/
    margin-top: 25px;                      /*上方外边距*/
    margin-bottom: 15px;                   /*下方外边距*/
    font-family: "黑体";                    /*字体*/
    text-align: center;                    /*对齐方式*/
}
```

设置二级标题和段落字号为 14.7 px，首行缩进 2 字符（em 为文字大小），上、下方间距为 1.2 倍文字大小，代码如下：

```css
h2, p {
    font-size: 14.7px;                     /*字号*/
    text-indent: 2em;                      /*首行缩进*/
    margin-top: 1.2em;                     /*段前间距1.2倍文字大小*/
    margin-bottom: 1.2em;                  /*段后间距1.2倍文字大小*/
}
```

设置二级标题显示为斜体，代码如下：

```css
h2 {
    font-style: italic;                    /*斜体*/
}
```

设置段落的行高为 1.5 倍文字大小，代码如下：

```css
p{
    line-height: 1.5em;                    /*行高*/
}
```

设置一级标题的相邻元素，即第一段的样式。由于第一段也属于段落，所以会继承前面有关 p 元素的所有样式（字号，首行缩进，段前、段后间距，行高）；如果第一段有和前面定义冲突的样式，就需要重新定义，如字号为 12 px，没有首行缩进；还有普通段落不具有的属性也在此定义，如文字颜色为#666，有 1 px 粗颜色为#ccc 的实线型边框，背景颜色为白色#FFF，上、下、左、右 4 个方向的内边距为 7 px。代码如下：

```css
h1 + p{
    font-size: 12px;              /*字号*/
    text-indent: 0;               /*首行缩进*/
    color: #666;                  /*文字颜色*/
    border: 1px solid #CCC;       /*边框*/
    background-color: #FFF;       /*背景颜色*/
    padding: 7px;                 /*内间距*/
}
```

设置一级标题下方第一段的首个文字字号为 38 px，加粗显示，左侧浮动，两边不设浮动限制，代码如下：

```css
h1 + p:first-letter{
    font-size:20px;               /*字号*/
    font-weight: bold;            /*加粗*/
    clear: none;                  /*不允许浮动的方向*/
    float: left;                  /*浮动位置*/
}
```

设置所有 href 属性值是以"#"开头的 a 元素的 link（未访问）与 visited（访问后）状态，字号为 12 px，颜色为#3366FF，行高为 1.5 倍文字大小，没有下划线，代码如下：

```css
a[href^="#"]:link, a[href^="#"]:visited{
    line-height: 1.5em;           /*行高*/
    font-size: 12px;              /*字号*/
    text-decoration: none;        /*不显示下划线*/
    color: #3366FF;               /*文字颜色*/
}
```

设置所有 href 属性值是以"#"开头的 a 元素的 hover（鼠标悬停）状态，颜色为#F60，代码如下：

```css
a[href^="#"]:hover{
    color: #F60;                  /*文字颜色*/
}
```

要点回顾

在网页制作中，HTML 定义内容的语义，为网页构建基本的结构，而 CSS 则定义它们的外观。CSS 文件有外部样式表、内部样式表和内联样式 3 种使用方式，其中外部样式表使用和维护更为方便，推荐使用。样式表中的每条规则都有两个主要部分——选择器和声明块，选择器决定哪些元素受到影响，声明块决定设置的样式。选择器可以按照元素的名称、class

或 id、上下文、状态、属性等来选择需要定义样式的元素。

习题五

一、选择题

1. 外部样式表文件通过（　　）标签链接到 HTML 文件中。

　　A. <head>　　　　　　B. <body>　　　　　　C. <link>　　　　　　D. <nav>

2. 设置一级标题为红色，样式规则应写为（　　）。

　　A. h1{color=red;}　　　　　　　　　　　　B. h1{color：red；}

　　C. h1{color=red;}；　　　　　　　　　　　D. h1{color：red；}；

3. 要设置段落第一个字的样式，选择器应写为（　　）。

　　A. p:first　　　　　　　　　　　　　　　 B. p:first-letter

　　C. p:before　　　　　　　　　　　　　　 D. p:first-line

二、填空题

1. 样式表文件的使用可分为_____、_____和内联样式 3 种，其中最为推荐的是_____。

2. 要为段落 p 和二级标题 h2 添加同一样式，CSS 选择器可以写为_____。

3. 设置鼠标悬停在超链接上时的样式，CSS 选择器应该写为_____。

实训

制作图 5-37 所示的新闻网页，通过 CSS 设置样式。

1. 训练要点

（1）HTML 文档的基本结构；

（2）外部样式表的使用；

（3）样式规则；

（4）各类型 CSS 选择器的使用。

2. 操作提示

（1）新建外部样式表文件"article.css"，使用 link 元素链接至 HTML 文档；

（2）页面主体 <div id="wrapper"> 宽度设置为 700 px，内间距为 20 px；

（3）段落设置首行缩进 2 em，行高为 1.5 em，上、下间距为 1.5 em；

（4）第一段样式通过 h1+p 来设置；

（5）"摘要"两个字通过"<span class="summary">摘要</span>"，设置 .summary 样式；

（6）底部的超链接访问前、访问后无下划线，颜色为#666，鼠标悬停时有下划线，颜色为#000。

2021年NASA将开启"太空历险记"

摘要：2021年，美国国家航空航天局（NASA）正在计划一些近年来最重要的太空探索任务。从研究火星上的生命及其宜居性，以期建立未来的人类殖民地，到测试月球商业飞行，NASA将在未来一年内与太空探索技术公司等私营企业共同树立人类征服太空历史上的数座里程碑。这是一场真正的太空历险记。

NASA的宏伟目标包括：将在2024年把第一位女性和下一位男性宇航员送上月球，在2030前实现可持续的探索。作为"阿耳忒弥斯1号"项目的组成部分，NASA在实现登月计划的同时还要为人类探索火星做好充分准备。而2020年则是NASA为实施"阿耳忒弥斯1号"项目树立多座里程碑的关键时刻，其中包括完成太空发射系统（SLS）火箭的重要测试等。正如NASA局长吉姆·布里登斯廷所说的那样，NASA还成功地采集一颗小行星样本并发射一颗海洋观测卫星。

报道称，此外，NASA正在与波音公司合作，在商业飞行计划内进行第二次无人驾驶试飞，随后将在2021年进行载人试飞。这是一座重要的里程碑，旨在确保多个供应商能提供从美国飞往空间站的机会，而这也是未来殖民月球的第一步，当然同样是月球旅游的第一步。

报道还称，NASA还将在2021年的商业太空飞行任务中测试一系列着陆技术。作为火箭的主要实验项目，经过测试的技术将更安全、更精准地登陆月球变成可能，这不仅是执行主要任务的关键，也是为太空旅游制定规范，并在未来建立永久殖民地的关键。

报道最后称，NASA还将宣布新的宇航员候选人，启动新的激光通信中继演示项目，并将一颗微波炉大小的"立方卫星"送入月球轨道。布里登斯廷表示："随着探测器登陆火星、人类行星防御任务开启、詹姆斯·韦伯空间望远镜发射和'阿耳忒弥斯1号'项目展开，NASA又将迎来伟大的一年。"

热门文章：

2021年中国"天眼"开放，美媒记者探访后感叹了

大国芯事：他们终结了中国的无芯历史

被滥用的人脸识别：便利的同时也在侵犯隐私、泄露信息

图 5-37　为新闻网页添加 CSS 样式

第6章

图像

本章导读

网页中除了文本之外，另一个重要的元素就是图像。在制作网页的时候，使用图像的方式主要有两种：在网页中插入图像和使用背景图像。本章主要讲解插入图像、设置图像属性、CSS 设置图片样式等基础知识。在网页制作的过程中，这些知识点都比较常用，所以读者一定要认真学习并掌握。

6.1 在页面中插入图片

当前 Web 上应用最广泛的 3 种图像格式为 JPEG、PNG 和 GIF。当前的浏览器都可以查看这 3 种图像格式，但应该选择质量最高、同时文件最小的格式。

1. JPEG 格式

JPEG 格式适用于彩色照片，JPEG 格式支持数百万种色彩。JPEG 格式是质量有损耗的格式，在压缩时一些图像数据被丢弃，这降低了最终文件的质量。然而，图像数据被抛弃得很少，不会在质量上有明显的不同。同时 JPEG 格式不支持透明度。

2. GIF 格式

图形交换格式 GIF 是网页图像中很流行的格式。虽然 GIF 格式仅包括 256 种色彩，但它提供了出色的、几乎没有损失的图像压缩。并且，GIF 格式可以包含透明区域和多帧动画。它水平扫描像素行，找到固定的颜色区域进行压缩，然后减少同一区域中的像素数量。因此，GIF 格式通常适用于卡通，图形，Logo，带有透明区域的图形、动画等。

3. PNG 格式

PNG 格式和 GIF 格式一样，通常用于保持大量纯色图案或有透明度的标志之类。对于连续的颜色或重复图案，PNG 格式的压缩效果比 GIF 格式更好。在 GIF 格式中，一个像素要么是透明的，要么是不透明度，PNG 格式则支持 alpha 透明度，即可以半透明，所以具有负责透明背景的图像使用 PNG 格式可以让边缘更平滑、避免锯齿状。

在页面中插入图片，要使用 img 元素标签。

img 元素标签语法为：

```
<img 属性="属性值" />
```

说明:

(1) img 元素为空元素,在 HTML 文件中没有结束标签,但在 XHTML 中必须在开始标签右括号前加一个"/"作为结束,或将 img 元素也加上结束标签。

(2) HTML5 中 img 元素的必要属性为 src 和 alt。src 指定图片来源的 URL,alt 指定图片无法显示时的替代文字。

(3) HTML5 中删除了 HTML4 中 img 元素的 name、longdesc、align、boder、hspace、vapace 属性。

在页面中插入图片的步骤如下:

(1) 在 HTML 代码中,将光标移到要放置图片的位置。

(2) 输入"<img src="image.url">",其中 image.url 指示图像文件在服务器上的位置。

(3) 输入一个空格和"/>"。

插入图片的代码如下:

```
<body>
<h3>武汉欢乐谷</h3>
<img src="img/素材1.jpg" />
<p>武汉欢乐谷拥有亚洲首座双龙木质过山车、国内最大的人工造浪沙滩、最大室内家庭数字娱乐中心、三屏4D影院、武汉最大的专业剧场等50多项游乐设施。</p>
</body>
```

运行结果如图 6-1 所示。

图 6-1 img 元素标签实例运行结果

6.2 设置图片的属性

1. 设置图片的替代文字属性 alt

有时候网页中的图像会因为某种原因无法正常显示,为此可以为图像添加一段描述性文字，以辅助阅读。此时使用 img 元素的 alt 属性，格式为：

```
<img src="属性值" alt="属性值" />
```

提供图片无法显示时的替代文字的步骤如下：

(1) 在 <img> 标签内，在 src 属性及其值的后面输入 "alt=""。
(2) 输入图像出于某种原因没有显示时应该出现的文本。
(3) 输入 """。

提供图片无法显示时的替代文字的代码如下：

```html
<html>
<head>
<meta charset="utf-8">
<title>img 元素</title>
<style>
p{
    text-align: center;
}
</style>
</head>
<body>
<h3>武汉欢乐谷</h3>
<p><img src="img/素材1.jpg" alt="欢乐谷" /><br />
  正确显示图像 </p>
<p><img src="img/IMG.jpg" alt="欢乐谷" /><br />
  图像错误,显示替代文字 </p>
</body>
</html>
```

运行结果如图 6-2 所示。

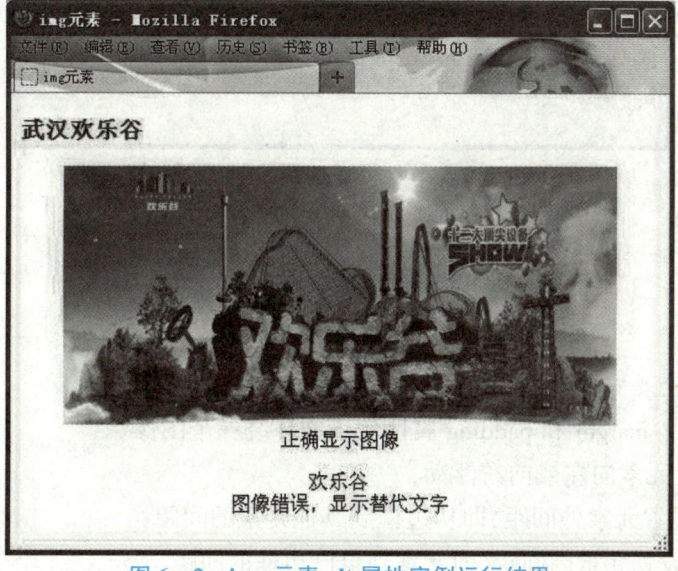

图 6-2　img 元素 alt 属性实例运行结果

2. 设置图片的大小属性 width、heigh

在默认情况下，页面中图像的显示大小就是图片默认的宽度和高度，也可以手动更改图片的大小。但是建议使用专业的图像编辑软件对图像进行宽度和高度的调整。如果使用 img 元素的属性来设置，格式为：

```
< img src = "file_name" width = "value" height = "value" />
```

图像的宽度和高度的单位可以是像素，也可以是百分比。

设置图片大小的代码如下：

```
<body>
<h3>武汉欢乐谷</h3>
< img src = "img/素材1.jpg" width = "300" height = "212" />
<p>武汉欢乐谷拥有亚洲首座双龙木质过山车、国内最大的人工造浪沙滩、最大室内家庭数字娱乐中心、三屏4D影院、武汉最大的专业剧场等50多项游乐设施。</p>
</body>
```

运行结果如图 6-3 所示。

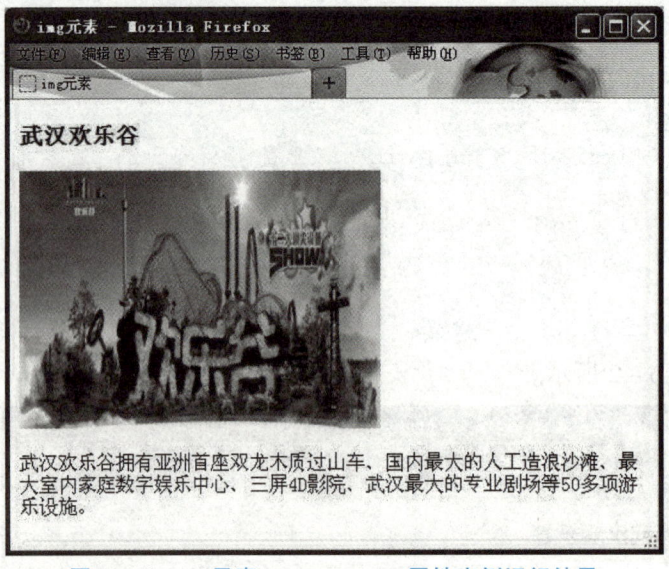

图 6-3 img 元素 width、heigh 属性实例运行结果

6.3 图文混排

1. 使用 CSS 设置图文环绕

可以使用 float、margin 和 padding 属性使正文环绕一个图像。

(1) **float**：设置元素向左或向右浮动；

(2) **margin**：设置元素外间距，即从边框到其他元素的间距；

(3) **padding**：设置元素内间距，即元素到自己边框的间距。

设置图文环绕的代码如下：

```html
<html>
<head>
<meta charset = "utf-8">
<title>img 元素及其属性</title>
<style>
img {
    width: 300px;
    height: 212px;
    float: left;
    margin: 15px;
}
</style>
</head>
<body>
<h3>武汉一日游</h3>
<img src = "img/素材1.jpg" />
<p>武汉欢乐谷是……</p>
</body>
</html>
```

运行结果如图 6-4 所示。

图 6-4 CSS 样式图文混排实例运行结果

2. 应用 CSS 图像边框

HTML 中 img 元素的 border 属性可以给图片加上边框，但是无法改变边框的颜色，无法设置边框线型,无法分别设置上、下、左、右4条边框的样式。CSS样式表更为灵活,可以通过CSS设置丰富的边框样式。边框属性见表6-1。

表6-1 边框属性

属性	描述
border	边框
border – top	上边框
border – right	右边框
border – bottom	下边框
border – left	左边框
border – width	边框宽度
border – style	边框样式
border – color	边框颜色
border – top – width	上边框宽度
border – right – width	右边框宽度
border – bottom – width	下边框宽度
border – left – width	左边框宽度
border – top – style	上边框样式
border – right – style	右边框样式
border – bottom – style	下边框样式
border – left – style	左边框样式
border – top – color	上边框颜色
border – right – color	右边框颜色
border – bottom – color	下边框颜色
border – left – color	左边框颜色

将图片上、下、左、右4条边框统一设置成宽3像素、实线、红色,代码如下:

```
<html>
<head>
<meta charset = "utf-8">
<title>利用CSS样式设置图片边框</title>
<style>
img {
    border: 3px solid red;
```

```
}
</style>
</head>
<body>
<img src = "img/素材1.jpg" />
</body>
</html>
```

运行结果如图 6-5 所示。

图 6-5 CSS 样式设置图片边框实例运行结果

分别设置图片上、下、左、右不同效果的边框样式，代码如下：

```
<html>
<head>
<meta charset = "utf-8">
<title>利用 CSS 样式设置图片不同边框</title>
<style>
img {
    border-top: solid 3px blue;
    border-right: dashed 4px blue;
    border-bottom: double 5px red;
    border-left: dotted 6px red;
}
</style>
</head>
<body>
<img src = "img/素材1.JPG" />
</body>
</html>
```

运行结果如图 6-6 所示。

图6-6 CSS样式设置图片不同边框实例运行结果

6.4 为网站添加图标

出现在地址栏、标签页和书签上的小图标称作favicon，是favorites icon（收藏夹）的简称。iphone、ipad等苹果设备的主界面要求更大尺寸的图标，推荐大小为114像素×114像素。

为网站添加图标的步骤如下：

（1）创建一个16像素×16像素的图像，保存为ICO或PNG、GIF格式。

（2）为触屏设备创建一个114像素×114像素的图像，保存为PNG格式。

（3）在HTML5文档的head部分，输入"<link rel="shortcut icon" href="favicon.ico" />"，其中"favicon.ico"是服务器上图标的名称和位置；如果图像为PNG格式，则输入"<link rel="icon" type="image/png" href="favicon.ico"/>"；如果图像为GIF格式，则输入"<link rel="icon" type="image/gif" href="favicon.ico" />"。

（4）在HTML5文档的head部分，输入"<link rel="apple-touch-icon" href="apple-touch-icon.png" />"。其中"apple-touch-icon.png"是服务器上图标的名称和位置。

为网站添加图标的代码如下：

```html
<html>
<head>
<meta charset="utf-8">
<title>给网站添加图标</title>
<link rel="shortcut icon" href="img/favicon.ico" />
<link rel="apple-touch-icon" href="img/apple-touch-icon.png" />
</head>
<body>
<img src="img/ftplogo.png" width="200" height="192" alt="Farm Training Podcasts Logo" />
```

```
<h1>Welcome! </h1>
<p>Welcome to the <cite>Bread and Breakfast</cite> home page. </p>
</body>
</html>
```

运行结果如图 6-7 所示。

图 6-7 为网站添加图标实例运行结果

6.5 综合实例

使用本章所学设置图片属性的知识，制作图 6-8 所示的页面。

设计要求如下：

(1) 第一张图片居左放置，要求设置右侧和下侧的间距以及边框。

(2) 第二张图片居右放置，要求设置左侧和下侧的间距以及边框。

(3) 段落设置首行缩进。

(4) 小标题下方有边框线。

步骤如下：

(1) 新建页面，在 <title> 标签中输入"综合实例"作为页面标题。

(2) 观察整个页面内容，根据语义选择使用哪个标签。为了方便设置整个页面内容的样式，使用 id 为 wrapper 的 div 将所有元素包围起来。

(3) "最适合放空的安静古镇"使用 h1 元素，下方的标题使用 h2 元素。

(4) 完成 HTML 部分，代码如下：

图 6-8 综合实例运行结果

```
<body>
<div id="wrapper">
    <h1>最适合放空的安静古镇</h1>
    <img class="left" src="img/古镇1.jpg" width="250" />
    <h2>古堰画乡:如画中行走</h2>
    <p>千年古村抱堰而立……</p>
    <p>堰头村里……</p>
    <p>通济堰拱形大坝……</p>
    <p>河边尽是芦苇……</p>
    <img class="right" src="img/古镇2.jpg" width="250" />
    <h2>龚滩古镇:猎奇探险圣地</h2>
    <p>这个已有1700多年历史……</p>
    <p>长达3公里的石板街……</p>
    <p>150余堵风火墙……</p>
</div>
</body>
```

(5)设置样式表全局属性,代码如下:

```
* {
    padding: 0px;
    margin: 0;
}
body {
    padding-top: 20px;
    background-color: #F6F6F6;
}
#wrapper {
    width: 700px;
    padding: 20px;
    margin:0 auto;
    border: 1px solid #CCC;
    background-color: #FFF;
}
```

(6) 分别设置居左图片和居右图片的属性，代码如下：

```
.left {
    float: left;
    padding-right: 15px;
    padding-bottom: 15px;
    border-bottom: 1px #999 dotted;
    border-right: 1px #999 dotted;
    margin-right: 15px;
    margin-bottom: 5px;
    margin-top: 15px;
}
.right {
    float: right;
    padding-left: 15px;
    padding-bottom: 15px;
    border-bottom: 1px #999 dotted;
    border-left: 1px #999 dotted;
    margin-bottom: 5px;
    margin-left: 15px;
    margin-top: 15px;
}
```

(7) 为 h1、h2、p 元素添加样式，代码如下：

```
h1 {
    font-family: "黑体";
    text-align: center;
    margin-top: 20px;
    margin-bottom: 20px;
    font-size: 32px;
    font-weight: normal;
}
h2 {
```

```
        font-size: 16px;
        color: #666666;
        border-bottom: 1px #999 dotted;
        padding-bottom: 5px;
        text-indent: 2em;
        margin-top: 30px;
}
p{
        font-size: 14.7px;
        text-indent: 2em;
        line-height: 1.2em;
        margin-bottom: 10px;
        margin-top: 10px;
}
```

要点回顾

使用<img>标签可以在网页中加入图片,在HTML5中<img>标签常用的属性包括scr、alt、width、height等。可以通过CSS样式设置图片与文字环绕样式,图片上、下、左、右边框的样式、颜色、粗细等属性。

习题六

一、选择题

1. <img>标签中链接图片的属性是（　　）。
 A. href　　　　　　B. type　　　　　　C. src　　　　　　D. align
2. 下列选项中,不是<img>标签属性的是（　　）。
 A. width　　　　　B. alt　　　　　　C. height　　　　　D. href
3. （　　）属性用来指定图片无法显示时的替代文字。
 A. height　　　　　B. alt　　　　　　C. width　　　　　D. src

二、填空题

1. 常用的网页图像格式为_____。
2. 设定图片边框的属性是_____。
3. 用CSS样式设定图片上边框宽度的属性是_____,设定图片下边框宽度的属性是_____。

实训

使用本章所学知识,完成图6-9所示页面效果。

1. 训练要点

（1）CSS 设置图文环绕;

（2）CSS 设置图像边框;

在英国伦敦西南100多千米的索巨石阵又称索尔兹伯里石环、环状列石、太阳神庙、史前石桌、斯通亨治石栏、斯托肯立石圈等名，是欧洲著名的史前时代文化神庙遗址，位于英格兰威尔特郡索尔兹伯里平原，约建于公元前4000—2000年(2008年3月至4月，英国考古学家研究发现，巨石阵的准确建造年代距今已经有4300年，即建于公元前2300年左右)尔兹伯里平原上，一些巍峨巨石呈环形屹立在绿色的旷野间，这就是英伦三岛最著名、最神秘的史前遗迹——巨石阵。

公元1130年，英国的一位神父在一次外出时偶然发现了巨石阵，从此这座由巨大的石头构成的奇特古迹开始引起了人们的注意。巨石阵的英文名字叫做"Stonehenge"。"Stone"意为"石头"，"henge"意为"围栏"（王同亿主编的《英汉辞海》："henge,在英格兰发现的青铜时代的一种圆形构筑物（如木构），周围有埂和沟"）。

生产技术低下的古代人，费尽辛苦垒起这么座"石头城"究竟想干什么？这个令人困惑不解的问题引起考古学家和每年数十万来自世界各地的旅游者们的注意。几个世纪以来，没有人知道巨石阵的真正用途，也没有人知道是谁建造了巨石阵，而古老的传说和人们的种种推测，更为巨石阵增加了神秘的氛围。

图6－9　实训页面

（3）设置图像间距。

2. 操作提示

（1）文字大小：12 px；

（2）图片对齐：居右；

（3）图片边框颜色：灰色；

（4）图片边框宽度：上、左、右边框宽5像素，下边框宽10像素；

（5）图片间距：左边距、下边距为20像素。

第 7 章

列表

本章导读

在 HTML 文档中，列表是一种非常实用的数据排列方式，它以条列式的模式显示数据，结构清晰，容易阅读，应用非常广泛。本章主要介绍几种不同类型的列表（包括有序列表、无序列表、定义列表等）以及通过 CSS 样式表美化列表的方法。

7.1 有序列表

\<ol\> 标签用于定义有序列表。有序列表中的列表项使用数字或英文字母编号，有先后顺序，在默认情况下采用阿拉伯数字序号，起始值为 1。

1. 基本语法

```
<ol>
  <li>列表项一</li>
  <li>列表项二</li>
  <li>列表项三</li>
  ……
</ol>
```

在此语法中，\<ol\>、\</ol\> 表示有序列表的开始和结束，而 \<li\>、\</li\> 表示一个列表项的开始和结束。例如：

```
<!DOCTYPE html>
<html>
  <head>
    <meta charset="utf-8">
    <title>有序列表</title>
  </head>
  <body>
    <article>
```

```
            <h2>世界最高的山峰前 5 名</h2>
            <ol>
                    <li>珠穆朗玛峰,8848 米</li>
                    <li>乔戈里峰,8611 米</li>
                    <li>干城章嘉峰,8586 米</li>
                    <li>洛子峰,8516 米</li>
                    <li>马卡鲁峰,8463 米</li>
            </ol>
        </article>
    </body>
</html>
```

运行结果如图 7-1 所示。

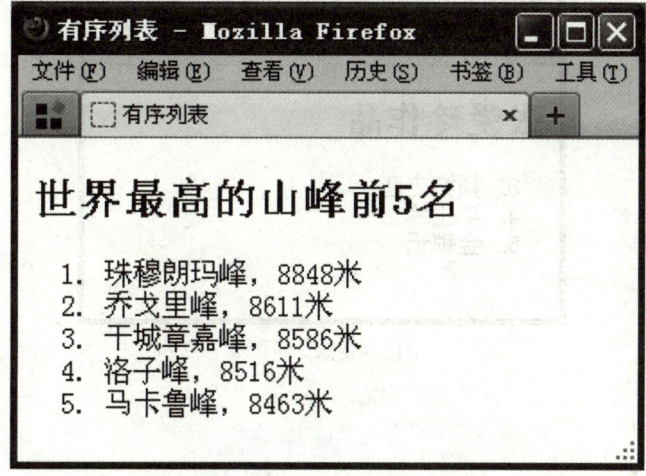

图 7-1　有序列表

2. 有序列表的起始值 start

有序列表的默认起始编号为数字 1，可以通过 start 属性自定义编号的初始值。其语法格式为：

```
<ol start = "起始数值">
    <li>列表项一</li>
    <li>列表项二</li>
    <li>列表项三</li>
    ……
</ol>
```

实例的 body 部分代码如下：

```
<html>
    <head>
        <title>有序列表</title>
    </head>
    <body>
```

```
            <article>
                <h2>张爱玲作品</h2>
                <ol start="3">
                    <li>倾城之恋</li>
                    <li>半生缘</li>
                    <li>金锁记</li>
                </ol>
            </article>
        </body>
</html>
```

运行结果如图7-2所示。

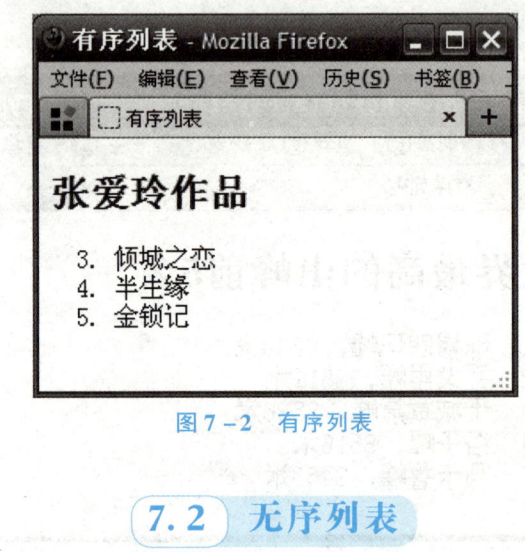

图7-2 有序列表

7.2 无序列表

无序列表没有设置编号，而是在每个列表项前以项目符号作为分项标识，各个列表项之间没有顺序。其定义标签为 <ul>，在默认情况下，无序列表的项目符号是●。

基本语法

```
<ul>
    <li>列表项一</li>
    <li>列表项二</li>
    <li>列表项三</li>
    ……
</ul>
```

实例代码：

```
<html>
    <head>
        <title>无序列表</title>
    </head>
    <body>
        <article>
            <ul>
                <li>首页</li>
```

```
            <li>公司简介</li>
            <li>产品展示</li>
            <li>服务支持</li>
            <li>人才招聘</li>
            <li>联系我们</li>
        </ul>
    </article>
  </body>
</html>
```

运行结果如图7-3所示。

说明：在 HTML4 中 `<ol>` 和 `<ul>` 标签都有 type 属性，用来设置项目编号或项目符号的类型，但在 HTML5 中不再使用该属性，而是使用 CSS 样式表进行定义。

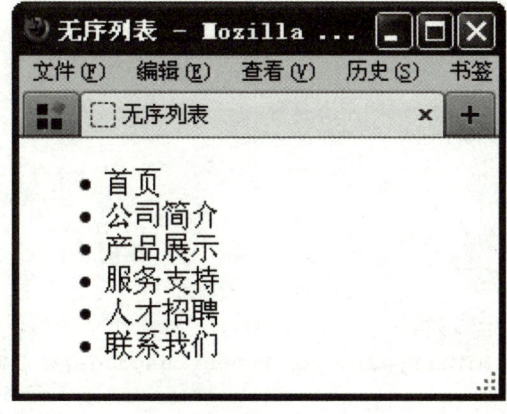

图7-3 无序列表

7.3 定义列表

在 HTML 中还有一种列表形式，称为定义列表，其标签为 `<dl>`，用于解释名词。定义列表的每个列表项都由两部分组成：需要解释的名词及其具体解释。列表项不再使用 `<li>` 标签，而是用 `<dt>` 标签来指定需要解释的名称，用 `<dd>` 标签来指定具体的解释。

基本语法：

```
<dl>
    <dt>名词一</dt> <dd>解释一</dd>
    <dt>名词二</dt> <dd>解释二</dd>
    <dt>名词三</dt> <dd>解释三</dd>
    ……
</dl>
```

需要说明的是，定义列表的 `<dl>` 标签必须成对出现，而 `<dt>` 和 `<dd>` 的结束标签，即 `</dt>` 和 `</dd>` 是可以省略的。

实例如图7-4所示。

HTML5 与 CSS3 网页设计（第 2 版）

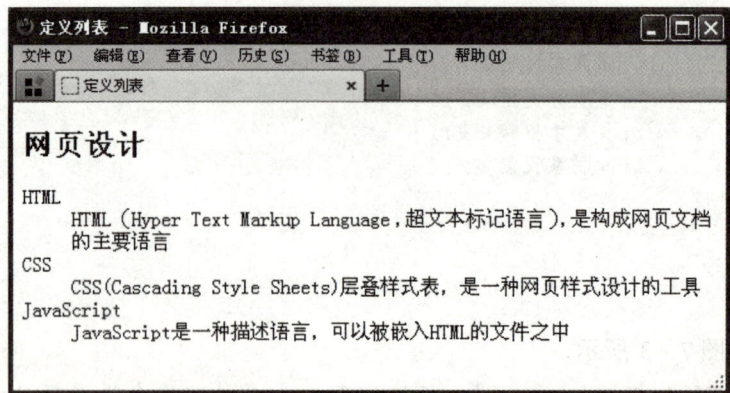

图 7-4　定义列表

代码如下：

```
<html>
    <head>
        <title>定义列表</title>
    </head>
    <body>
    <article>
        <h2>网页设计</h2>
        <dl>
            <dt>HTML</dt>
                <dd>HTML(Hyper Text Markup Language,超文本标记语言),是构成网页文档的主要语言</dd>
            <dt>CSS</dt>
                <dd>CSS(Cascading Style Sheets)层叠样式表,是一种网页样式设计的工具</dd>
            <dt>JavaScript</dt>
                <dd>JavaScript是一种描述语言,可以被嵌入HTML的文件之中</dd>
        </dl>
    </article>
    </body>
</html>
```

7.4　列表嵌套

列表嵌套是指列表中还有列表，把一个列表看作一个新列表中的一行列表项，例如无序列表中嵌入无序列表，或者无序列表中嵌入有序列表等。无论哪种嵌套方式，都遵从 HTML 代码的使用规则，将一个列表的标签完全放在另一个标签内，这是一种父子级的关系。列表嵌套形式灵活，常用来表示复杂的导航，应用广泛。

实例代码如下：

```
<html>
    <head>
```

```
            <title>列表嵌套</title>
        </head>
        <body>
        <article>
            <h2>古诗欣赏</h2>
            <ol>
                <li>李白</li>
                <ul>
                    <li>月下独酌</li>
                    <li>远别离</li>
                    <li>送别</li>
                </ul>
                <li>杜甫</li>
                <ul>
                    <li>野望</li>
                    <li>春夜喜雨</li>
                    <li>八阵图</li>
                </ul>
            </ol>
        </article>
        </body>
</html>
```

运行结果如图7-5所示。

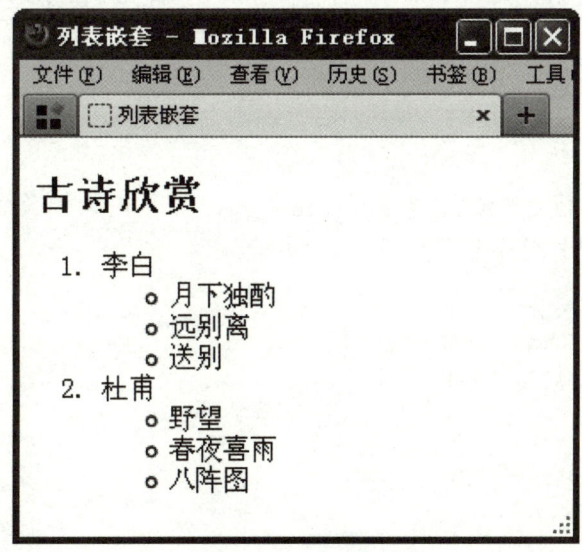

图7-5 列表嵌套

7.5 使用CSS样式表美化列表

上面所介绍的HTML标签提供了项目列表的基本功能,引入CSS后,利用CSS样式表中有关列表的属性来定义列表,能使列表样式更加丰富、美观。本节介绍使用CSS设置列表属性，主要包括列表符号样式、缩进等。

1. 列表符号样式 list – style – type

列表符号样式默认为实心圆，如果要定义其他符号效果，可以通过 list – style – type 属性来设置。这个属性可以是定义整个列表的符号样式，也可以是针对其中的某个列表项 <li> 来定义。列表符号样式见表 7 – 1。

表 7 – 1 列表符号样式

属性取值	属性取值	说 明
list – style – type 属性值及说明	disc	以实心圆●作为项目符号
	circle	以空心圆○作为项目符号
	square	以实心方块■作为项目符号
	decimal	以阿拉伯数字 1、2、3、…作为项目编号
	lower – roman	以小写罗马数字 i、ii、iii、…作为项目编号
	upper – roman	以大写罗马数字 Ⅰ、Ⅱ、Ⅲ、…作为项目编号
	lower – alpha	以小写英文字母 a、b、c、…作为项目编号
	upper – alpha	以大写英文字母 A、B、C、…作为项目编号
	none	不显示任何项目符号或编号

实例代码如下：

```
<html>
  <head>
    <title>CSS 定义列表符号</title>
    <style type = "text/css">
    <!--
    h2{
      font - family: "隶书";
      font - size:16pt;
    }
    ul{
      list - style - type: disc;
    }
    .p1{
      list - style - type: square;
    }
    .p2{
      list - style - type: circle;
    }
    .p3{
      list - style - type: none;
    }
```

```
            -->
          </style>
      </head>
      <body>
      <article>
          <h2>主要音乐风格</h2>
          <ul>
              <li>古典主义音乐</li>
              <li class = "p1">浪漫主义音乐</li>
              <li>乡村音乐</li>
              <li>爵士音乐</li>
              <li class = "p2">摇滚音乐</li>
              <li class = "p3">电子音乐</li>
          </ul>
      </article>
      </body>
</html>
```

运行结果如图 7-6 所示。

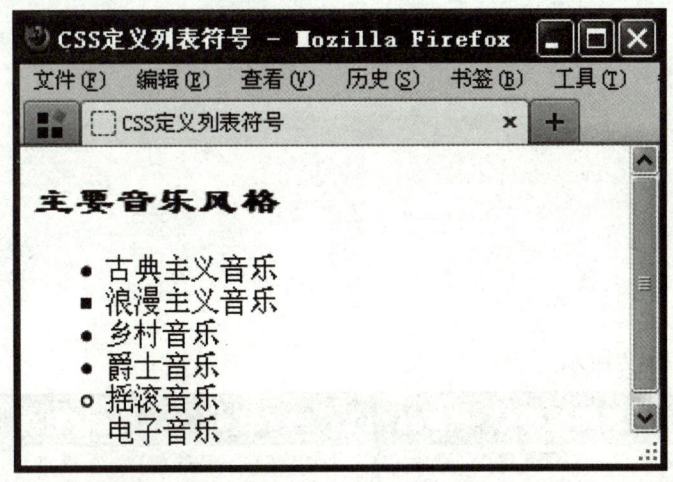

图 7-6 列表符号样式

2. 列表符号图像 list – style – image

属性 list – style – image 用来设置列表符号的图像类型，使列表符号不局限于规定的那些样式，丰富和美化了列表符号。

本属性有如下两个可选值：

（1） none：表示不设置列表图像，是默认值。

（2） url：指定图像的名称或者路径。

如果指定的图像路径不正确，系统会按 none 处理；另外要注意图像大小，图像太大会影响列表的美观（图像是按其原始大小显示的）。

将上一个实例中的项目符号用图像实现，代码如下：

```html
<html>
    <head>
        <title>列表图像符号</title>
        <style type="text/css">
        <!--
         h2{
            font-family:"隶书";
            font-size:16pt;
         }
         ul{
            list-style-image:url(images/icon.png);
         }
        -->
        </style>
    </head>
    <body>
        <article>
            <h2>主要音乐风格</h2>
            <ul>
                <li>古典主义音乐</li>
                <li>浪漫主义音乐</li>
                <li>乡村音乐</li>
                <li>爵士音乐</li>
                <li>摇滚音乐</li>
                <li>电子音乐</li>
            </ul>
        </article>
    </body>
</html>
```

运行结果如图7-7所示。

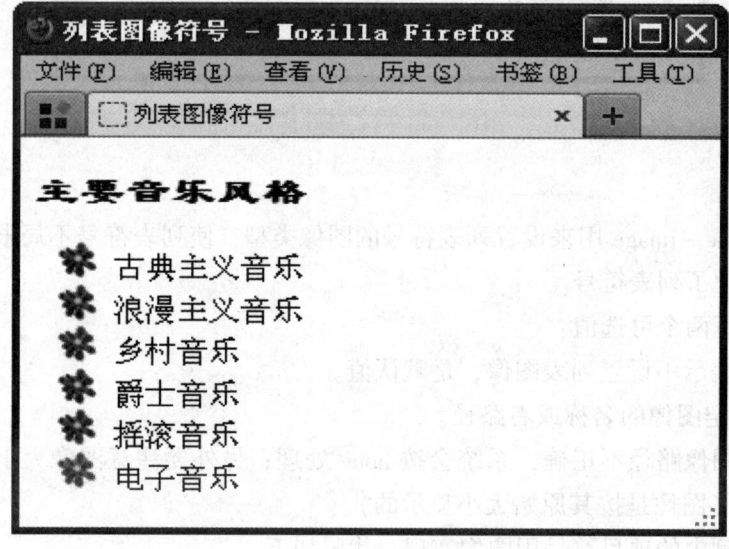

图7-7 图像符号

3. 列表缩进 list – style – position

list – style – position 属性用于设置列表项缩进的位置。

本属性同样有两个可选值，如下：

（1）inside：表示列表符号缩进，即列表项目标记放置在文本以内，且环绕文本根据标记对齐。

（2）outside：表示保持标记位于文本的左侧，即列表标记放置在文本以外，且环绕文本不根据标记对齐，是默认值。

修改上一个实例代码如下：

```html
<html>
    <head>
        <title>列表缩进</title>
        <style type="text/css">
        <!--
        h2{
            font-family:"隶书";
            font-size:16pt;
        }
        ul{
            list-style-type: disc;
        }
        .p1{
            list-style-position: inside;
        }
        .p2{
            list-style-position: outside;
        }
        -->
        </style>
    </head>
    <body>
    <article>
        <h2>主要音乐风格</h2>
        <ul>
            <li>古典主义音乐</li>
            <li class="p1">浪漫主义音乐</li>
            <li>乡村音乐</li>
            <li class="p1">爵士音乐</li>
            <li class="p2">摇滚音乐</li>
            <li>电子音乐</li>
        </ul>
    </article>
    </body>
</html>
```

运行代码，可以看到 p1 设置为 inside，文本有缩进的效果；p2 设置为 outside，是默认值；其他没有设置样式的与之效果一样，如图 7 – 8 所示。

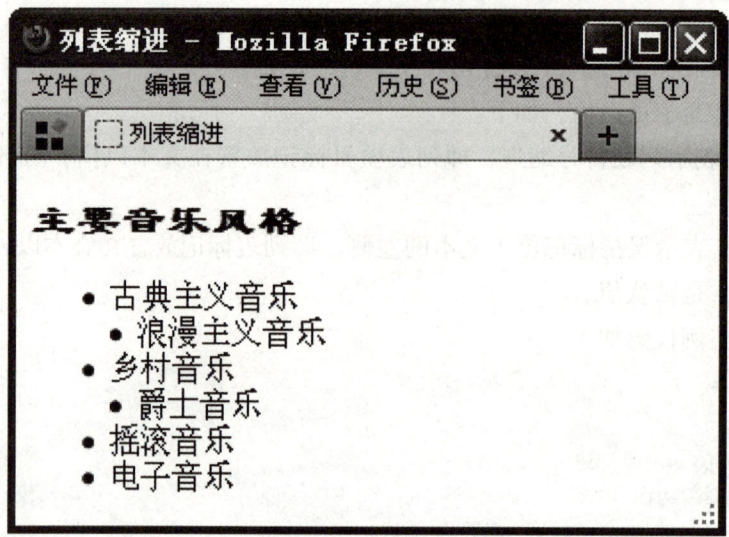

图 7-8　列表缩进

4. 复合属性 list-style

以上 3 种属性的组合即复合属性 list-style。它的基本语法格式为：

```
list-style：list-style-type || list-style-position || list-style-image
```

3 个属性间用空格分隔，其默认值为：

```
list-style：disc outside none;
```

将上面的实例用复合属性 list-style 实现，代码如下：

```
<html>
    <head>
        <title>复合属性</title>
        <style type="text/css">
        <!--
          h2{
            font-family:"隶书";
            font-size:16pt;
          }
          ul{
            list-style: square insideurl(images/icon.png);
          }
        -->
        </style>
    </head>
    <body>
        <article>
            <h2>主要音乐风格</h2>
            <ul>
                <li>古典主义音乐</li>
                <li class="p1">浪漫主义音乐</li>
```

```
                <li>乡村音乐</li>
                <li class="p1">爵士音乐</li>
                <li class="p2">摇滚音乐</li>
                <li>电子音乐</li>
            </ul>
        </article>
    </body>
</html>
```

运行结果如图 7-9 所示。

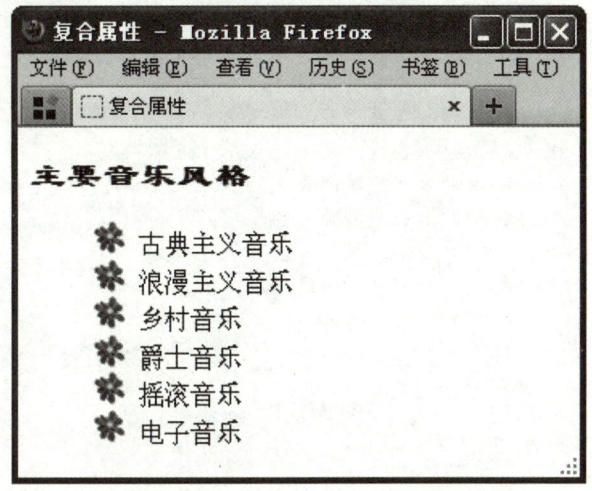

图 7-9 复合属性

这个运行结果看似与图 7-7 相似，但对比后可以看出文本的对齐方式有所不同，这是因为定义了缩进属性 inside。

7.6 用于导航的行内列表

对于一个网站来说，导航菜单是不可缺少的，导航菜单的风格往往决定了整个网站的风格，所以制作样式各异的导航条是网页设计者的非常重要的工作。

"人人影视"网站页眉的效果如图 7-10 所示。

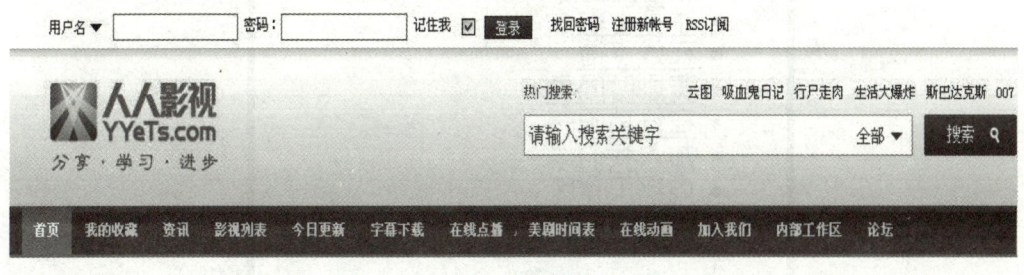

图 7-10 "人人影视"网站页眉

图 7-10 中框出来的部分就是网页的主导航条。制作这样的导航条，可以通过列表及

CSS 属性来实现，这也是列表最大的用处之一。本节主要讨论用于导航的行内列表。

创建图 7-10 所示的导航条，操作步骤如下：

（1）首先建立 HTML 相关结构，将菜单的各个项用无序列表 <ul> 表示，代码如下：

```
<body>
  <header>
    <nav>
      <ul>
        <li><ahref="#">首页</a></li>
        <li><ahref="#">我的收藏</a></li>
        <li><ahref="#">资讯</a></li>
        <li><ahref="#">影视列表</a></li>
        <li><ahref="#">今日更新</a></li>
        <li><ahref="#">字幕下载</a></li>
        <li><ahref="#">在线点播</a></li>
        <li><ahref="#">美剧时间表</a></li>
        <li><ahref="#">在线动画</a></li>
        <li><ahref="#">加入我们</a></li>
        <li><ahref="#">内部工作区</a></li>
        <li><ahref="#">论坛</a></li>
      </ul>
    </nav>
  </header>
</body>
```

这里的 <a></a> 表示超链接，这部分内容将在第 8 章详细介绍。第 1 个步骤完成时看到的就是普通的超链接列表，如图 7-11 所示。

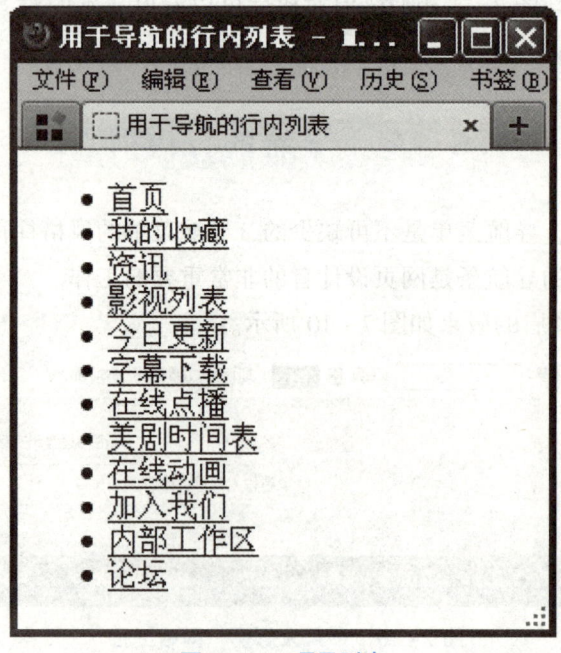

图 7-11 项目列表

(2) 开始设置 CSS 样式,首先定义 <nav> 相关属性以及文字的字体,再设置项目列表 <ul> 的 list-style-type 属性为 none(不显示项目符号),<li> 的内边距 padding 以及 display 属性为 inline(列表项显示在一行内),这两点是实现行内导航非常重要的设置。CSS 代码如下:

```css
nav{
    font-family:"宋体",Arial;
    font-size:12px;
    background-color:#39C;
    width:780px;
}
nav ul{
    list-style-type:none;
    padding:16px;
}
nav li{
    display:inline;
    padding-left:3px;
    padding-right:3px;
}
```

设置完成后运行代码,结果如图 7-12 所示。

图 7-12 行内项目列表

(3) 对超链接 <a> 标签设置样式,包括字体颜色 color、下划线设置等,CSS 代码如下:

```css
nav a{
    font-weight:bold;
    color:#FFF;
    text-decoration:none;
}
```

完成后的网页导航条效果如图 7-13 所示。

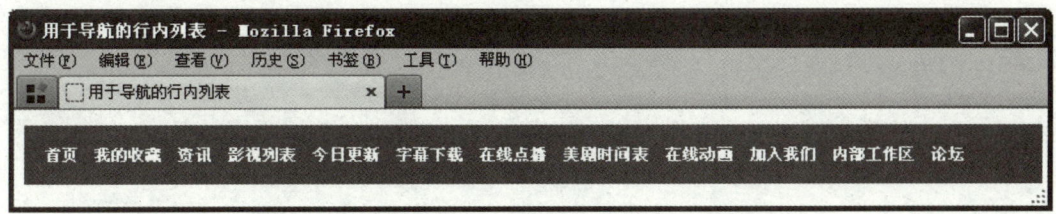

图 7-13 行内导航条

7.7 设置嵌套列表样式

本章第 4 节已经介绍了列表嵌套，即列表里面还有列表。本节主要结合 CSS 样式表，利用列表嵌套，实现复杂的导航。网页实例如图 7-14 所示。

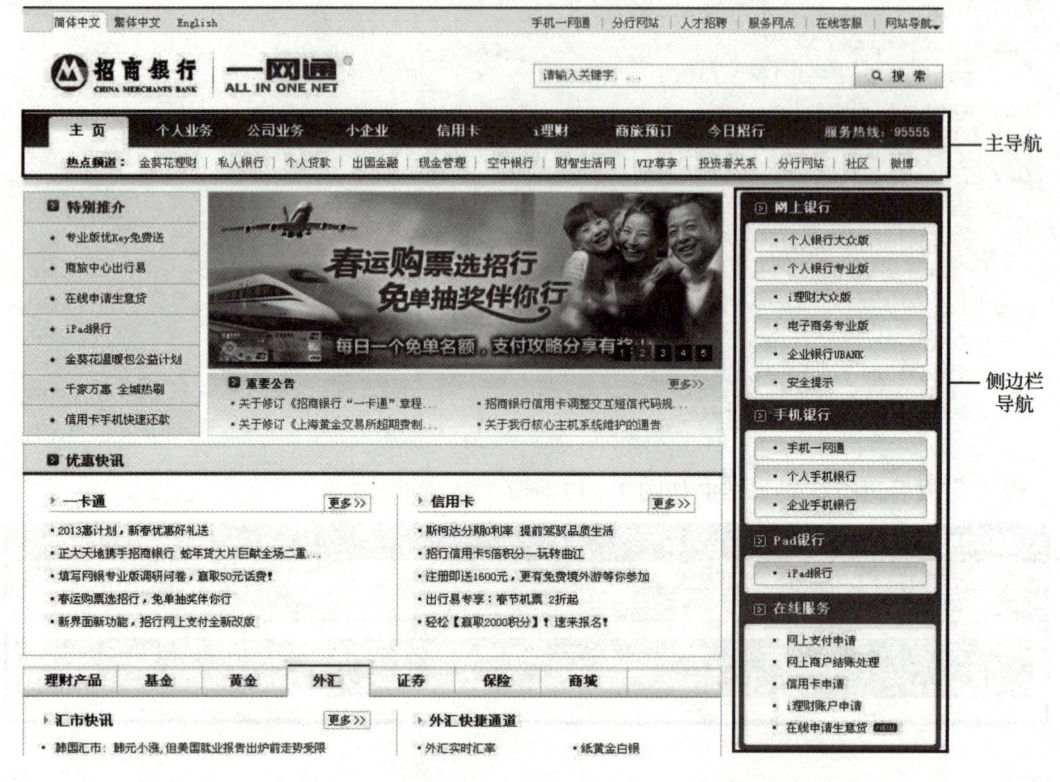

图 7-14 网页实例

该网页包含两个导航栏，即页眉部分的主导航以及右侧的侧边栏导航。侧边栏导航可以通过列表嵌套制作出来。它的基本制作步骤如下：

（1）建立 HTML 相关结构，通过无序列表的嵌套，搭建导航条的层次关系。这里用了两个 <div> 标签，外层无序列表定义在 <div id = "link1"> 中，内层嵌套的无序列表定义在 <div id = "link2"> 中。代码如下：

```
<body>
<div class = "link1">
   <ul>
      <li>网上银行</li>
      <div class = "link2">
         <ul>
            <li>个人银行大众版</li>
            <li>个人银行专业版</li>
            <li>i 理财大众版</li>
```

```html
            <li>电子商务专业版</li>
            <li>企业银行UBANK</li>
            <li>安全提示</li>
        </ul>
    </div>
    <li>手机银行</li>
    <div class="link2">
        <ul>
            <li>手机一网通</li>
            <li>个人手机银行</li>
            <li>企业手机银行</li>
        </ul>
    </div>
    <li>Pad银行</li>
    <div class="link2">
        <ul>
            <li>iPad银行</li>
        </ul>
    </div>
    <li>在线服务</li>
    <div class="link2">
        <ul>
            <li>网上支付申请</li>
            <li>网上商户结账处理</li>
            <li>信用卡申请</li>
            <li>i理财账户申请</li>
            <li>在线申请生意贷</li>
        </ul>
    </div>
    </ul>
</div>
</body>
```

运行这段代码，结果如图7-15所示。

(2) 设置CSS样式。首先定义外层<div>相关属性如背景等，再通过.link1 ul 选择器设置外层无序列表<ul>的list-style-image属性为指定的小图标，然后定义<li>的相关属性，包括字体颜色、内间距等。CSS代码如下：

```css
.link1 {
        background-color: #E80000;
        width: 220px;
            padding-bottom: 10px;
}
.link1 ul {
        list-style-image: url(images/001.gif);
        margin-left: 35px;
}
.link1 li{
```

```
        font-weight: bold;
        color: #FFF;
        padding-top: 5px;
        padding-bottom: 5px;
}
```

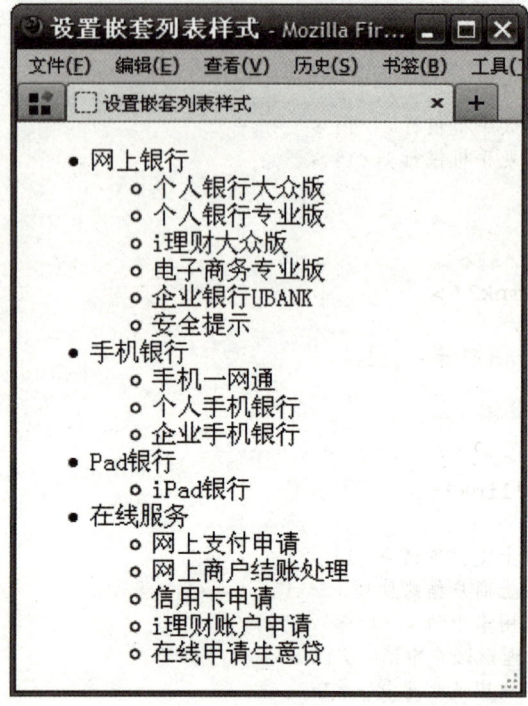

图 7-15　列表嵌套

（3）定义内层 <div> 样式，.link2 ul 设置内层无序列表 <ul> 的属性，并定义 <li> 的相关属性。CSS 代码如下：

```
.link2{
        background-color: #FFF;
        margin-left: -25px;
        width: 200px;
        padding-top: 5px;
        padding-bottom: 5px;
}
.link2 ul{
        list-style-type: disc;
        list-style-image: none;
}
.link2 li{
        font-size: 12px;
        color: #000;
}
```

完成后的嵌套列表效果如图 7-16 所示。

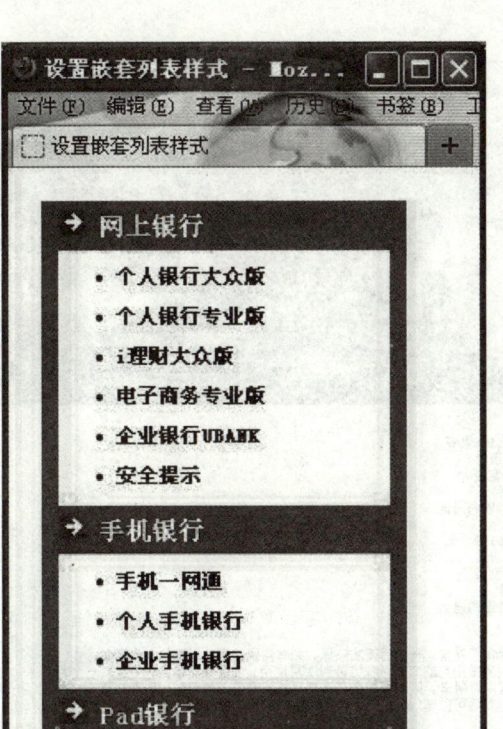

图 7-16　嵌套列表

7.8　综合实例

本章主要介绍了各种列表及其在网页中的应用，围绕这个核心，完成图 7-17 所示页面的设计，在这个网页中综合运用了多种列表。

具体操作步骤如下：

（1）新建页面，在 <title> 标签中输入"综合实例——电信 5G"作为页面标题。

（2）观察整个页面内容，根据语义选择使用哪个标签。页面最上方的部分使用 header 和 nav 元素，主体文字内容使用 article 元素。

（3）为了方便设置整个页面内容的样式，使用 id 为 content 的 div 将所有元素包围起来。

（4）各部分内容的代码按照从上到下的顺序书写。

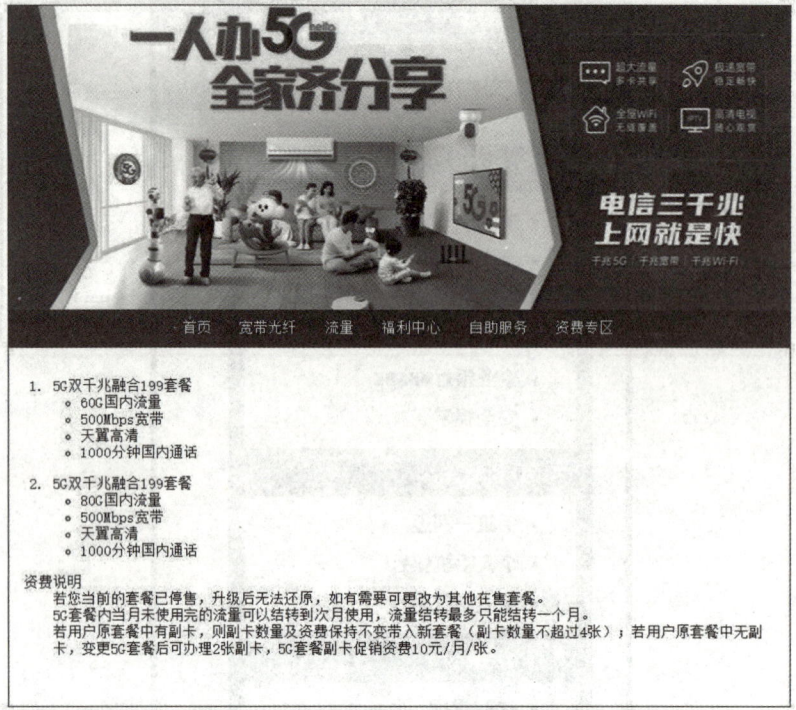

图 7-17 综合实例页面效果

（5）向每个区域中填入内容对应的代码。

完成后的 HTML 代码如下：

```
<div id="content">
    <header>
        <nav>
            <ul>
                <li><a href="#">首页</a></li>
                <li><a href="#">宽带光纤</a></li>
                <li><a href="#">流量</a></li>
                <li><a href="#">福利中心</a></li>
                <li><a href="#">自助服务</a></li>
                <li><a href="#">资费专区</a></li>
            </ul>
        </nav>
    </header>
    <article>
        <ol>
            <li>5G双千兆融合199套餐
                <ul>
                    <li>60G国内流量</li>
                    <li>500Mbps宽带</li>
                    <li>天翼高清</li>
                    <li>1000分钟国内通话</li>
                </ul>
```

```
            </li>
            <li>5G 双千兆融合 199 套餐
                <ul>
                    <li>80G 国内流量</li>
                    <li>500Mbps 宽带</li>
                    <li>天翼高清</li>
                    <li>1000 分钟国内通话</li>
                </ul>
            </li>
        </ol>

        <dl>
            <dt>资费说明</dt>
            <dd>若您当前的套餐已停售,升级后无法还原,如有需要可更改为其他在售套餐。</dd>
            <dd>5G 套餐内当月未使用完的流量可以结转到次月使用,流量结转最多只能结转一个月。</dd>
            <dd>若用户原套餐中有副卡,则副卡数量及资费保持不变带入新套餐(副卡数量不超过 4 张);若用户原套餐中无副卡,变更 5G 套餐后可办理 2 张副卡,5G 套餐副卡促销资费 10 元/月/张。</dd>
        </dl>
    </article>
</div>
</body>
```

(6) 完成页面的 CSS 样式设置,代码如下:

①页面整体效果的设置,即对 <body> 标签和 <div id = "content" > 的定义,代码如下:

```
* {
    margin: 0px;
    padding: 0px;
}
body {
    font-family: "宋体", Arial;
    font-size: 14.7px;
    line-height: 1.2em;
}
#content {
    width: 800px;
    margin: 0 auto;
    border: 1px solid #aa0000;
}
```

②为 header 添加背景图片,并设置上方内间距,代码如下:

```
header {
    background-image: url(images/banner.jpg);
    background-position:center;
    padding-top: 310px;
}
```

③对由列表实现的行内导航栏进行 CSS 样式设置，注意内外边距的定义，代码如下：

```css
header nav {
    background-color: #900;
}
header ul {
    list-style-type: none;
    padding-top: 10px;
    padding-bottom: 12px;
    text-align: center;
}
header li{
    display: inline;
    padding-right: 10px;
    padding-left: 10px;
}
header a {
    color: #FFF;
    text-decoration: none;
}
```

④设置 <article> 标签中各元素的样式，代码如下：

```css
article {
    background-image: url(images/back.jpg);
    padding: 30px 15px;
}
article dd {
    margin-left: 2em;
}
article dl {
    margin-bottom: 20px;
}
article ul {
    margin-left: 2em;
    margin-bottom: 15px;
}
article ol {
    margin-left: 2em;
}
```

网页制作完成，其在浏览器中的运行效果如图 7-17 所示。

要点回顾

列表包括有序列表、无序列表、定义列表几种主要形式。有序列表默认以数字进行编号，起始值是 1；无序列表的项目符号默认是实心圆点；定义列表用于解释名词。列表里面如果还有列表，就称为列表嵌套。利用 CSS 属性可以设置列表样式，list-style-type 属性用于设置列表符号样式，list-style-image 属性用于设置图像列表符号，list-style-position 属性用于设置文本缩进。制作导航条是网页设计的一项重要工作，这也是列表最大的用处之一。

习题七

选择题

1. 下列标签中，表示无序列表的是（　　）
   A. <li>与</li> B. <dl>与</dl>
   C. <ul>与</ul> D. 以上都不是
2. 有序列表的起始数值是（　　）
   A. type B. start C. Lists D. 以上都是
3. 若要制作方块的列表项目符号，应该设置（　　）属性。
   A. list – style – type B. list – style – image
   C. list – style – position D. 以上都不是
4. <dt>和<dd>标签能在（　　）标记中使用。
   A. 任何 B. <dl> C. <ul> D. <ol>
5. （　　）标签不是定义列表中需要使用的标签。
   A. <dl> B. <dt> C. <do> D. <dd>

实训

制作图 7 – 18 所示的网页，实现列表的嵌套，并通过 CSS 完成样式设置。

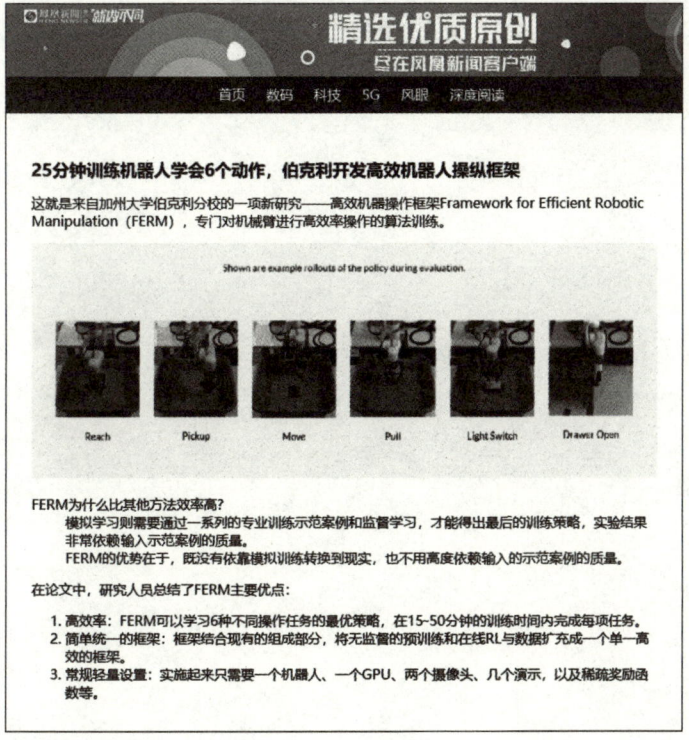

图 7 – 18　实训网页

训练要点如下：
(1) HTML 文档的基本结构；
(2) 列表实现行内导航；
(3) 有序列表 < ol >；
(4) 定义列表。

第 8 章 超链接与导航

本章导读

超链接是 HTML 文件最重要的特性之一。通常一个网站由多个页面组成，页面之间依据超链接确定相互的导航关系，用户只要在页面中选择超链接内容就会自动跳转到所在的页面。本章介绍多种超链接的实现方法（包括内部链接、外部链接、书签链接等）以及用 CSS 设置超链接样式的方法。

8.1 超链接概述

网络中的网页通过超链接建立起相互的关联，超链接是网页中最重要、最根本的元素之一。超链接由源地址文件和目标地址文件构成，当用户单击超链接时，浏览器会从相应的目标地址检索网页并显示在浏览器中。目标地址文件可以是多种样式的，不仅是网页，也可以是电子邮件地址、应用程序、图片，浏览器会自动调用本机的相关程序打开所访问的文件。

8.1.1 绝对路径与相对路径

网页中的超链接按照链接路径的不同，可以分为绝对路径和相对路径。

1. 绝对路径

绝对路径是完全路径，是指主页上的文件或目录在硬盘上的真正路径。使用绝对路径，不管目标文件在什么位置，都可以非常精确地找到，但如果该文件被移动了，就需要重新设置所有的相关链接。例如：

<a href="file:///D|/Mysite2/U7-2.html">我的网页</a>

链接标记　　目标地址(绝对路径)　链接文本

2. 相对路径

相对路径是指以当前文件为起点，相对当前文件与所链接的目标文件之间的简化路径，它利用的是构建链接的两个文件之间的相对关系，不受站点文件夹所处位置的影响，在书写形式上省略了两个文件绝对地址中的相同部分。这种链接方式非常适合网站的内部链接，只要处于站点文件夹之内，都可以自由地在文件之间建立链接。例如：

<pre>
         <a href="images/icon.png">我的图片</a>
            │   │   │
         链接标签   目标地址(相对路径)   链接结束标签
</pre>

注意：使用绝对路径还是相对路径，有一个通用规则：链接存储在同一路径下或相近位置的文档时使用相对路径；链接到其他地方（其他计算机、其他硬盘或其他网站）的文档时，应使用绝对路径。

8.1.2 超链接标签及其属性

建立超链接所使用的标签为＜a＞、＜/a＞。＜a＞标签是一个行内标签，可以成对出现在文档的任何位置。

其基本语法为：

```
< a href = "链接地址" >链接内容 < /a >
```

用＜a＞作为超链接标签，是源于英文中的 anchor。href 属性的意思是超文本引用，这个属性值指定了超链接的目标。＜a＞标签的属性见表 8–1。

表 8–1　＜a＞标签的属性

属性	说明
href	超链接的目标地址
name	给超链接命名
title	给超链接添加提示文字
target	指定超链接的目标窗口
accesskey	超链接热键

其中 target 属性用来指定超链接的目标窗口，默认情况下超链接会在原来的浏览器窗口中打开，也可以通过 target 属性修改，这个属性只能在 href 属性存在时使用。target 属性的取值见表 8–2 所示。

表 8–2　target 属性的取值

属性值	说明
_self	在当前窗口中打开超链接文档
_blank	在新窗口中打开超链接文档
_parent	在父框架中打开超链接文档
_top	在顶层框架中打开超链接文档

实例如下。

页面 A 代码如下：

```
<html>
    <head>
        <title>页面 A</title>
    </head>
    <body>
      <article>
          <h2><a href="B.html" target="_blank">链接到页面 B</a></h2>
      </article>
    </body>
</html>
```

页面 B 代码如下：

```
<html>
    <head>
        <title>页面 B</title>
    </head>
    <body>
      <article>
          <h2><a href="A.html">返回页面 A</a></h2>
      </article>
    </body>
</html>
```

在浏览器中运行"A.html"文件，单击"链接到页面 B"超链接，页面会跳转到页面 B，target 属性设置了"B.html"在新窗口中打开；在页面 B 单击"返回页面 A"超链接，则跳转回 A 页面。效果如图 8-1 所示。

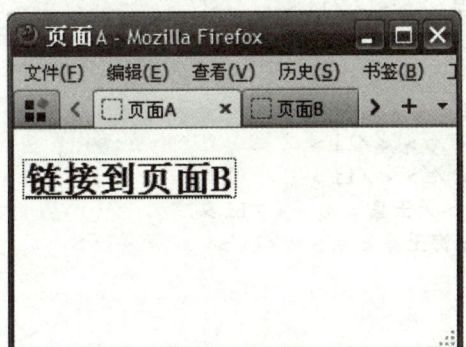

图 8-1 网页之间的超链接

8.2 内部链接

内部链接是指在同一个网站内部，不同的 HTML 页面之间的链接关系。在建立网站内部链接的时候，应使链接具有清晰的导航结构，让浏览页面的用户可以方便地找到需要的 HTML 文件。

来看一个实例。首先创建一个站点文件夹"MySite"，以"index.html"作为起始页面，在此文件夹中包含一个"webs"文件夹，其中有若干个 HTML 文件，通过"index.html"文件夹与"webs"文件夹中的 HTML 文件进行链接来说明网站的内部链接。

"index.html"的代码如下：

```html
<html>
<head>
<meta charset="utf-8">
<title>太阳系八大行星</title>
<style type="text/css">
article ul li {
        font-weight: bold;
        padding-top: 2px;
        padding-right: 5px;
        padding-bottom: 2px;
        padding-left: 5px;
}
</style>
</head>
<body>
<article>
    <h2>太阳系八大行星</h2>
    <p>太阳系是以太阳为中心,所有受到太阳的重力约束天体的集合体。其中包含8颗行星,按照至太阳的距离,依序是水星、金星、地球、火星、木星、土星、天王星、和海王星,8颗中的6颗有天然的卫星环绕着。</p>
    <hr color="#FF0000" size="2" />
    <ul>
      <li><a href="webs/shui.html">水星</a></li>
      <li><a href="webs/jin.html">金星</a></li>
      <li><a href="webs/di.html">地球</a></li>
      <li><a href="webs/huo.html">火星</a></li>
      <li><a href="webs/mu.html">木星</a></li>
      <li><a href="webs/tu.html">土星</a></li>
      <li><a href="webs/tianwang.html">天王星</a></li>
      <li><a href="webs/haiwang.html">海王星</a></li>
    </ul>
</article>
</body>
</html>
```

在该文件中通过列表建立了网页间的链接，在链接时需要在链接地址中加入目录和文件名称，代码运行结果如图 8-2 所示。

详细介绍地球的网页文件在"webs"文件夹中，代码如下：

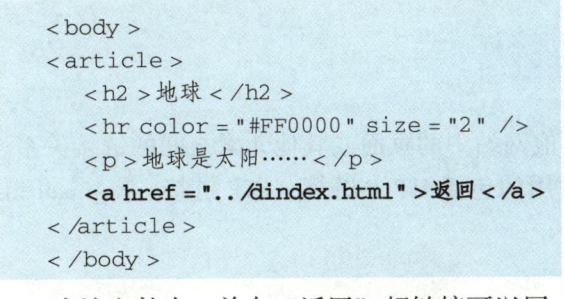

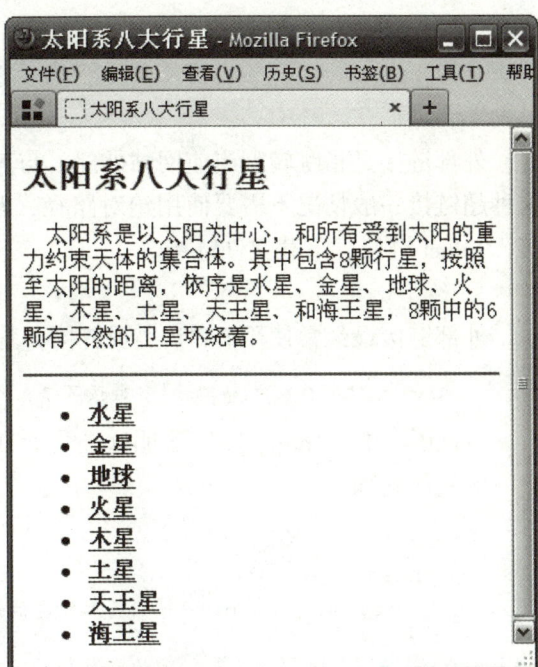

图 8-2　内部链接的起始页面

在该文件中,单击"返回"超链接可以回到起始页面"index.html",由于"index.html"位于该文件的上一级目录中,在返回链接时需要在文件名前添加"../"。同样,详细介绍火星的网页文件也在"webs"文件夹中,代码如下：

```
<body>
<article>
    <h2>火星</h2>
    <hr color="#FF0000" size="2" />
    <p>火星(Mars)是……</p>
    <a href="../index.html">返回</a>
</article>
</body>
```

运行结果如图 8-3 所示。

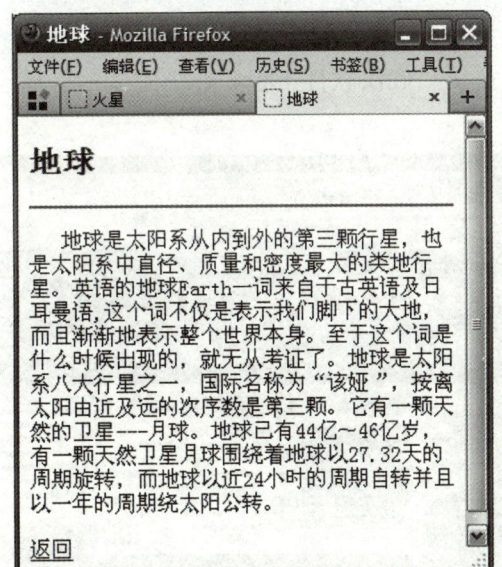
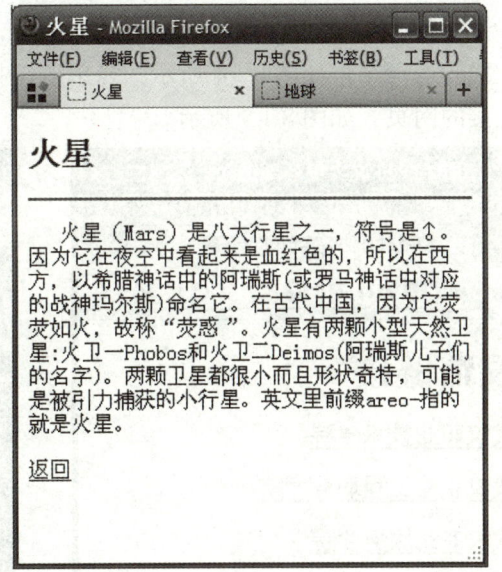

图 8-3　内部链接的二级页面

8.3 外部链接

外部链接是指跳转到当前网站外部，与其他网站中的页面或其他元素之间的链接关系。这种超链接一般情况下需要使用绝对路径，常用的包括 HTTP 链接、FTP 链接、E-mail 链接、Telnet 链接、下载文件链接。

1. 使用 HTTP

外部链接最经常使用 HTTP 实现链接，基本语法为：

```
<a href="http://网站地址">链接文字</a>
```

在该语法中，"http://"表明这是关于 HTTP 的外部链接，在其后输入网站的网址即可。实例代码如下：

```
<html>
    <head>
        <title>使用 HTTP 协议实现外部链接</title>
    </head>
    <body>
        <article>
            <h2>友情链接</h2>
            <p><a href="http://www.wtc.edu.cn">武汉职业技术学院</a></p>
            <p><a href="http://www.whvcse.com">武汉软件工程职业学院</a></p>
            <p><a href="http://www.whcsc.edu.cn">武汉商业服务学院</a></p>
        </article>
    </body>
</html>
```

代码运行结果如图 8-4 所示，当单击链接文字"武汉软件工程职业学院"时，就会打开链接的网页，如图 8-5 所示。

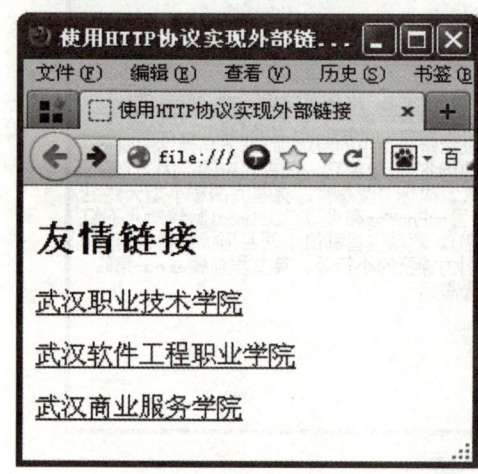

图 8-4　使用 HTTP

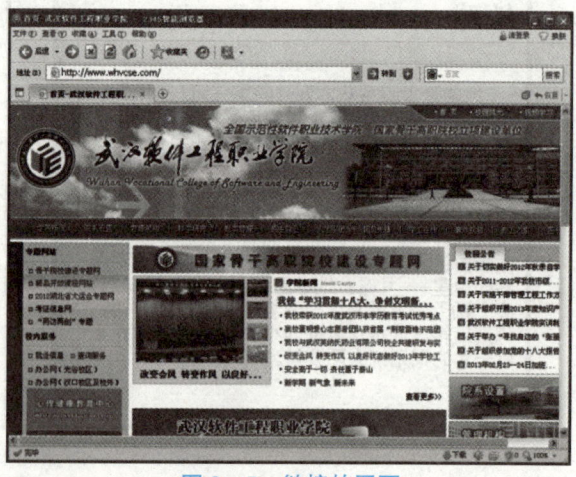

图 8-5　链接的网页

2. FTP 链接

HTTP 是超文本传输协议，在网络上还有一种应用广泛的协议：FTP。FTP 是文件传输协议，是实现计算机之间相互通信的协议。假设两台计算机通过 FTP 对话，并且都能访问 Internet，那么它们就可以用 FTP 命令来传输文件。FTP 链接的基本语法如下：

```
<a href = "ftp://网站地址">链接文字</a>
```

在该语法中，"ftp：//"表示这是关于 FTP 的外部链接，后面输入的是链接网站的网址。

实例代码如下：

```
<html>
    <head>
        <title>使用 FTP 服务</title>
    </head>
    <body>
        <article>
        <p>链接 FTP 服务器的外部链接</p>
        <a href = "ftp://10.176.10.19">新概念英语第三册听力</a>
        </article>
    </body>
</html>
```

代码的运行结果如图 8-6 所示。

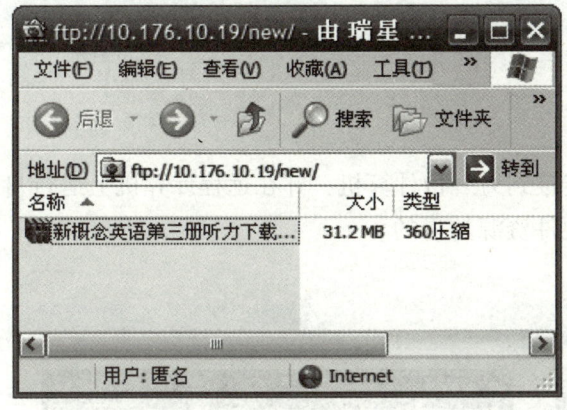
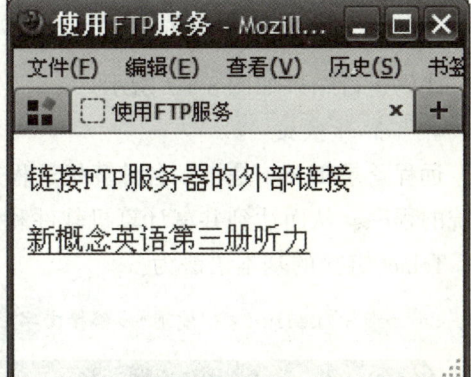

图 8-6　FTP 链接

3. E-mail 链接

在网页上创建 E-mail 链接，可以让网页浏览者快速地与设计者进行联系。当浏览者单击 E-mail 链接时，能自动打开当前计算机系统中默认的电子邮件客户端软件，如 Outlook Express、Foxmail 等。E-mail 链接的基本语法如下：

```
<a href = "mailto:电子邮件地址">链接文字</a>
```

mailto 其实就是 mail to 的连写，意思是"发送邮件到"。在这行代码中，还可以给新邮件填好邮件的主题和正文，这通过 subject 和 body 属性来实现，使用时需要放在两个问号之间。mailto 的参数见表 8-3。

表 8-3 mailto 的参数

属性	说明	语法
CC	抄送收件人	< a href = "mailto：电子邮件地址？CC = 电子邮件地址" >链接文字</a>
subject	电子邮件主题	< a href = "mailto：电子邮件地址？subject = 主题文字" >链接文字</a>
BCC	暗送收件人	< a href = "mailto：电子邮件地址？BCC = 电子邮件地址" >链接文字</a>
body	电子邮件内容	< a href = "mailto：电子邮件地址？body = 邮件内容" >链接文字</a>

实例代码如下：

```
<html>
    <head>
        <title>邮箱链接</title>
    </head>
    <body>
        <article>
            <h2>邮箱链接</h2>
<a href = "mailto:h5@163.com?CC=hx@126.com&subject=您的意见">欢迎您提出宝贵意见</a>
        </article>
    </body>
</html>
```

代码运行结果如图 8-7 所示。

4. Telnet 链接

远程登录 Telnet 是指一台计算机远程连接到另一台计算机，并在远程计算机上运行自己系统的程序，从而达到共享计算机软件和硬件资源的目的。

Telnet 链接的基本语法为：

```
<a href = "telnet://地址">链接文字</a>
```

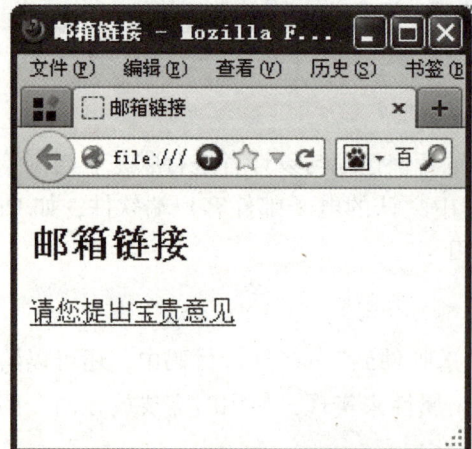
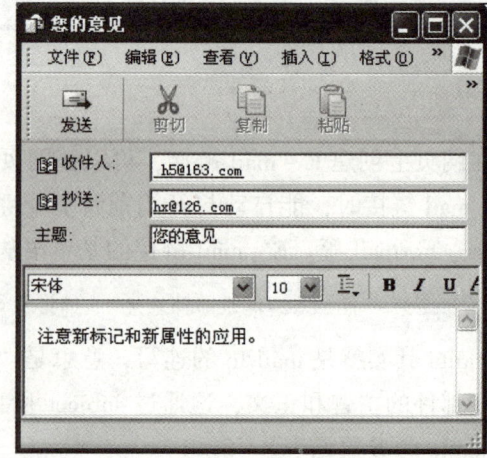

图 8-7 E-mail 链接

该链接方式与前面 3 种类似，不同的是登录的是 Telnet 站点。这里不再举例说明。

5. 下载文件链接

如果要在网站中提供下载资料，就需要为文件提供下载链接。当单击下载链接后，浏览器会自动判断文件的类型，如果链接指向的不是一个网页，而是 zip、mp3、exe 等类型文件，就会下载相应文件。

下载文件链接的基本语法为：

<a href = "文件地址">链接文字</a>

在文件地址中设置文件的路径，可以是绝对地址，也可以是相对地址。实例代码如下：

```
<html>
<head>
<meta charset = "utf-8">
<title>下载链接</title>
</head>
<body>
<article>
    <h2>素材图像包下载</h2>
    <a href = "images.rar">网页素材图像包下载</a></article>
</body>
</html>
```

本例的链接地址是相对地址。运行此代码，单击"网页素材图像下载"超链接，在弹出的对话框中单击"保存文件"按钮，即可实现文件的下载和保存。运行结果如图 8－8 所示。

图 8－8　下载文件链接

8.4　书签链接

书签链接即锚点链接。在浏览网页的时候，如果内容比较多会导致页面过长，需要不断地拖拉滚动条才能看清所有内容，很不方便。这时可以在该网页上建立书签目录，单击目录上的项目就能自动跳到网页相应的位置。这就像在看书的时候夹入书签，能很快地找到阅读的位置。

实现书签链接的步骤如下。

（1）创建链接的书签。语法为：

```
<a name="书签名称"></a>
```

书签名称可以是数字或英文，也可以是中文。同一个网页中可以有多个书签，但是不能有相同名称的两个书签。

来看一个实例，网页代码中创建了链接的书签：

```
<body>
<article>
    <h1>世界博览会</h2>
    <!--创建书签-->
    <h2><a name="概述"></a>概述</h3>
    <p>世界博览会……</p>
    <p>世界展览会的会场……</p>
    <!--创建书签-->
    <h2><a name="世界博览会的历史与由来"></a>世界博览会的历史与由来</h3>
    <p>在古代农耕社会……</p>
    <!--创建书签-->
    <h2><a name="国际博览局与世界博览会"></a>国际博览局与世界博览会</h3>
    <p>举办世界博览会……</p>
    <!--创建书签-->
    <h2><a name="中国与世界博览会"></a>中国与世界博览会</h3>
    <p>中国第一次参加……</p>
</article>
</body>
```

注意代码中加粗的部分，它创建了4个书签，并分别命名。

（2）创建书签后，再设定需要的链接。语法格式为：

```
<a href="#书签名称">链接内容</a>
```

在"#"符号的后面输入页面中创建的书签名称，就可以链接到页面的不同位置了。

将代码补充完整：

```
<body>
<article>
    <h2>世界博览会</h2>
    <!--设定链接-->
    <ul>
        <li><a href="#概述">概述</a></li>
        <li><ahref="#世界博览会的历史与由来">世界博览会的历史与由来</a></li>
        <li><ahref="#国际博览局与世界博览会">国际博览局与世界博览会</a></li>
        <li><ahref="#中国与世界博览会">中国与世界博览会</a></li>
    </ul>
    ……
</article>
</body>
```

代码中加粗的部分是定义的链接，能够跳转到已创建的书签名称上，运行结果如图8-9所示。

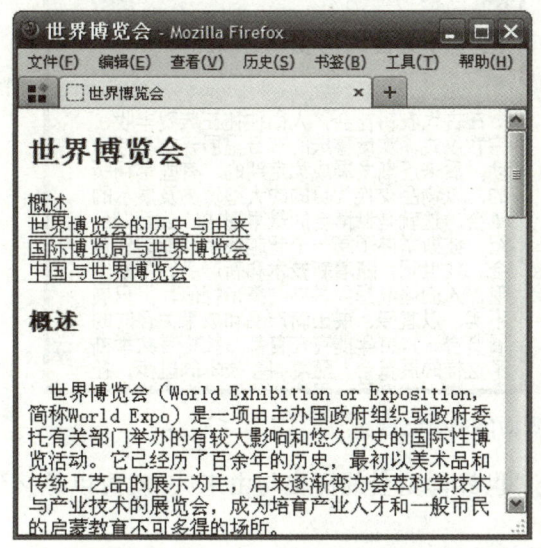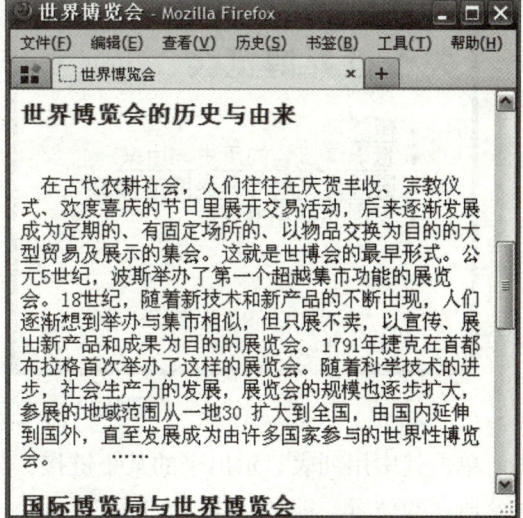

图8-9　同一页面的书签链接

书签链接不但可以在同一页面实现链接，也可以在不同页面中设置。基本语法如下：

<a href="链接的文件地址#书签名称">链接内容</a>

在这个链接中，书签名称前加上另一个页面文件所在的位置。

为上一个实例的网页另外设置一个单独的链接页面，使其链接到该网页定义的书签位置。代码如下：

```
<html>
<head>
<title>不同页面的书签链接</title>
</head>
<body>
<article>
    <h2>世界博览会</h2>
    <ul>
        <li><a href="8-4-1.html#概述">概述</a></li>
        <li><ahref="8-4-1.html#世界博览会的历史与由来">世界博览会的历史与由来</a></li>
        <li><ahref="8-4-1.html#国际博览局与世界博览会">国际博览局与世界博览会</a></li>
        <li><ahref="8-4-1.html#中国与世界博览会">中国与世界博览会</a></li>
    </ul>
</article>
</body>
</html>
```

运行结果如图8-10所示。

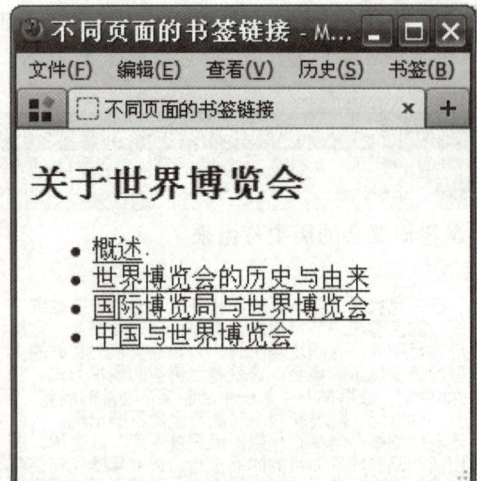
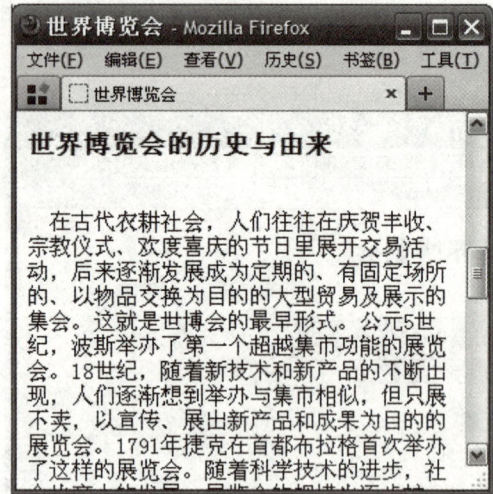

图 8-10 不同页面的书签链接

单击其中用列表显示出来的某个链接,如"世界博览会的历史与由来",就可以链接到书签所在的位置,即"8-4-1.html"。

8.5 其他链接

除了常见的内部链接、外部链接、书签链接等,在页面中还可以使用脚本链接和空链接。

1. 脚本链接

在链接语句中,可以通过脚本来实现 HTML 本身完成不了的某些功能。下面以 JavaScript 脚本为例说明脚本链接的使用。基本语法如下:

```
<a href="javascript:脚本语言">链接文字</a>
```

在该语法中,"javascript"后面编写的就是具体的脚本语言。

实例代码如下:

```
<html>
<head>
<meta charset="utf-8">
<title>脚本链接</title>
</head>
<body>
<a href="javascript:window.close()">关闭窗口</a>
</body>
</html>
```

代码中加粗的语句将"javascript"后面的脚本语言设置为"window.close()"(关闭窗口),在浏览器中运行结果如图 8-11 所示。单击创建的脚本链接,弹出图 8-12 所示的提示框,单击"是"按钮后浏览器窗口将关闭。

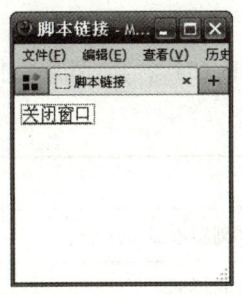

图 8-11 脚本链接

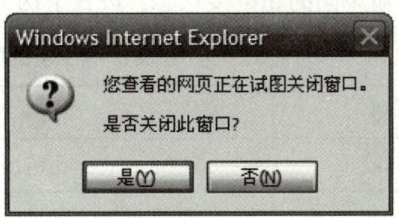

图 8-12 关闭提示框

2. 空链接

在链接中，可以通过"#"符号实现空链接。所谓空链接，是指光标指向链接后变成手形，但单击链接后，仍然停留在当前页面。基本语法如下：

```
<a href = "#" >链接文字</a>
```

实例代码如下：

```
<html>
<head>
<meta charset = "utf-8">
<title>空链接</title>
</head>
<body>
<a href = "#">空链接</a>
<p>单击链接后,仍停留在此页面</p>
</body>
</html>
```

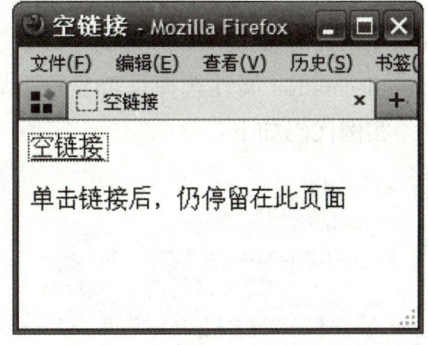

图 8-13 空链接

运行结果如图 8-13 所示。单击空链接后，仍然停留在当前页面。

8.6 使用 CSS 设置超链接样式

在设置了超链接的文本中，超链接的内容都带有下划线，浏览过的文字字体都有特定的颜色，始终给人千篇一律的感觉。对于浏览者来说，会觉得页面超链接效果不够丰富、美观，缺乏亲和力。为了解决这些问题，可以使用 CSS 设置超链接样式。

8.6.1 超链接状态

网页超链接处于什么状态、呈现出什么效果，对整个页面的样式起着举足轻重的作用。通常，一个超链接过程可以分解为以下 4 个步骤，对应不同的超链接状态：

(1) 超链接还未被访问；
(2) 超链接被选中；
(3) 鼠标划过超链接；

(4) 超链接被访问后。

CSS 针对不同的超链接状态，设置了伪类别（Anchor Pseudo Classes），其属性见表 8-4。

表 8-4 超链接的 CSS 伪类别属性

属　　性	说　　明
a:link	超链接的普通样式，即正常浏览状态的样式
a:visited	被点击过的超链接的样式
a:hover	鼠标指针划过超链接时的样式
a:active	在超链接上点击时，即"当前激活"时超链接的样式

设置链接样式可以从这 4 个伪类别进行定义，使不同的链接状态呈现不同的效果。

8.6.2 使用 CSS 设置不同的超链接状态样式

使用 CSS 设置超链接样式，可以直接针对 <a> 标签进行定义，也可以在 a:link、a:visited、a:hover、a:active 伪类别中设置，通常添加两个基本属性：color 属性修改文本的颜色，text-decoration 属性选择是否显示下划线。

实例代码如下：

```
<html>
<head>
<meta charset="utf-8">
<title>CSS 定义链接</title>
<style type="text/css">
ul{
    list-style-type: none;
}
a{                              /*超链接样式*/
    font-family: "宋体",Arial;
    font-size: 14px;
}
a:link{                         /*超链接正常状态的样式*/
    color: red;
    text-decoration: none;
}
a:visited{/*访问过的超链接*/
    color: black;
    text-decoration: none;
}
a:hover {           /*鼠标划过时的超链接*/

    color:blue;
    text-decoration: underline;
```

```
}
</style>
</head>

<body>
<article>
    <h3>论坛版块分类</h3>
    <ul>
        <li><ahref="#">学术科技</a></li>
        <li><ahref="#">人文艺术</a></li>
        <li><ahref="#">生活时尚</a></li>
        <li><ahref="#">休闲娱乐</a></li>
        <li><ahref="#">游戏对战</a></li>
    </ul>
</article>
</body>
</html>
```

运行结果如图 8-14 所示。

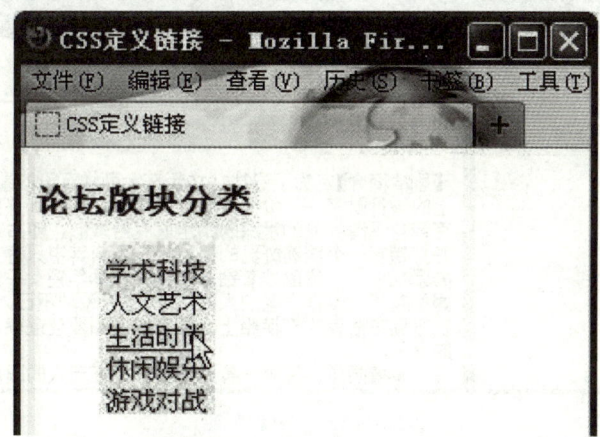

图 8-14　超链接样式设置

从图中可以看出，超链接正常状态下变成红色，且没有下划线。点击过的超链接变成黑色，同样没有下划线。当鼠标划过时，超链接则变成蓝色，而且出现下划线。

使用 CSS 设置超链接样式有以下两点需要说明：

（1）不仅是颜色和下划线，其他如背景、边框以及排版的 CSS 样式都可以加入超链接的几个伪类别的样式规则中，从而得到各式各样的效果。

（2）"激活"时超链接的样式 a:active 一般被显示的情况非常少，因此很少使用。因为当用户点击一个超链接之后，焦点很容易会从这个超链接转移到其他地方，那么此时该超链接就不再处于"当前激活"状态了。

8.7　图像链接

图像链接的使用频率和文本链接一样高，给图像添加超链接的方法和给文本添加超链接的方法类似。

在需要产生链接效果的图片代码前加入链接标签<a>，基本语法如下：

```
<a href="链接地址"><img src="…"></a>
```

实例代码如下：

```
<html>
<head>
<meta charset="utf-8">
<title>图像链接</title>
</head>
<body>
<h2>图像链接</h2>
<a href="Titanic.html"><img src="images/铁达尼克.jpg" /></a>
</body>
</html>
```

运行结果如图 8-15 所示。

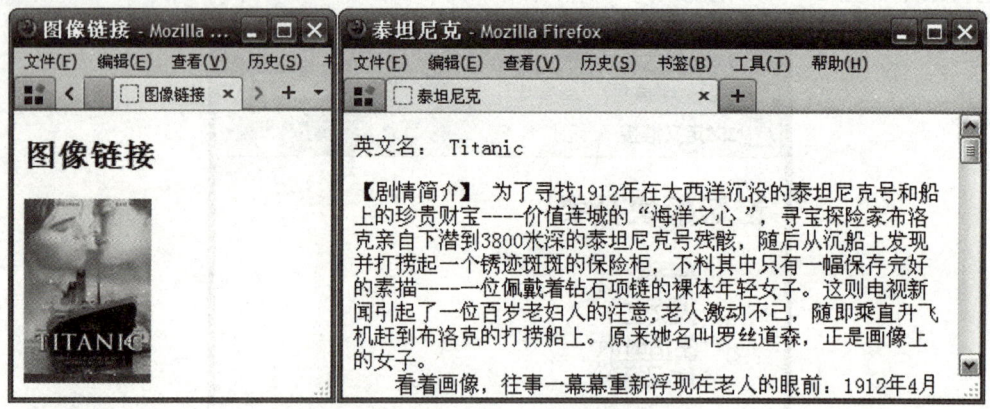

图 8-15 图像链接

单击页面中的图像，就可以链接到目标地址"Titanic.html"的网页上。

8.8 使用列表制作导航栏

第 7 章介绍过用列表制作行内导航的方法，本节介绍使用列表制作基本的竖直排列导航菜单。当项目列表的 list-style-type 属性值为 none 时，通过 CSS 属性变化可以制作出各式各样的菜单和导航栏。

下面来看一个实例，操作过程如下：

（1）建立 HTML 相关结构，将导航栏的各项用项目列表 <ul> 表示，代码为：

```
<html>
<head>
<meta charset="utf-8">
<title>列表制作导航栏</title>
```

```
</head>
<body>
<nav>
    <ul>
        <li><a href="#">网站首页</a></li>
        <li><a href="#">新闻中心</a></li>
        <li><a href="#">品牌价值</a></li>
        <li><a href="#">产品展示</a></li>
        <li><a href="#">资质荣誉</a></li>
        <li><a href="#">会员中心</a></li>
        <li><a href="#">联系我们</a></li>
    </ul>
</nav>
</body>
</html>
```

此时页面的效果如图 8-16 所示，这只是普通的项目列表。

（2）设置 CSS 样式，首先把页面的背景色设置为浅色，代码如下：

```
body{
    background-color:#DEE0FF;
}
```

（3）设置整个 <nav> 的宽度及字体，设置项目列表 <ul> 的属性，将项目符号定义为不显示，这时的浏览效果如图 8-17 所示。代码如下：

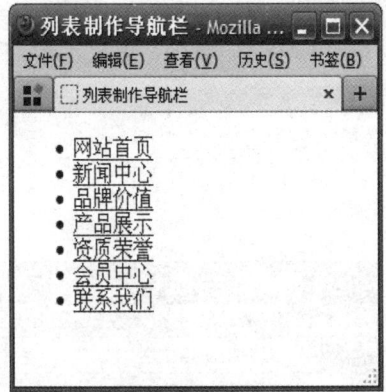

图 8-16　项目列表

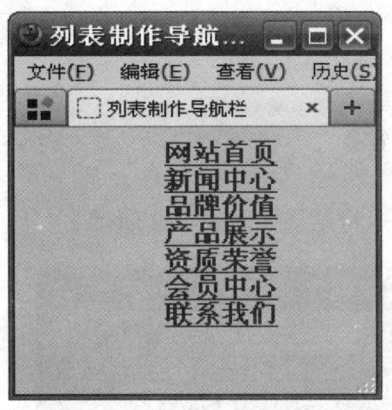

图 8-17　设置了基本样式的列表

```
nav{
    font-family:"宋体",Arial;
    font-size:16px;
    text-align:right;
    width:150px;
    font-weight:bold;
}
nav ul{
    margin:0px;
```

```
        padding: 0px;
        list-style-type: none;
}
```

(4) 为<li>标签添加下边框线，使各个超链接能分隔开，并且对超链接<a>标签进行设置，代码如下：

```
nav li {
        border-bottom: 1px solid #9F9FED;
}
nav a {
        display: block;
        height: 1em;
        padding: 5px 5px 5px 0.5em;
        text-decoration: none;
        border-left: 12px solid #151571;
        border-right: 1px solid #151571;
}
```

此时效果如图8-18所示。

(5) 设置超链接的链接状态样式，以实现动态导航菜单的效果，代码如下：

```
nav a:link, nav a:visited {
        color: #FFFFFF;
        background-color: #1136c1;
}
nav a:hover {
        color: #FFFF00;
        background-color: #002099;
        border-left-width: 12px solid yellow;
}
```

最后的运行结果如图8-19所示。

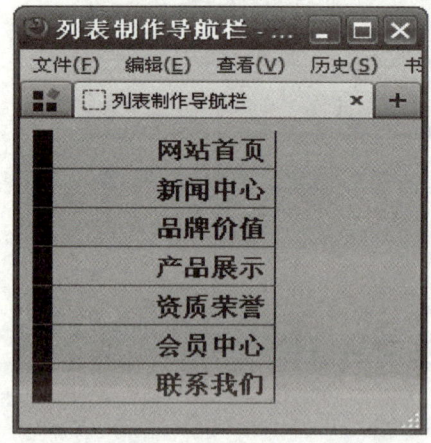

图8-18 区块式的超链接

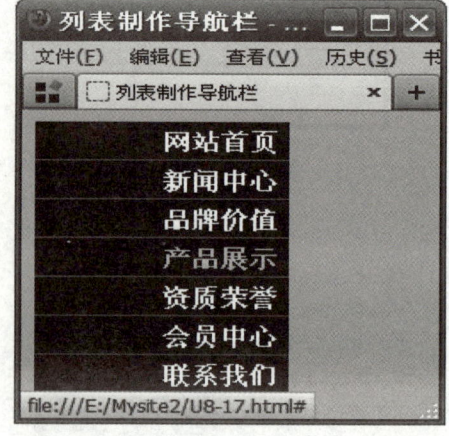

图8-19 导航菜单

8.9 综合实例

超链接是互联网中最具特色的元素，它的形式多种多样，变化非常多。结合本章所学知识，制作一个带超链接的网页实例，它在浏览器中的运行效果如图 8-20 所示。

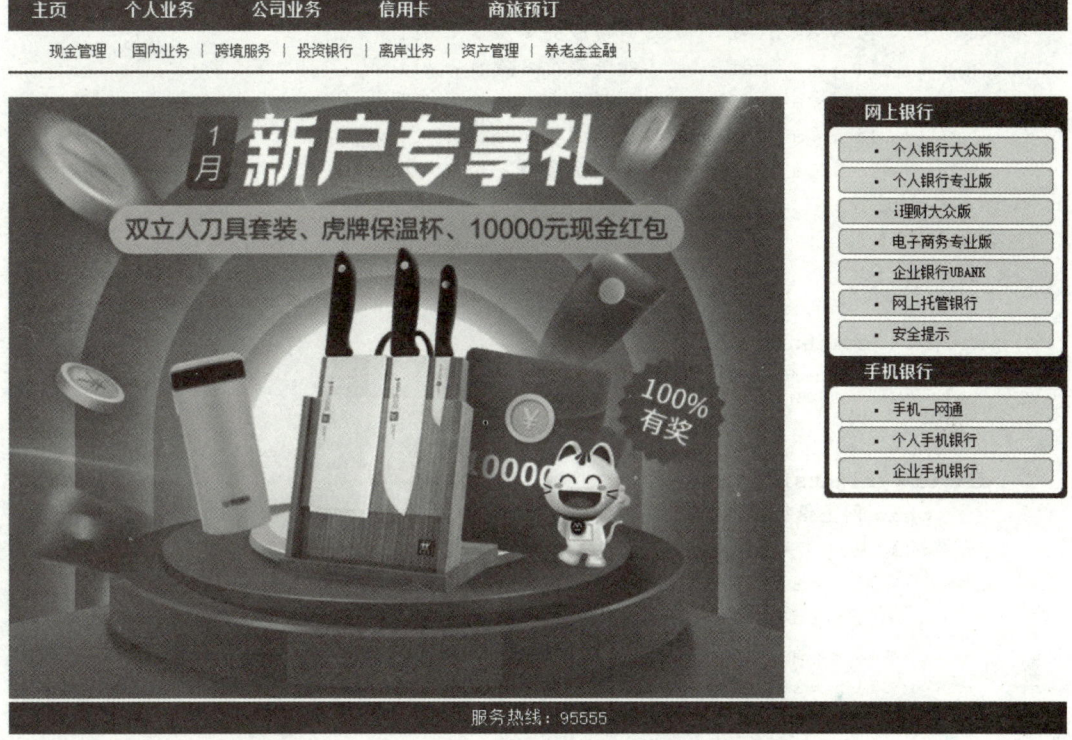

图 8-20 儿童用品网上商店

该页面可以划分为上、中、下 3 个部分，中间的内容区域又分为左、右两列，左列为主要内容，右列为竖直排列的导航菜单。其中页眉部分包含由列表实现的行内导航条，这是建立网站内部链接的常见形式；主体内容中包含图片，这里都设置了图像链接；侧边栏是竖直排列的导航栏。

按照这个基本框架，首先搭建出网页的 HTML 结构，为了方便设置整个页面内容的样式，使用 id 为 container 的 div 将所有元素包围起来，代码如下：

```
<body>
<div id = "container">
    <header>
        <nav id = "main-nav">
            <ul>
                <li><a href = "#">主页</a></li>
                <li><a href = "#">个人业务</a></li>
                <li><a href = "#">公司业务</a></li>
                <li><a href = "#">信用卡</a></li>
```

```html
        <li><a href="#">商旅预订</a></li>
      </ul>
    </nav>
    <nav id="main-nav">
      <ul>
        <li><a href="#">现金管理</a></li>
        <li><a href="#">国内业务</a></li>
        <li><a href="#">跨境服务</a></li>
        <li><a href="#">投资银行</a></li>
        <li><a href="#">离岸业务</a></li>
        <li><a href="#">资产管理</a></li>
        <li><a href="#">养老金金融</a></li>
      </ul>
    </nav>
  </header>

  <div id="content">
    <img src="images/pic01.png">
  </div>

  <div id="rightside">
      <h3>网上银行</h3>
      <ul>
        <li><a href="#">个人银行大众版</a></li>
        <li><a href="#">个人银行专业版</a></li>
        <li><a href="#">i理财大众版</a></li>
        <li><a href="#">电子商务专业版</a></li>
        <li><a href="#">企业银行UBANK</a></li>
        <li><a href="#">网上托管银行</a></li>
        <li><a href="#">安全提示</a></li>
      </ul>
      <h3>网上银行</h3>
      <ul>
        <li><a href="#">手机一网通</a></li>
        <li><a href="#">个人手机银行</a></li>
        <li><a href="#">企业手机银行</a></li>
      </ul>
  </div>
  <div class="clear"></div>
  <footer>
    <p>服务热线:95555</p>
  </footer>
 </div>
</body>
```

网页内容建立之后，因为没有设置CSS样式，所以页面效果还看不出来。下面设置CSS样式，步骤如下：

(1) 网页整体样式设置，对应 <body> 标签以及最外层 <div id = " container" >，代码如下：

```css
* {
    margin: 0px;
    padding: 0px;
}
body {
    font-family: "宋体";
    font-size: 14.7px;
    padding: 5px;
}
#container {
    width: 900px;
    margin: 0 auto;
}
.clear {
    clear: both;
}
```

(2) 页头中的行内导航栏部分，由列表实现，代码如下：

```css
#main-nav {
    background-color: #BF0000;
}

#main-nav ul {
    font-size: 14px;
    font-weight: bold;
    padding: 10px 0;
}

#main-nav li {
    display: inline;
}

#main-nav a:link,
#main-nav a:visited {
    color: #fff;
    text-decoration: none;
    padding: 7px 20px 10px 20px;
    border-radius: 5px 5px 0 0;
}

#main-nav a:hover {
    background-color: #fff;
    color: red;
}
```

```css
#main-nava.homepage {
    background-color: #fff;
    color: #000;
    margin-left: 40px;
}

#main-nava.homepage:hover {
    color: red;
}

#sub-nav {
    padding: 10px;
    border-bottom: 2px solid #BF0000;
    margin-bottom: 20px;
}

#sub-nav ul {
    font-size: 12px;
    padding-left: 20px;
}

#sub-nav li {
    display: inline;
    border-right: 1px solid #aaa;
    padding-right: 10px;
    padding-left: 5px;
}

#sub-nava:link,
#sub-nava:visited {
    text-decoration: none;
    background-color: #fff;
    color: #666;
}

#sub-nava:hover {
    color: red;
}
```

（3）主体内容部分，代码如下：

```css
#content {
    width: 670px;
    float: left;
}
```

（4）侧边栏部分为由列表建立的竖直排列导航栏，代码如下：

```css
#rightside {
    width: 200px;
```

```css
        padding: 0 4px 4px 4px;
        background-color: #BF0000;
        border-radius: 5px;
        float: right;
}

#rightside h3 {
        font-size: 14px;
        color: #fff;
        padding: 5px 30px;
}

#rightside ul {
        background-color: #fff;
        border-radius: 5px;
        font-size: 12px;
        list-style-position: inside;
        padding: 4px;
}

#rightside li {
        border: 1px solid #aaa;
        border-radius: 5px;
        background-color: #eee;
        padding: 3px 0 3px 30px;
        margin: 4px;
}

#rightsidea:link,
#rightsidea:visited {
        color: #222;
        text-decoration: none;
}

#rightsidea:hover {
        color: red;
}
```

(5) 页脚部分代码如下：

```css
footer {
        background-color: #BF0000;
        color: #fff;
        text-align: center;
        padding: 5px 0;
}
```

要点回顾

本章首先从绝对路径与相对路径的概念开始讲解，围绕超链接标签<a>介绍了创建超链接的方法。本章介绍了怎样建立到本网站网页的内部链接，以及怎样使用 HTTP、FTP 实现外部链接，常用的 E-mail 链接、下载链接、脚本链接等。有时页面很长，可以使用书签定义来定位，实现锚点链接；图像也可以链接，通过图像映射，能把一幅图像分为多个区域，并用它们链接到不同的目标文档。最后，本章介绍了用 CSS 样式表设置超链接状态样式的方法，其核心是 4 种类别的含义和用法。

习题八

一、选择题

1. 下列属于相对路径的是（　　）。
   A. http：//www.broadview.com.cn　　　　B. ftp：//219.153.44.129
   C. ../文件名　　　　　　　　　　　　　　D. /文件路径

2. 创建一个位于文档内部位置的超链接的代码是（　　）。
   A. <a href="#NAME"></a>　　　　　　B. <a name="#NAME"></a>
   C. <a href="mailto：EMAIL"></a>　　　D. <a href="URL"></a>

3. 在<a>标签的属性中设置 target="_blank" 表示（　　）。
   A. 将链接文件在上一级框架页或包含该链接的窗口中打开
   B. 将链接文件在新的窗口中打开
   C. 将链接文件载入相同的框架或窗口中
   D. 将链接文件载入整个浏览器属性窗口中，删除所有框架

4. 下列关于在一个文档中可以创建的链接类型的说法中不正确的是（　　）。
   A. 链接到其他文档或文件的链接
   B. 命名锚点链接，此类链接可跳转至文档内的特定位置
   C. E-mail 链接，此类链接可新建一个收件人地址已经填好的空白电子邮件
   D. 空链接和脚本链接，此类链接能够在对象上附加行为，但不能创建执行 JavaScript 代码的链接

二、填空题

1. HTML 的超链接格式为：<a _____ ="链接目标" >链接内容</a>。
2. 超链接可运用_____，建立链接到其他网站上网页的超链接。
3. 若要设置 E-mail 链接，应在电子邮件地址之前加上_____通信协议。
4. 在进行图像映射时，Dreamweaver 提供了 3 种热点工具，分别是_____、_____和_____。

实训

制作图 8-21 所示的翻译网站首页，并通过 CSS 设置样式。

1. 训练要点

（1） HTML 文档的基本结构；

（2） 图像链接；

（3） E – mail 链接；

（4） 列表制作导航栏。

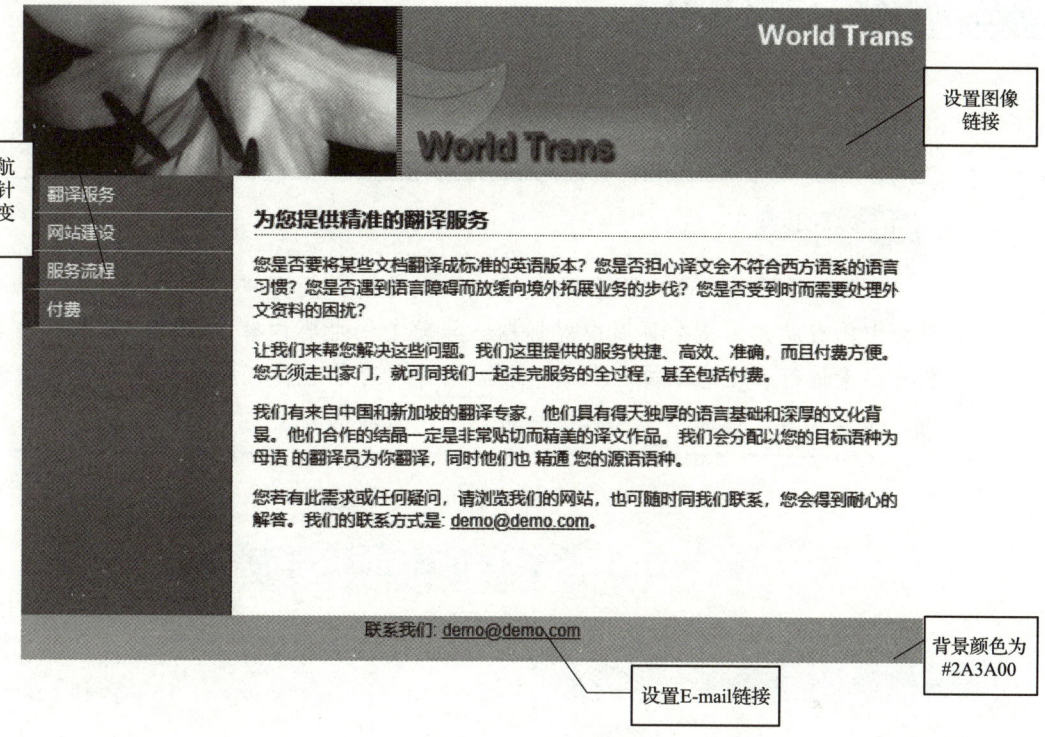

图 8 – 21　翻译网站首页

2. 操作提示

（1） 页面主体 < div id = "container" > 宽度设置为 640 px；

（2） 左侧的导航栏通过列表建立，列表项之间的分隔线通过设置列表项的边框来实现。

（3） 左侧导航栏在鼠标指针划过时出现变色效果：

鼠标指针划过时字体颜色：#FFFF00；

背景颜色：#587A00。

（4） < footer > 页脚中有 E – mail 链接。

第 9 章

使用CSS进行页面布局

本章导读

CSS 除了可以控制前面几章介绍的样式之外，还可以控制页面布局。Web 页面中的布局，是指在页面中对标题、导航条、主要内容、脚注、表单等各种构成要素进行合理的编排。本章介绍常见的布局方法和布局结构，使用 float 属性、clear 属性、盒布局等不同方式进行页面布局的方法。

9.1 Web 页面布局简介

9.1.1 布局注意事项

1. 内容与样式分离

作为最佳实践，应始终保持内容（HTML）与样式（CSS）分离。第 5 章介绍了如何通过外部样式表实现这一点。如果对所有的页面都这样做，就可以共享相同的布局和整体样式，这也让日后修改整个网站的设计变得更加容易——只修改 CSS 文件就可以了。

2. 浏览器注意事项

并非所有的访问者都使用同样的浏览器、同样的操作系统，甚至同样的设备访问网站。因此，在大多数情况下，在将网站放到服务器上发布之前，通常需要在很多浏览器上对页面进行测试。推荐在开发过程中用几个浏览器对页面定期进行测试，这样，在最后进行全面测试时，碰到的问题会少一些。关于对页面进行测试的方法，以及测试用浏览器的有关信息，详见第 14 章。

有时，有必要针对 IE 的特定版本编写 CSS 样式规则，以修复 IE 的异常行为引起的问题。这对 IE6 和有所改善的 IE7 来说尤其常见。有几种办法可以实现上述要求，不过从性能上说，最好的方法是使用条件注释在 html 元素上创建 IE 版本特有的类，并在样式表中应用这个类。另一种方法是使用条件注释引入位于单独样式表中的 IE 补丁。

9.1.2 布局方法

以下是几种常见的布局方式,没有一种布局方式可以适用于所有的情景,事实上还有一些混合的布局方式。

1. 固定(fixed)布局

对于固定布局,整个页面和每一栏都有基于像素的宽度。顾名思义,无论使用手机和平板电脑等较小的设备查看页面,还是使用桌面浏览器并对窗口进行缩小,页面的宽度都不会改变。固定布局是学习 CSS 时最容易掌握的布局方式。

2. 流式(fluid 或 liquid)布局

流式布局使用百分数定义宽度,允许页面随显示环境的改变进行放大或缩小。这种方法后来被用于创建响应式(responsive)布局和自适应(adaptive)布局,这些布局方式不仅可以像传统的流式布局那样在手机和平板电脑上缩小显示,还可以根据屏幕尺寸以特定方式调整其设计。这就可以在使用相同 HTML 的情况下,为移动用户、平板电脑用户和桌面用户定制单独的体验,而不是提供 3 个独立的网站。

3. 弹性布局

弹性布局对宽度和其他所有属性的大小值都使用 em,从而让页面根据用户的 font – size 设置进行缩放。

9.1.3 布局结构

布局是以最适合浏览的方式将图片和文字排放在页面的不同位置。不同的制作者会有不同的布局设计。网页布局有以下几种常见结构。

1. "同"字型布局

所谓"同"字型布局是指页面顶部为"网站标志+广告条+主菜单",下方左侧和右侧为二级栏目条或链接栏目条,屏幕中间显示具体内容的布局,如图 9 – 1 所示。

这种布局的优点是充分利用版面,页面结构清晰,左右对称,主次分明,信息量大;缺点是页面拥挤,太规矩呆板,如果细节色彩上缺少变化调剂,很容易让人感到单调乏味。

2. "国"字型布局

"国"字型布局是在"同"字型布局的基础上演化而来的,在保留"同"字型的同时,在页面的下方增加一横条状的菜单或广告,它是一些大型网站所喜欢的布局类型。一般最上面是网站的标题及横幅广告条,接下来就是网站的主要内容,左、右分列一些小条内容,中间是主要部分,与左、右一起罗列到底,最下面是网站的基本信息、联系方式、版权声明等,如图 9 – 2 所示。

这种布局的优点是充分利用版面,信息量大,与其他页面的链接切换方便;缺点是如果内容填充过多会导致页面拥挤,四面封闭,令人感到憋气。

3. "T"字型布局

这是一个形象的说法,是指页面的顶部是"网站标志+广告条",左侧(或右侧)是主菜单,右侧(或左侧)是主要内容。这种布局的优点是页面结构清晰、主次分明,是初学者最容易上手的布局方法；缺点是如果不注意细节的色彩会导致页面呆板，很容易让人看之乏味，如图 9-3 所示。

图 9-1 "同"字型布局　　　　　　　　　图 9-2 "国"字型布局

图 9-3 "T"字型布局

4. "三"字型布局

这种布局多用于国外站点，国内网站用得不多。其特点是在页面上有横向两条（或多条）色块，将页面分割为3个部分（或更多），色块中大多放广告条、更新和版权提示，如图9-4所示。

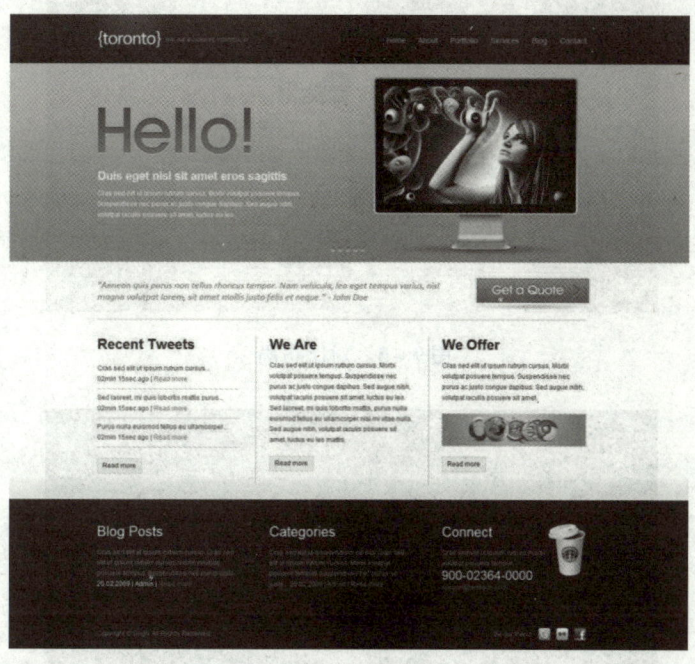

图9-4 "三"字型布局

5. 对比布局

顾名思义，这种布局采取左右或者上下对比的方式：一半深色，一半浅色。对比布局一般用于设计型站点。其优点是视觉冲击力强；缺点是将两部分有机地结合比较困难，如图9-5所示。

6. POP布局

POP引自广告术语，POP布局是指页面布局像一张宣传海报，以一张精美图片作为页面的设计中心。这种布局类型基本上出现在一些网站的首页，大部分为一些精美的平面设计结合一些小的动画，放上几个简单的链接或者仅是一个"进入"的链接，甚至直接在首页的图片上做链接而没有任何提示。这种布局大部分出现在企业网站和个人首页，如果处理得好，会给人带来赏心悦目的感觉，如图9-6所示。

7. Flash布局

这种布局是指整个或大部分的网页本身就是一个Flash动画，它本身就是动态的，画面一般比较绚丽、有趣，是一个比较新潮的布局方式。其实它与POP布局是类似的，只是采用了目前非常流行的Flash。它与POP布局不同的是，由于Flash强大的功能，页面所表达的信息更丰富，其视觉效果及听觉效果如果处理得当，比传统的多媒体更具优势，如图9-7所示。

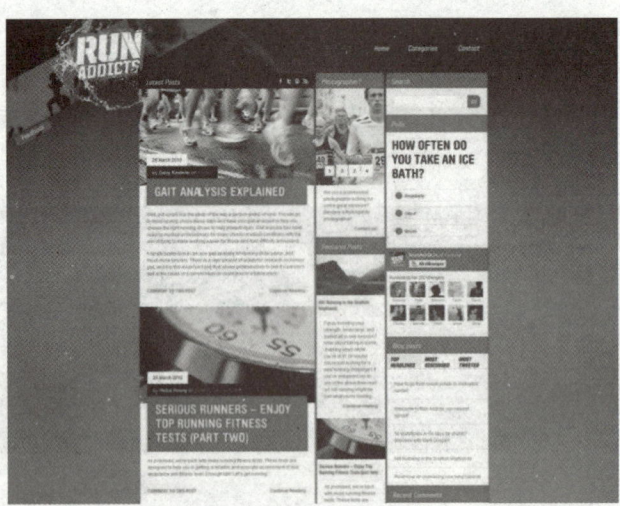

图 9-5 对比布局

图 9-6 POP 布局

图 9-7 Flash 布局

9.2 CSS 盒模型

CSS 处理网页时，认为每个元素都包含在一个不可见的盒子里。盒子有内容区域、内容区域周围的空间（内边距 padding）、内容边距的外边缘（边框 border）和边框外面将元素与相邻元素隔开的不可见区域（外边距 margin）。这类似于挂在墙上的带框架的画，其中衬边是内边距，框架是边框，而该画框与相邻画框之间的距离则是外边距，如图 9-8 所示。

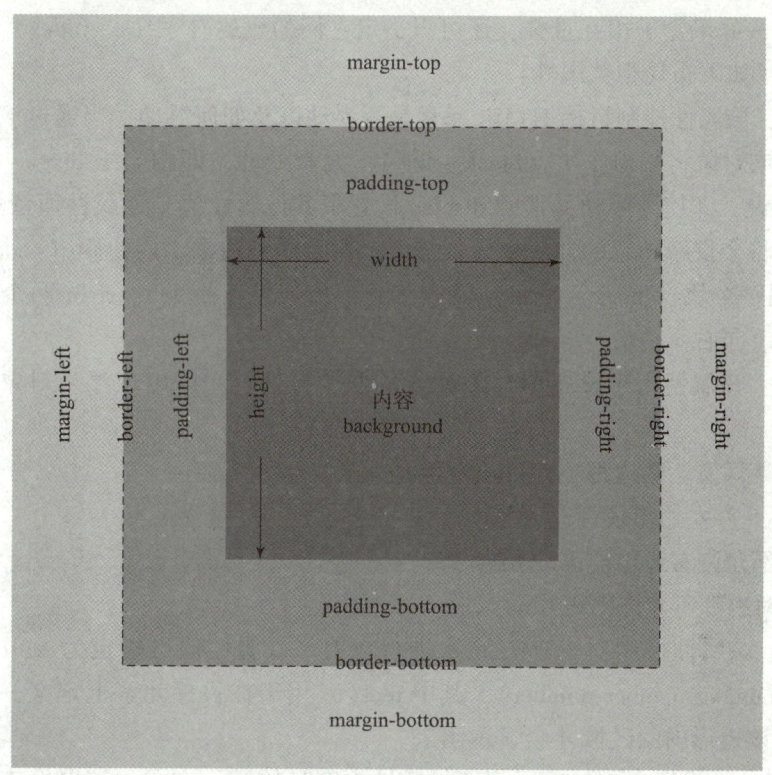

图 9-8　CSS 盒模型

每个元素盒子都有 4 个决定其大小的属性：内容区域、内边距、边框和外边距。可以单独控制每一个属性。同时，可以控制盒子的外观，包括 background、padding、border、margin、width、height、alignment、color 等。

每个元素盒子可以是块级的（block），也可以是行内的（inline）。在 CSS 中，使用 display 属性来定义盒的类型。

block 类型：这种盒模型的元素默认占据一行，允许通过 CSS 设置宽度、高度，例如 div、p 元素。

inline 类型：这种盒模型的元素不会占据一行（默认允许在一行放置多个元素），即使通过 CSS 设置宽度、高度也不会起作用，例如 span、a 元素。

在默认情况下，元素按照它们在 HTML 中自上而下出现顺序显示（这称为文档流，document flow），并在每个块级元素的开头和结尾处换行。

对于元素盒子进行定位有 4 种基本方法：

（1）可以让盒子处于文档流中（这是默认的方式，也称为静态方法，这是用得最多的方法）；

（2）可以让盒子脱离文档流，并制定该元素相对父元素（绝对方法，需慎用）或浏览器窗口（固定方法，实践中用得更少）的精确坐标；

（3）可以相对于盒子在文档流中的默认位置对其进行移动（相对方法，使用频率介于静态方法和另外两种方法之间）。

（4）此外，如果盒子相互重叠，还可以指定它们的叠放次序（z-index）。

CSS 提供了如下布局相关属性：

（1）float：该属性控制目标 HTML 元素是否浮动以及如何浮动。当通过该属性设置某个对象浮动后，该对象将被当作块（block-level）元素处理，即相当于 display 属性被设置为 block。也就是说，即使为浮动元素的 display 设置了其他属性值，该属性值依然是 block。浮动 HTML 元素将会仅跟随它的前一个元素漂浮，直到遇到边框、内边距（padding）、外边距（margin）或另一个块（block-level）元素为止。该属性支持 left、right 两个属性值，分别指定对象向左、向右浮动。

（2）clear：该属性用于设置 HTML 元素的左、右是否允许出现浮动对象。该属性支持如下属性值：

①none：默认值。两边都不允许出现浮动元素。
②left：不允许左边出现浮动元素。
③right：不允许右边出现浮动元素。
④both：两边都不允许出现浮动元素。

（3）clip：该属性控制对 HTML 元素进行裁剪。该属性值可指定为 auto（不裁剪）或 rect（number number number number），其中 rect() 用于在目标元素上定义一个矩形，目标元素只有位于该矩形内的区域才会显示出来。

（4）overflow：设置当 HTML 元素不够容纳内容时的显示方式。该属性支持如下几个属性值：

①visible：该属性值指定 HTML 元素既不剪切内容也不添加滚动条，是默认值。
②auto：该属性指定 HTML 元素不够容纳内容时将自动添加滚动条，允许用户通过拖动滚动条来查看内容。
③hidden：该属性指定 HTML 元素自动裁剪那些不够空间显示的内容。
④scroll：该属性指定 HTML 元素总是显示滚动条。

（5）overflow-x：该属性的作用与 overflow 相似，只是该属性只控制水平方向的显示方式。

（6）overflow-y：该属性的作用与 overflow 相似，只是该属性只控制垂直方向的显示方式。

（7）visibility：适用于 CSS2，用于设置目标对象是否显示。与 display 属性不同，当通过该属性隐藏某个 XHTML 元素后，该元素占用的页面空间依然会被保留。该属性的两个常用值为 visible 和 hidden，分别用于控制目标对象的显示和隐藏。

（8）display：用于设置目标对象是否及如何显示。该属性支持的属性值很多，该属性主要用于控制 CSS 盒模型。

9.3 网页居中

在浏览网页时，基本不会遇到和浏览器窗口同样宽的页面，当今宽屏显示器越来越普及，浏览器的窗口也变得非常宽，如果网页与浏览器同宽，这将使内容的阅读变得极其难受，如图 9-9 所示。

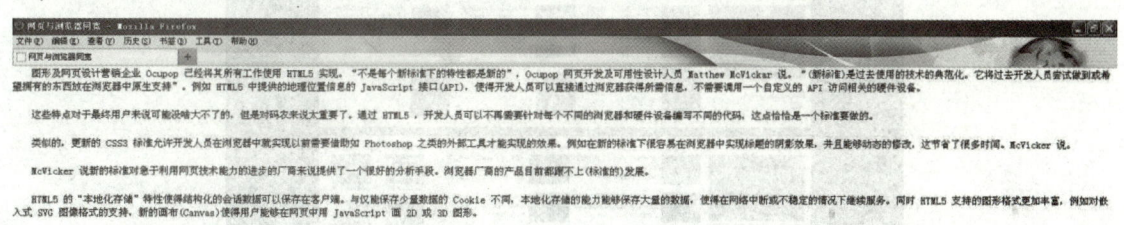

图 9-9 与浏览器同宽的页面

通常看到的网页，会把页面内容宽度控制在一个适当的范围内（一般不超过 1 000 px），并将整个页面内容水平居中放置，内容区域之外的两侧则显示为网页背景颜色或背景图片，如图 9-10、图 9-11 所示。

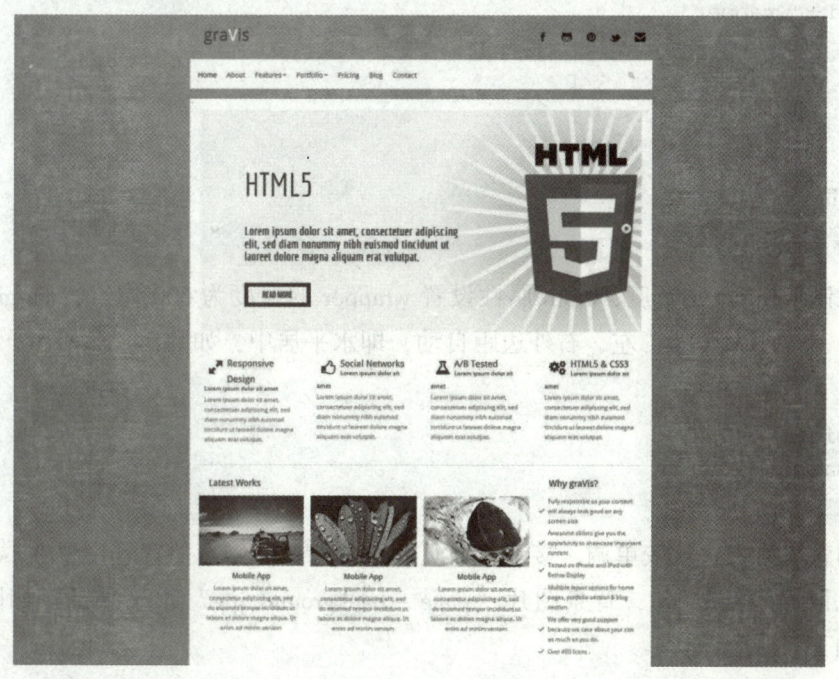

图 9-10 宽度适当并居中的网页（1）

要制作这样的页面，首先有一个 id 为 wrapper（意思是包装袋，也可以命名为其他名字）的 div，将页面中所有的元素都写在该 div 中。本节以一个纯文本页面为例，在 wrapper 中添加 5 个段落（内容部分省略）。代码如下：

图 9-11 宽度适当并居中的网页（2）

```
<body>
<div id = "wrapper">
        <p>图形及网页设计……</p>
        <p>这些特点……</p>
        <p>类似的……</p>
        <p>McVicker 说……</p>
        <p>HTML5 的……</p>
</div>
</body>
```

首先限制 wrapper 的宽度，width 属性设置 wrapper 的宽度为 600 像素，margin 属性设置 wrapper 上、下外边距为 0，左、右外边距自动，即水平居中，如图 9-12 所示，代码如下：

```
#wrapper {
     width: 600px;
     margin: 0 auto;
}
```

白色的背景看上去比较单调，接下来为页面添加背景，网页的背景设置在 body 元素上，将背景颜色设置为#4d4d4d，背景图片"page - background.jpg"水平平铺，如图 9-13 所示，代码如下：

```
body {
     background - color: #4d4d4d;
     background - image:url(page - background.gif);
     background - repeat: repeat - x;
}
```

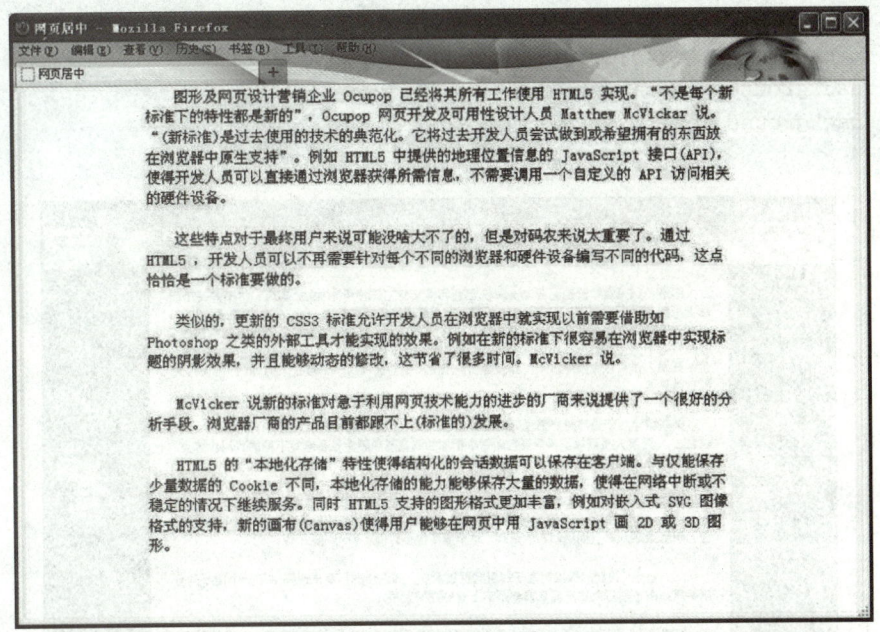

图 9 – 12 wrapper 固定宽度并居中

图 9 – 13 设置页面背景

为 wrapper 添加背景以及内边距。设置内边距上方 20 px，右方 20 px，下方 50 px，左方 20 px，背景颜色为白色，在 wrapper 底部添加背景图片 "wrapper – background.jpg"，设为水平平铺，如图 9 – 14 所示，代码如下：

```
#wrapper {
    width: 600px;
    margin: 0 auto;
    padding: 20px 20px 50px 20px;
```

```
background-color: #FFF;
background-image:url(wrapper-background.gif);
background-repeat: repeat-x;
background-position: bottom;
```

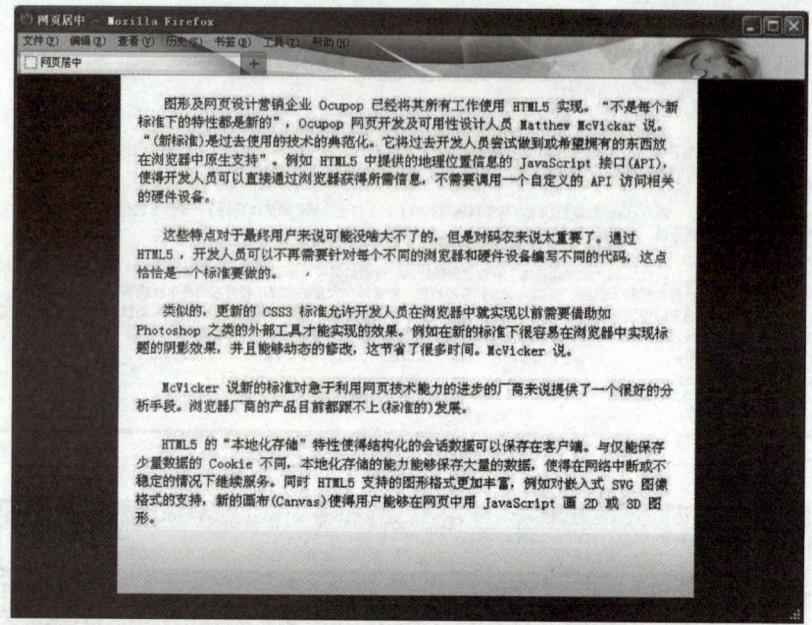

图 9-14 设置 wrapper 背景及内边距

9.4 多栏布局

9.4.1 使用 float 属性实现多栏布局

float 属性可以使元素浮动在文本或其他元素上，可以使用这种技术让文本环绕在图像周围，如图 9-15 所示（详见 6.3 节）。也可以使用相同的方法让主题内容向一侧浮动，从而让侧边栏显示在它旁边，如图 9-16 所示。

图 9-15 图文环绕

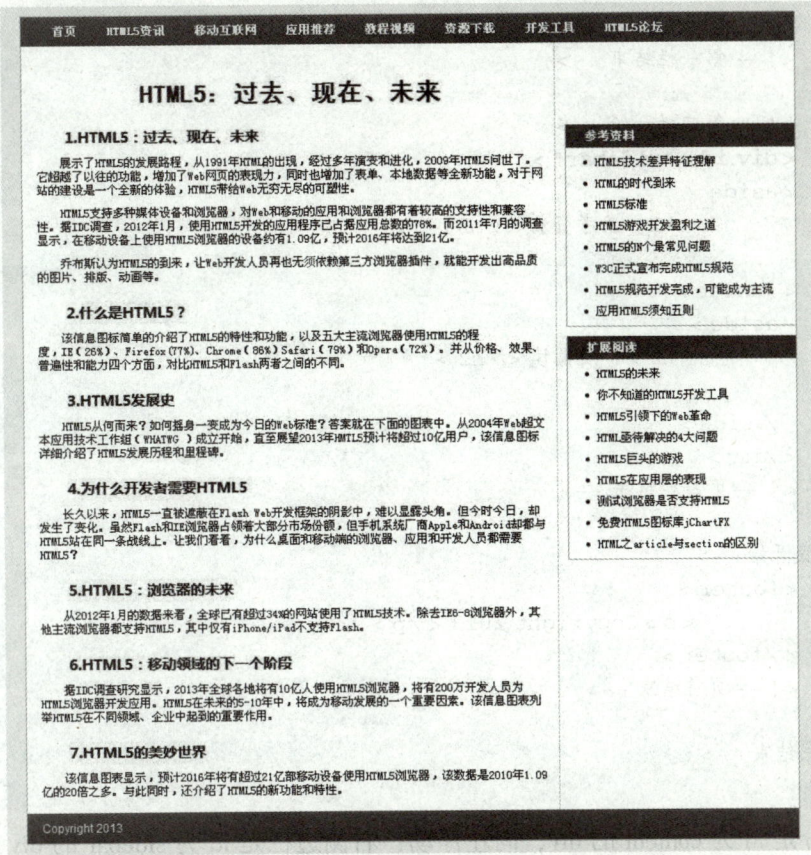

图 9-16　多栏布局

图 9-16 所示是第 3 章综合实例中的页面，在第 3 章中尚未讲到 CSS，因此无法做出图中效果，这里使用 float 属性完成主体内容与侧边栏并列的多栏布局。页面代码结构如下，部分省略：

```
<body>
<!-- 页面开始 -->
<div id = "wrapper">
    <!-- 页首开始 -->
    <header>
    ……
    </header>
    <!-- 页首结束 -->

    <!-- 第一栏开始 -->
    <div id = "content">
    <article>
        <h1>HTML5:过去、现在、未来</h1>
        <section>
        ……
        </section>
    </article>
```

```html
        </div>
        <!-- 第一栏结束 -->

        <!-- 第二栏开始 -->
        <div id="sidebar">
        <aside>
                <h2>参考资料</h2>
                ……
        </aside>
        <aside>
                <h2>扩展阅读</h2>
                ……
        </aside>
        </div>
        <!-- 第二栏结束 -->

<!-- 页底开始 -->
        <footer>
                <p>Copyright 2013</p>
        </footer>
        <!-- 页首结束 -->
</div>
<!-- 页底结束 -->
</body>
```

主体部分是 id 为 content 的 div，向左浮动；右侧边栏是 id 为 sidebar 的 div，向右浮动。其他 CSS 属性在这里省略。代码如下：

```css
#content {
    float: left;
    width: 524px;
}
#sidebar {
    float: right;
    width: 240px;
}
```

由于 content 设置了向左浮动，因此侧边栏 sidebar 即使不设置向右浮动，也会靠在 content 的右侧。事实上，页脚 footer 也会这样（靠在 content 的右侧），如图 9-17 所示。下一小节讲述如何让页脚回到它该在的位置。

9.4.2 使用 clear 属性实现换行

clear 属性可以控制元素能够浮动在哪些元素的旁边，以及不能浮动在哪些元素的旁边。

在上一小节中，看到页脚浮动在主体内容 content 旁边，这是因为 content 设置了 float: left，那么在文档流中书写在 id 为 content 的 div 下方的其他元素都会环绕在其右侧，直到右侧区域被填满。如果不希望 footer 元素环绕在 content 右侧，可以写为：

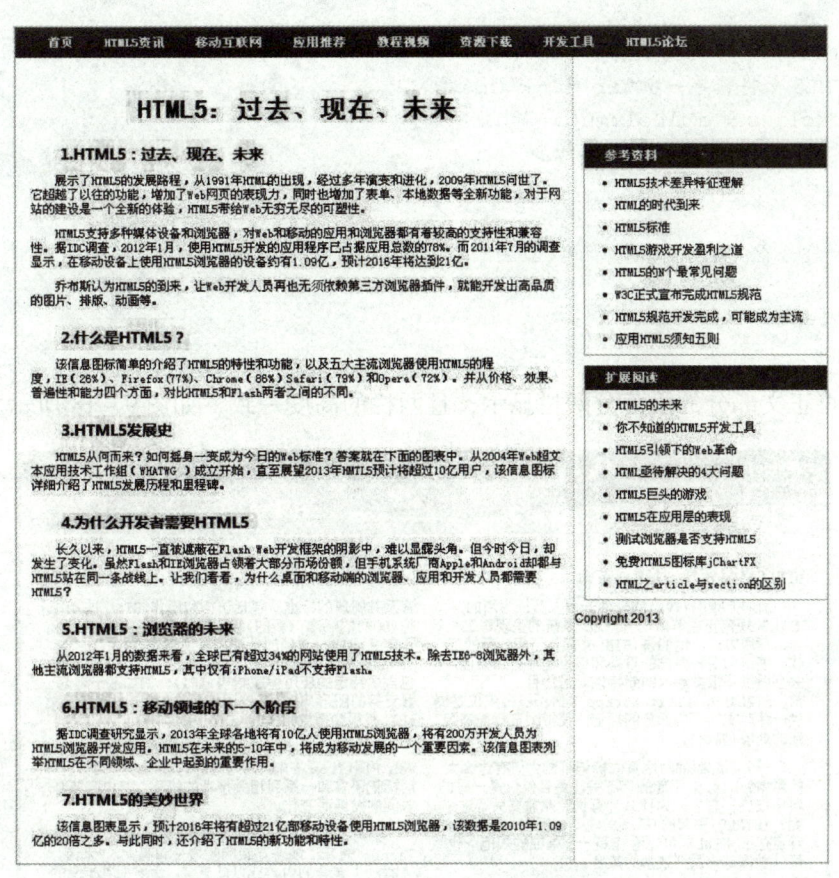

图 9-17 使用 float 属性实现多栏布局

```
footer{
    clear: both;
}
```

这里，为页脚设置 clear:both 是指页脚左、右两侧都不允许有浮动元素，在本例中也可以写为 clear:left，来指定左侧不允许有浮动元素，但是，两边都进行清理也没有坏处。推荐将 clear 属性添加到不希望环绕浮动的元素上。

9.4.3　使用 column-count 实现多栏布局

在 CSS3 中加入了多栏布局属性 column-count，使用该属性可以将一个元素中的内容分为两栏或多栏显示，并且确保各栏中内容的底部对齐。由于该属性并未被所有浏览器支持和接受，因此在使用该属性时需要加上厂商前缀（关于厂商前缀的介绍详见 13.1 节），针对 Firefox 浏览器，需要将其写为 -moz-column-count，针对 Safari 浏览器或者 Chrome 浏览器，需要将其写为 -webkit-column-count，而 IE 浏览器不支持该属性。

下例是一篇文章，section 元素中有若干个段落。

```
<body>
<article>
<h1>HTML5 必将领导一场 Web 革命</h1>
<sectionclass = "mulcolumn">
        <p>面向万维网……</p>
        ……
        ……
        <p>参与了 HTML4……</p>
</section>
</article>
</body>
```

现在要将正文部分的段落分两栏显示，且两栏的高度一致，如图 9－18 所示。

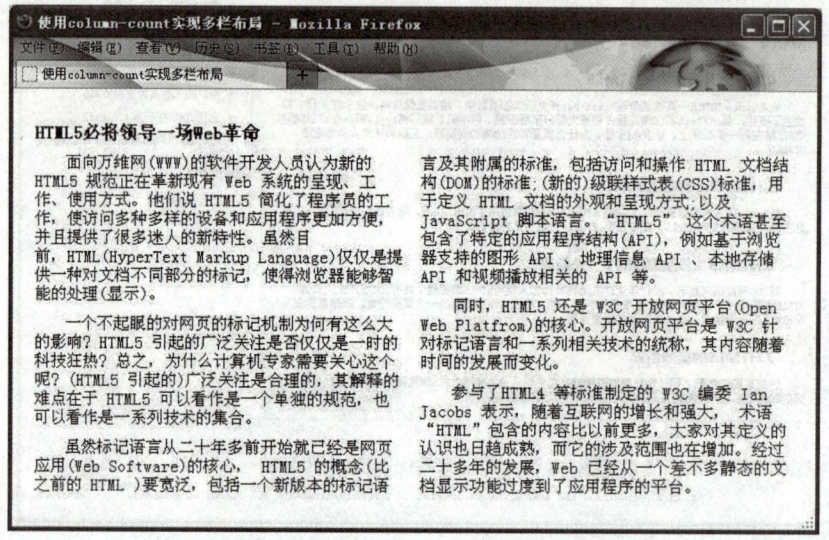

图 9－18　两栏显示

代码如下：

```
.mulcolumn{
        -moz-column-count:2;
        -webkit-column-count:2;
}
```

通过 column－count 设置的两栏宽度和高度都是相同的，如果不在装该元素的容器（本例中是 section）中设置宽度，则多个栏目会平分浏览器的宽度，每栏的宽度视浏览器窗口大小决定。

还可以使用 column－gap 属性设置多栏之间的间隔距离。column－rule 属性在栏与栏之间增加一条间隔线，可以设定该间隔线的宽度、线型和颜色，该属性值的设定方法与 CSS 中 border 属性值的设定方法相同。同样，针对 Firefox 浏览器，需要将其写为 -moz-column-gap 和 -moz-column-rule，针对 Safari 浏览器或者 Chrome 浏览器，需要将其写为 -webkit-column-gap 和 -webkit-column-rule，IE 浏览器不支持该属性。

在段落的分栏中间添加 2em 间隔,并添加 1 像素、深灰色的实线型分隔线,如图 9 – 19 所示,代码如下:

```
.column {
    -moz-column-count: 2;
    -webkit-column-count:2;
    -moz-column-gap: 2em;
    -webkit-column-gap: 2em;
    -moz-column-rule: 1px solid #333;
    -webkit-column-rule: 1px solid #333;
}
```

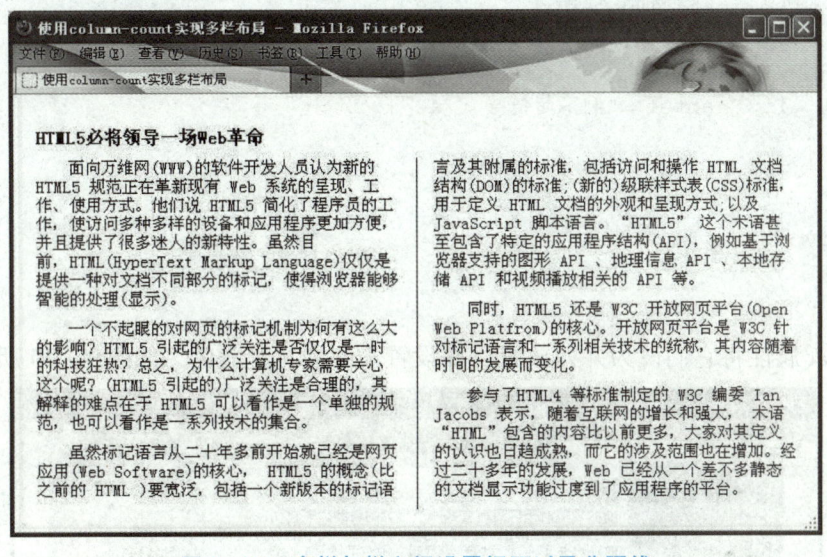

图 9 – 19　在栏与栏之间设置间距以及分隔线

9.5　盒布局

9.5.1　float 属性以及 column – count 属性的缺点

1. float 属性的缺点

使用 float 属性以及 clear 属性可以实现多栏布局,但是每个栏目条的高度随栏目中内容多少的不同而不一致,从而导致多个栏目底部不能对齐,尤其当每个栏目都设置了背景颜色或背景图片时。

在下例中有 3 个栏目,分别是左侧边栏、中间内容和右侧边栏。

```
<body>
<div id = "wrapper">
    <divid = "left-sidebar">
        <h2>左侧边栏</h2>
        <ul>
```

```
            <li><a href="#">超链接</a></li>
              ……
            <li><a href="#">超链接</a></li>
        </ul>
    </div>

    <div id="content">
        <h2>内容</h2>
        <p>新的规范对于……</p>
    </div>

    <div id="right-sidebar">
        <h2>右侧边栏</h2>
        <ul>
            <li><a href="#">超链接</a></li>
              ……
            <li><a href="#">超链接</a></li>
        </ul>
    </div>
</div>
</body>
```

使用 float 属性将它们设为并列放置，并设置不同的背景颜色，如图 9-20 所示。

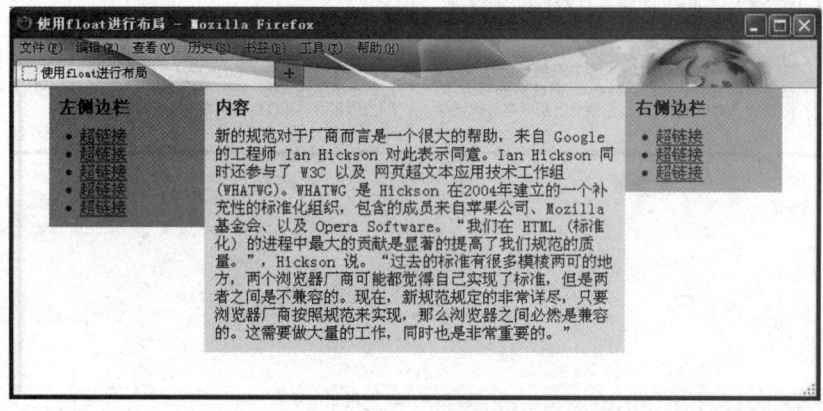

图 9-20 使用 float 属性进行布局

代码如下：

```
#left-sidebar {
        float: left;
        width: 130px;
        background-color: #AAA;
        padding: 10px;
}
#content {
        float: left;
        width: 380px;
```

```
        padding: 10px;
        background-color: #EEE;
}
#right-sidebar {
        float: left;
        width: 130px;
        background-color: #CCC;
        padding: 10px;
}
```

可以看出，在没有设置高度时，div 的高度由装入其中的内容多少决定，使用 float 属性，左、右两栏或多栏底部并没有对齐，当它们有不同的背景颜色或图片时尤其显得突兀。

2. column-count 属性的缺点

对于 column-count 属性而言，虽然可以设置高度相等的两栏或多栏布局，但多个栏目的宽度是均等的，不可以将不同栏目设为不同宽度。另外，使用 column-count 属性进行布局时，也不能具体指定哪个栏中显示什么内容。

在上例中采用 column-count 属性设置多栏布局，去除 left-sidebar、content、right-sidebar 中的 float 和 width 属性，在 wrapper 中添加 column-count 属性，效果如图 9-21 所示，代码如下：

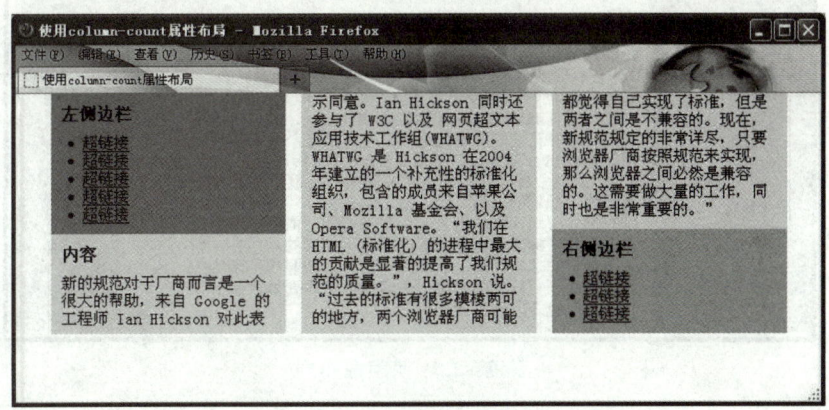

图 9-21　使用 column-count 属性设置多栏布局

```
#wrapper {
        width: 700px;
        margin: 0 auto;
        -moz-column-count:3;
        -webkit-column-count:3;
}
#left-sidebar {
        background-color: #AAA;
        padding: 10px;
}
#content {
        padding: 10px;
```

```
        background-color: #EEE;
}
#right-sidebar{
        background-color: #CCC;
        padding: 10px;
}
```

可以看出，wrapper 中左侧边栏、中间内容和右侧边栏的内容在 3 个栏目中平均分成了等宽的 3 份，且无法控制每个栏目中显示内容的多少。

9.5.2 使用盒布局

在 CSS3 中，通过 box 属性使用盒布局，针对 Firefox 浏览器，需要将其写为 -moz-box，针对 Safari 浏览器或者 Chrome 浏览器，需要将其写为 -webkit-box，IE 浏览器不支持该属性。

在上例中，使用盒布局的方式，在 wrapper 中使用 box 属性，在 left-sidebar、content、right-sidebar 中只设置宽度、背景颜色和内边距，效果如图 9-22 所示。

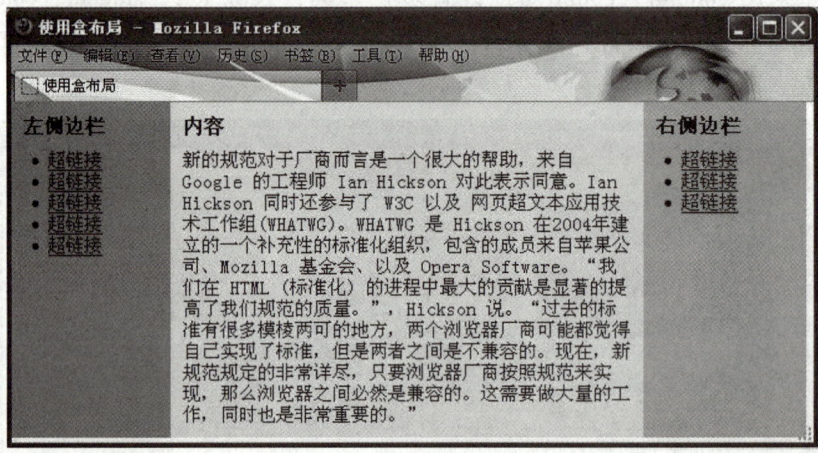

图 9-22 使用盒布局

代码如下：

```
#wrapper{
     display: -moz-box;
     display: -webkit-box;
}
#left-sidebar{
     width:130px;
     background-color: #AAA;
     padding: 10px;
}
#content{
     width:380px;
     padding: 10px;
     background-color: #EEE;
```

```
}
#right-sidebar{
    width:130px;
    background-color: #CCC;
    padding: 10px;
}
```

可以看出，3个栏目的高度对齐，且各自栏目中的内容互不干扰。

9.6 弹性盒布局

9.6.1 使用自适应窗口的弹性盒布局

在上节介绍的盒布局中，对左侧边栏、中间内容、右侧边栏的3个div元素的宽度都进行了设定，如果想让这3个div元素的总宽度随着浏览器窗口宽度的变化而变化，就需要使用box-flex属性，使盒布局变为弹性盒布局。针对Firefox浏览器，需要将其写为-moz-box-flex，针对Safari浏览器或者Chrome浏览器，需要将其写为-webkit-box-flex，IE浏览器不支持该属性。

在上一节中，将所有内容包围起来的id为wrapper的div元素中设置了box属性，实现了盒布局，但也因此整个页面内容无法保持居中。在上例的基础上，作一些调整，设置左、右侧边栏的宽度不变，中间内容的宽度随着浏览器窗口宽度的变化而变化，这3部分的宽度为浏览器窗口的80%，但最大不超过1 000 px。

为了实现这一要求，先使用id为container的div将wrapper包围起来。

```
<body>
<div id="container">
    <div id="wrapper">

        <div id="left-sidebar">
            <h2>左侧边栏</h2>
            <ul>
            ……
            </ul>
        </div>

        <div id="content">
            <h2>内容</h2>
            <p>新的规范……</p>
        </div>

        <div id="right-sidebar">
            <h2>右侧边栏</h2>
            <ul>
            ……
```

```
            </ul>
        </div>
    </div>
</div>
</body>
```

设置作为网页元素容器的 container 的宽度及居中属性。宽度为浏览器窗口的 80%，最大宽度 max-width 为 1 000 px，上、下边距为 0，左、右水平居中。代码如下：

```
#container{
    width:80%;
    max-width:1000px;
margin:0 auto;
}
```

然后在中间内容 content 的样式中，将原本的固定宽度 width:380 px 改为 box-flex:1，设置其为弹性大小。其他 div 元素的样式不变。代码如下：

```
#wrapper{
    display:-moz-box;
    display:-webkit-box;
}
#left-sidebar{
        width:130px;
        background-color:#AAA;
        padding:10px;
}
#content{
    -moz-box-flex:1;
    -webkit-box-flex:1;
    padding:10px;
    background-color:#EEE;
}
#right-sidebar{
        width:130px;
        background-color:#CCC;
        padding:10px;
}
```

显示效果如图 9-23、图 9-24 所示，在不同的浏览器宽度下中间内容的宽度也不同，但是网页总宽度不超过 1 000 px。

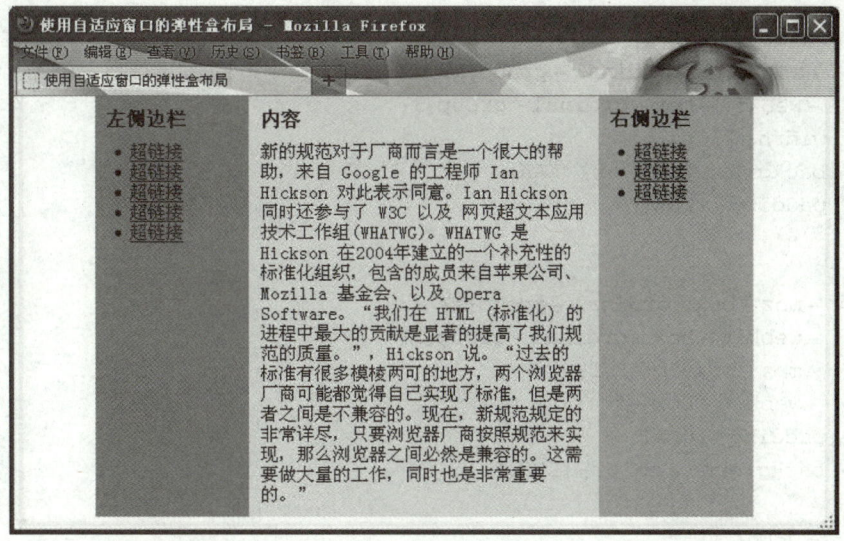

图 9-23 自适应宽度的弹性盒布局

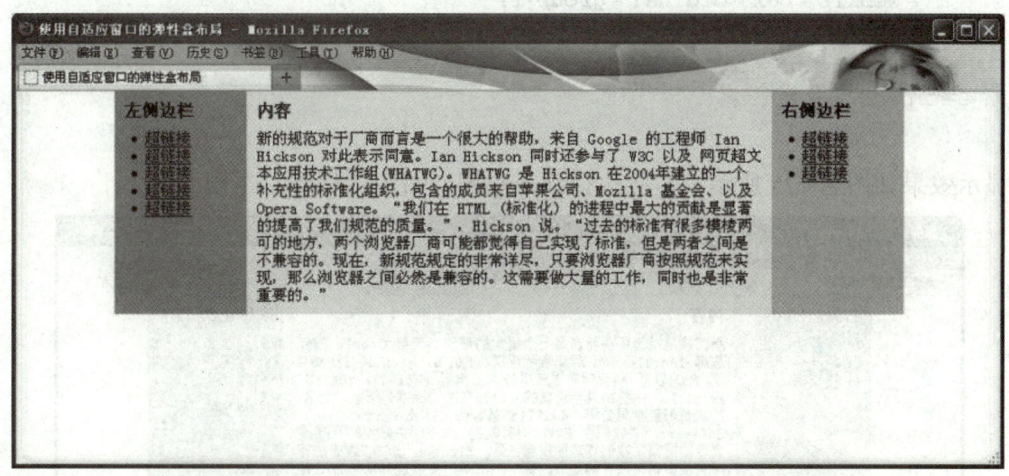

图 9-24 在不同宽度浏览器窗口中的显示

9.6.2 改变元素的显示顺序

在使用弹性盒布局的时候，可以通过 box-ordinal-group 属性改变各元素的显示顺序。可以在每个元素的样式中加入 box-ordinal-group 属性，该属性使用一个表示序号的整数属性值，浏览器在显示的时候根据该序号从小到大显示这些元素。针对 Firefox 浏览器，需要将其写为 -moz-box-ordinal-group，针对 Safari 浏览器或者 Chrome 浏览器，需要将其写为 -webkit-box-ordinal-group，IE 浏览器不支持该属性。

例如要将上例中左、右侧边栏的顺序颠倒，将右侧边栏放在左侧，将左侧边栏放在右侧，可以在代表左侧边栏、中间内容、右侧边栏的 div 元素中都加入 box-ordinal-group 属性，并在该属性中指定显示时的序号，这里将右侧边栏序号设为 1，将中间内容序号设为 2，将左侧边栏序号设为 3。代码如下：

```
#left-sidebar {
    -moz-box-ordinal-group:3;
    -webkit-box-ordinal-group:3;
    width:130px;
    background-color:#AAA;
    padding:10px;
}
#content {
    -moz-box-ordinal-group:2;
    -webkit-box-ordinal-group:2;
    -moz-box-flex:1;
    -webkit-box-flex:1;
    padding:10px;
    background-color:#EEE;
}
#right-sidebar {
    -moz-box-ordinal-group:1;
    -webkit-box-ordinal-group:1;
    width:130px;
    background-color:#CCC;
    padding:10px;
}
```

显示效果如图9-25所示，左侧边栏到了右侧，右侧边栏到了左侧。

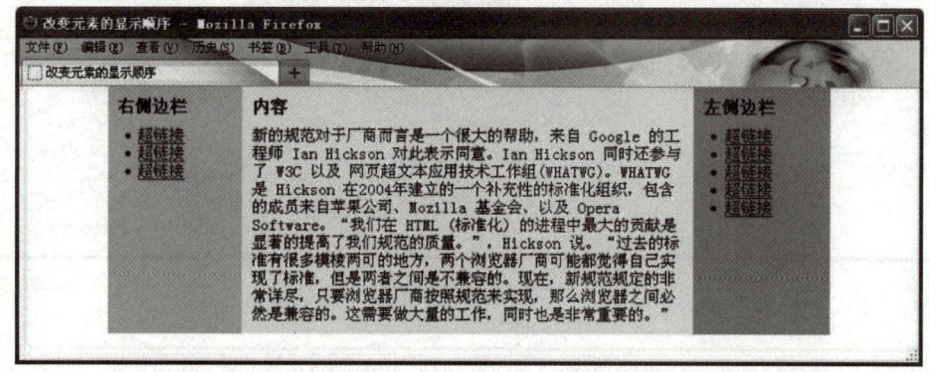

图9-25 改变元素的显示顺序

9.6.3 改变元素的排列方向

使用弹性盒布局的时候，可以很简单地将多个元素的排列方向从水平方向修改为垂直方向，或者从垂直方向修改为水平方向，就好比把布局结构由左中右排列的"同"字型变成了由上中下排列的"三"字型。

在CSS3中，使用box-orient属性指定多个元素的排列方向，针对Firefox浏览器，需要将其写为-moz-box-orient，针对Safari浏览器或者Chrome浏览器，需要将其写为-webkit-box-orient，IE浏览器不支持该属性。

box-orient属性的默认值为horizontal（水平方向排列），也就是说在不设置该属性的时候元素都是按照水平的方式排列的,如果布局需要也可将其值设为 vertical(表示垂直方向排列)。

本例在 9.6.1 节自适应窗口的弹性盒布局的例子的基础上,将水平放置的 3 个 div 元素改为垂直放置。由于网页内容的总宽度由 container 元素设为了 80%,最大不超过 1 000 px,因此在垂直排列时不需要再设每个 div 元素的宽度,它们的宽度都和 container 元素相同,同理,由于宽度已由 container 元素决定,也无须在 content 元素中设置 box – flex 属性。

在设置过 box 属性的 wrapper 中加入 box – orient 属性,并设置属性值为 vertical,则左侧边栏、中间内容、右侧边栏的排列方向将从水平方向排列变为垂直方向排列,如图 9 – 26 所示。

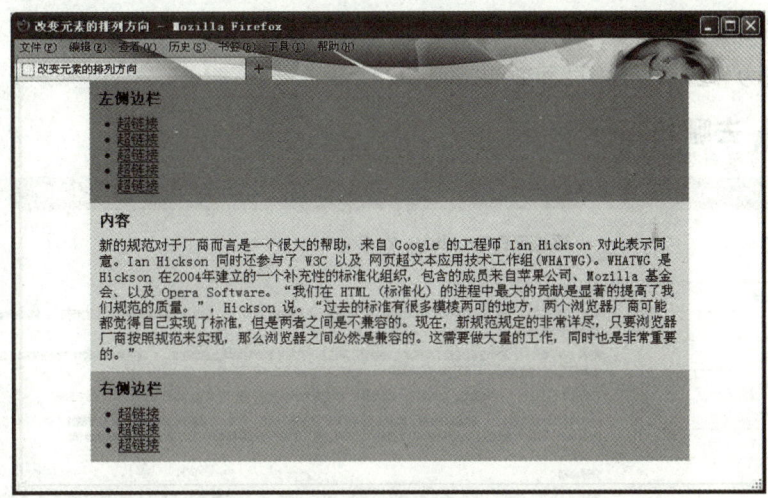

图 9 – 26　改变元素的排列方向

代码如下:

```css
#container{
    width:80% ;
    max-width:1000px;
    margin:0 auto;
}
#wrapper{
    display: -moz-box;
    display: -webkit-box;
    -moz-box-orient:vertical;
    -webkit-box-orient:vertical;
}
#left-sidebar{
    background-color: #AAA;
    padding: 10px;
}
#content{
    padding: 10px;
    background-color: #EEE;
```

```
}
#right-sidebar {
    background-color: #CCC;
    padding: 10px;
}
```

9.7 综合实例

根据本章介绍的页面布局知识，结合前面章节介绍的超链接导航条以及 CSS 设置样式的方法，制作图 9-27 所示的页面效果。

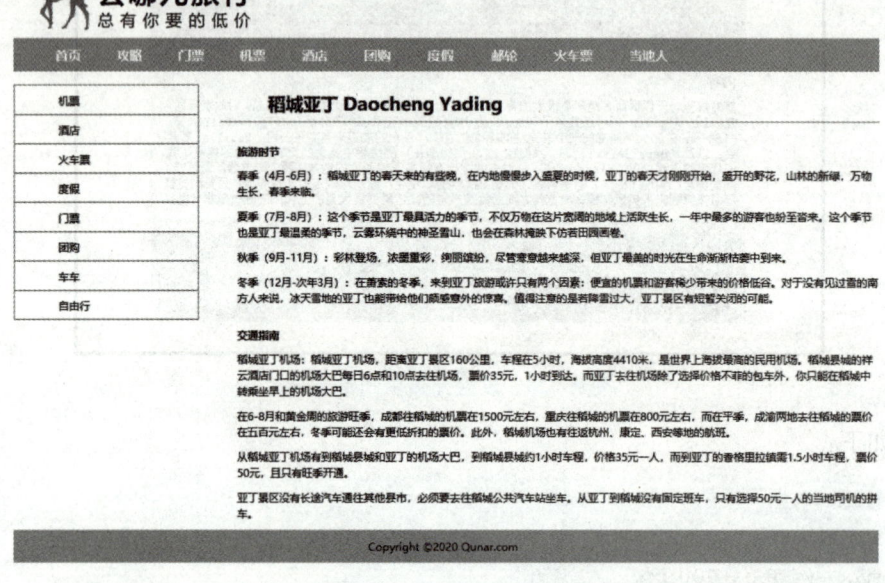

图 9-27 综合实例

首先，完成 HTML 的结构内容部分：

（1）新建页面，在 <title> 标签中输入"综合实例——去哪儿"作为页面标题。

（2）观察整个页面内容，根据语义选择使用哪个标签。页面最上方的页眉部分使用 header 和 nav 元素，页面最下方的页脚部分使用 footer 元素，左侧边栏是附属信息，使用 aside 元素，右侧边栏是独立的文章，使用 article 元素，内容中的小节可以使用 section 元素。

（3）为了方便设置整个页面内容的样式，使用 id 为 wrapper 的 div 元素将所有元素包围起来。

（4）为了方便设置左、右侧边栏的样式及布局，分别使用 class 为 leftsider 的 div 元素和 class 为 content 的 div 元素将左、右侧边栏目内容包围起来。

HTML 部分代码如下：

```
<body>
<!-- 页面开始 -->
```

```html
<div id = "wrapper" >

    <!-- 页首开始 -->
    <header > < img src = "logo.png" />
        <!-- 主导航开始 -->
        <nav class = "mainnavi" >
            <ul >
                <li > <a href = "#" >首页 </a > </li >
                ……
                ……
                <li > <a href = "#" >当地人 </a > </li >
            </ul >
        </nav >
        <!-- 主导航结束 -->
    </header >
    <!-- 页眉结束 -->

    <!-- 左侧边栏开始 -->
    <div class = "leftsider" >
        <aside >
            <nav >
                <ul >
                    <li > <a href = "#" >机票 </a > </li >
                    ……
                    ……
                    <li > <a href = "#" >自由行 </a > </li >
                </ul >
            </nav >
        </aside >
    </div >
    <!-- 左侧边栏结束 -->

    <!-- 右侧正文开始 -->
    <div class = "content" >
        <article >
            <header >
                <h1 >稻城亚丁 Daocheng Yading </h1 >
            </header >
            <section >
                <h2 >旅游时节 </h2 >
                ……
            </section >
            <section >
                <h2 >交通指南 </h2 >
                ……
            </section >
        </article >
    </div >
```

```
        <!-- 右侧正文结束 -->

    <div class = "clear"> </div>
    <!-- 页脚开始 -->
    <footer>
       <p>Copyright 2020 Qunar.com </p>
    </footer>
    <!-- 页脚结束 -->

</div>
<!-- 页面结束 -->
</body>
```

新建样式表文件"common.css",在 HTML 的 <head> 标签中链接外部样式表,代码如下:

```
<link rel = "stylesheet" href = "common.css" />
```

在"common.css"中依次设置各部分样式:

(1) 设置网页整体样式,将 wrapper 宽度设为 980px,并将其设为水平居中,代码如下:

```
* {
    margin: 0px;
    padding: 0px;
}
body {
    font-size: 12px;
}
#wrapper {
    width: 980px;
    margin: 0 auto;
}
```

(2) 设置使用列表制作的主导航的样式,如图 9-28 所示,代码如下:

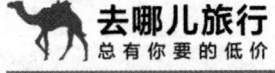

图 9-28 主导航条

```
.mainnavi {
     background-color: #8bd1ef;
}
.mainnavi ul {
     font-size: 14.7px;
     font-weight: bold;
     padding-top: 9px;
     padding-bottom: 8px;
     margin-left: 30px;
}
```

```css
.mainnavi li {
    display: inline;
    padding-right: 20px;
    padding-left: 17px;
}
.mainnavi a:link,
.mainnavi a:visited {
    color: #FFF;
    text-decoration: none;
}
.mainnavi a:hover {
    color: #000;
}
```

（3）设置左侧边栏样式，左侧边栏依旧是由列表制作的导航条。为了实现多栏布局，这里使用 float 和 clear 属性，设置 float 为 left，效果如图 9-29 所示，代码如下：

```css
.leftsider {
    clear: none;
    float: left;
    width: 210px;
    border-top: 1px solid #8bd1ef;
    border-left: 1px solid #8bd1ef;
    border-right: 1px solid #8bd1ef;
}
.leftsider ul {
    list-style-type: none;
}
.leftsider li {
    border-bottom: 1px solid #6eafcc;
}
.leftsider a:link,
.leftsider a:visited {
    color: #000;
    padding-left: 50px;
    padding-top: 9px;
    padding-bottom: 7px;
    display: inline-block;
    width: 160px;
    text-decoration: none;
}
.leftsider a:hover {
    color: #FFF;
    background-color: #8bd1ef;
}
```

（4）右侧正文部分设置 float 为 right，为正文部分的标题 h1、h2 以及段落 p 添加样式，如图 9-30 所示，代码如下：

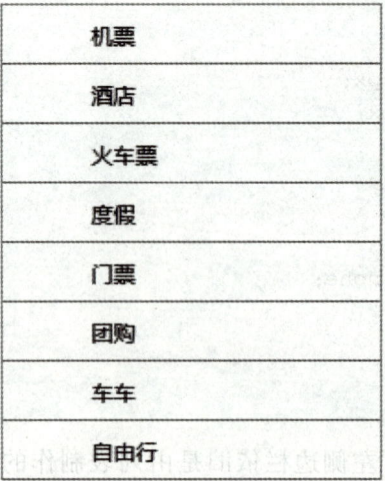

图 9-29　左侧边栏

稻城亚丁 Daocheng Yading

旅游时节

春季（4月-6月）：稻城亚丁的春天来的有些晚，在内地慢慢步入盛夏的时候，亚丁的春天才刚刚开始，盛开的野花，山林的新绿，万物生长，春季来临。

夏季（7月-8月）：这个季节是亚丁最具活力的季节，不仅万物在这片宽阔的地域上活跃生长，一年中最多的游客也纷至沓来。这个季节也是亚丁最温柔的季节，云雾环绕中的神圣雪山，也会在森林掩映下仿若田园画卷。

秋季（9月-11月）：彩林登场，浓墨重彩，绚丽缤纷，尽管寒意越来越深，但亚丁最美的时光在生命渐渐枯萎中到来。

冬季（12月-次年3月）：在萧索的冬季，来到亚丁旅游或许只有两个因素：便宜的机票和游客稀少带来的价格低谷。对于没有见过雪的南方人来说，冰天雪地的亚丁也能带给他们颇感意外的惊喜。值得注意的是若降雪过大，亚丁景区有短暂关闭的可能。

交通指南

稻城亚丁机场：稻城亚丁机场，距离亚丁景区160公里，车程在5小时，海拔高度4410米，是世界上海拔最高的民用机场。稻城县城的祥云酒店门口的机场大巴每日6点和10点去往机场，票价35元，1小时到达。而亚丁去往机场除了选择价格不菲的包车外，你只能在稻城中转乘坐早上的机场大巴。

在6-8月和黄金周的旅游旺季，成都往稻城的机票在1500元左右，重庆往稻城的机票在800元左右，而在平季，成渝两地去往稻城的票价在五百元左右，冬季可能还会有更低折扣的票价。此外，稻城机场也有往返杭州、康定、西安等地的航班。

从稻城亚丁机场有到稻城县城和亚丁的机场大巴，到稻城县约1小时车程，价格35元一人，而到亚丁的香格里拉镇需1.5小时车程，票价50元，且只有旺季开通。

亚丁景区没有长途汽车通往其他县市，必须要去往稻城公共汽车站坐车。从亚丁到稻城没有固定班车，只有选择50元一人的当地司机的拼车。

图 9-30　正文部分样式

```
.content {
    clear: none;
    float: right;
    width: 723px;
    padding-left: 20px;
    border: 1px solid #CCC;
}
.content header {
    margin-left: -20px;
```

```
        background-image:url(content_bg.jpg);
        padding: 0px;
}
.content h1 {
        font-size: 14.7px;
        padding-top: 8px;
        padding-bottom: 7px;
        padding-left: 55px;
}
.content h2 {
        font-size: 12px;
        margin-top: 25px;
        margin-bottom: 10px;
}
.content p {
        line-height: 1.5em;
        margin-top: 10px;
        margin-bottom: 10px;
}
```

（5）设置页脚样式，在页脚 footer 和左、右侧边栏之间添加一个 class 为 clear 的 div，并设置 clear 为 both，使左、右侧边栏的 float 属性不会影响 footer，效果如图 9-31 所示，代码如下：

图 9-31　页脚

```
.clear {
        clear: both;
}
footer {
        background-color: #8bd1ef;
        padding: 10px;
        text-align: center;
}
```

要点回顾

在常见的布局方式中，以像素为单位设置大小的固定布局经常为公司网站或大型网站所使用，针对移动设备用户，则选择以百分比或 em 为单位的流式布局和弹性布局。实现多栏布局的方法有多种，其中弹性盒布局方式最为灵活，调整最方便，但是浏览器的支持程度不高，只有 Firefox、Safari、Opera 以及 Chrome 在带厂商前缀的情况下才可以使用，IE 浏览器不支持该方式。使用 float 和 clear 属性结合的方式设置多栏布局是比较传统的做法，在这种方法下，虽然多个栏目的高度不同，但可以通过 javaScript 代码来弥补。

习题九

一、选择题

1. 下列不属于常见的页面布局方式的是（　　）。
   A. 流式布局　　　　B. 固定布局　　　　C. 静态布局　　　　D. 弹性布局
2. 下列（　　）是常见的页面布局结构。
   A. "X"字型结构　　B. "S"字型结构　　C. "E"字型结构　　D. "T"字型结构
3. 要使某个 div 元素放置在浏览器水平居中的位置，应设置其 margin 值为（　　）。
   A. 0 auto　　　　　B. auto 0　　　　　C. center auto　　　D. auto center

二、填空题

1. 要使一个元素左、右两端都不允许有浮动元素，应该将其 clear 值设为_____。
2. 在弹性盒布局中，将 box – orient 设为_____表示栏目垂直排列放置。
3. 可以实现多栏布局的方法有：_____、_____ 和 _____。

实　训

使用弹性盒布局的方式，制作图 9 – 32 所示的网页。

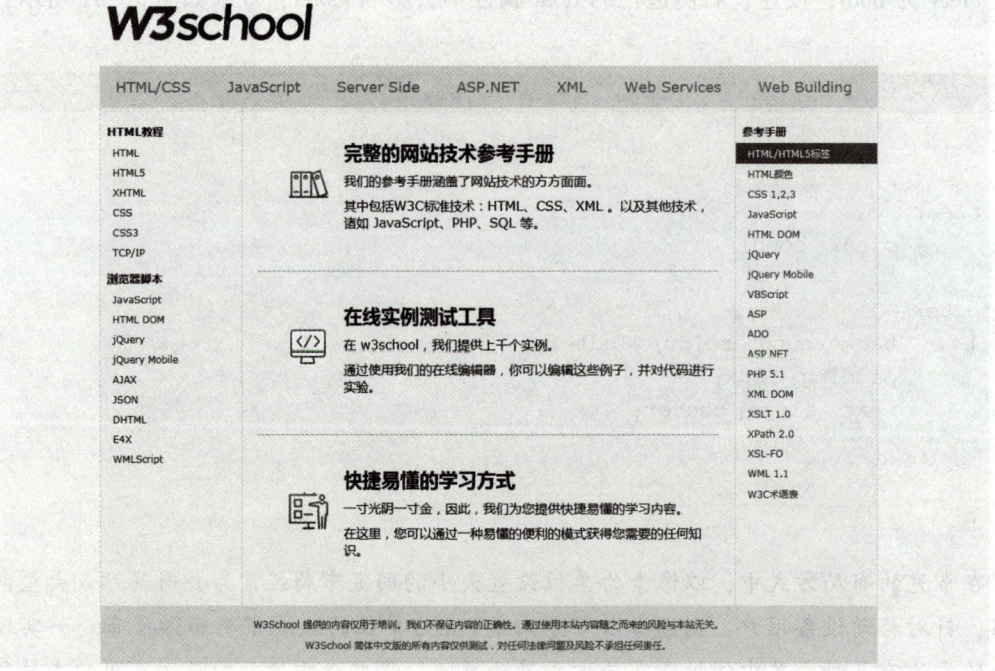

图 9 – 32　弹性盒布局页面

1. 训练要点

（1）页面布局结构；

（2）CSS 盒模型；

（3）盒布局；

(4) 自适应窗口的弹性盒布局。

2. 操作提示

(1) 页面主体 < div id = "wrapper" > 宽度设置为 80%，最大宽度为 1 000 px，最小宽度为 780 px；

(2) 页面采用"同"字型布局，上方为页眉 header 和 nav，左、右侧边栏为 aside，中间主体内容为 article；

(3) 采用盒布局，用 id 为 container 的 div 将左、右侧边栏和主体内容包围起来；

(4) 在中间主体内容上设置 box – flex 属性，使其随浏览器宽度的变化而变化。

第 10 章 表格

本章导读

在生活中经常需要用到表格，它也是网页设计中不可或缺的一个元素。表格在网页中的主要功能是组织数据，以清晰的二维列表方式显示出来，方便用户查询和浏览。本章介绍表格的制作、基本标签、拆分与合并，以及使用 CSS 美化表格的方法。

10.1 结构化表格

表格可以看作由若干单元格组成的，其横排为行，竖排为列，每行由一个或多个单元格组成。

10.1.1 表格基本标签

表格由行、列和单元格 3 部分组成，一般通过 3 个标签来创建，分别是表格标签 <table>、行标签 <tr> 和单元格标签 <td>。行列交汇形成单元格，是输入信息的地方。表格的各种属性都要在表格的开始标签 <table> 和表格的结束标签 </table> 之间才有效。基本语法格式为：

```
<table>
    <tr>
        <td>单元格中的文字</td>
        <td>单元格中的文字</td>
        ……
    </tr>
    <tr>
        <td>单元格中的文字</td>
        <td>单元格中的文字</td>
        ……
    </tr>
</table>
```

<table>和</table>标签分别表示表格的开始和结束；<tr>和</tr>标签分别表示行的开始和结束，在表格中包含几组<tr>…</tr>，就表示该表格有几行；<td>和</td>标签表示单元格的开始和结束。

实例代码如下：

```html
<body>
<h3>2012年伦敦奥运会奖牌榜</h3>
<table width="500" border="1">
    <tr>
        <td>国家</td>
        <td>金牌</td>
        <td>银牌</td>
        <td>铜牌</td>
        <td>总数</td>
    </tr>
    <tr>
        <td>美国</td>
        <td>46</td>
        <td>29</td>
        <td>29</td>
        <td>104</td>
    </tr>
    <tr>
        <td>中国</td>
        <td>38</td>
        <td>27</td>
        <td>23</td>
        <td>88</td>
    </tr>
    <tr>
        <td>英国</td>
        <td>29</td>
        <td>17</td>
        <td>19</td>
        <td>65</td>
    </tr>
</table>
</body>
```

运行这段代码，效果如图10-1所示。这是一个4行5列的表格，border属性是表格的边框线宽度，这里定义为1，如果设置为0，则在浏览器中浏览时不会显示边框线。

图 10-1 基本表格

10.1.2 标题单元格 th

表格中还有一种特殊的单元格，称为表头，也就是标题单元格。表头一般位于表格的第一行或第一列，用 <th> 和 </th> 标签来表示，即 table head。它是 <td> 单元格的一种变体，实质上仍是一种单元格。一般情况下，浏览器会以粗体和居中的样式显示 <th> 标签中的内容。

基本语法为：

```
<table>
    <tr>
        <th>表格的表头</th>
        <th>表格的表头</th>
        ……
    </tr>
    <tr>
        <td>单元格中的文字</td>
        <td>单元格中的文字</td>
        ……
    </tr>
</table>
```

将上例略作修改，添加 <th> 标签，代码如下：

```
<body>
<h3>2012年伦敦奥运会奖牌榜</h3>
<table width="500" border="1">
    <tr>
        <th>国家</th>
        <th>金牌</th>
        <th>银牌</th>
        <th>铜牌</th>
        <th>总数</th>
    </tr>
```

```
        <tr>
            <td>美国</td>
            <td>46</td>
            <td>29</td>
            <td>29</td>
            <td>104</td>
        </tr>
        <tr>
            <td>中国</td>
            <td>38</td>
            <td>27</td>
            <td>23</td>
            <td>88</td>
        </tr>
        <tr>
            <td>英国</td>
            <td>29</td>
            <td>17</td>
            <td>19</td>
            <td>65</td>
        </tr>
    </table>
</body>
```

运行结果如图 10-2 所示。

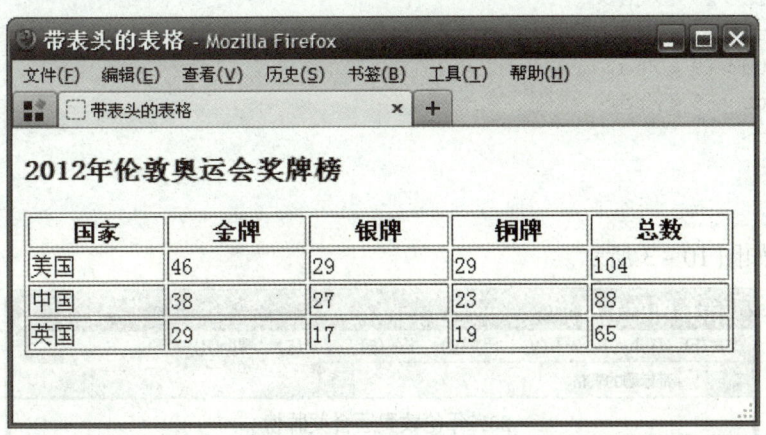

图 10-2 带表头的表格

与图 10-1 所示的运行结果相比,可以看到,本例中表头 <th> 标记的文字都显示为粗体并居中。

10.1.3 表格标题 caption

<caption> 标签用来设置表格标题。表格标题虽然不会显示在表格的框线范围之内,但仍应看作表格的组成部分,它位于整个表格的第一行,如同在表格上方加一个没有边框的行,用来存放表格标题。基本语法为:

```html
<table>
    <caption>表格标题</caption>
    <tr>
        ……
    </tr>
</table>
```

同样修改上一个实例的代码，添加表格标题：

```html
<body>
<table width="500" border="1">
    <caption>
    2012年伦敦奥运会奖牌榜
    </caption>
    <tr>
        <th>国家</th>
        <th>金牌</th>
        <th>银牌</th>
        <th>铜牌</th>
        <th>总数</th>
    </tr>
    ……
    <tr>
        <td>英国</td>
        <td>29</td>
        <td>17</td>
        <td>19</td>
        <td>65</td>
    </tr>
</table>
</body>
```

运行结果如图10-3所示。

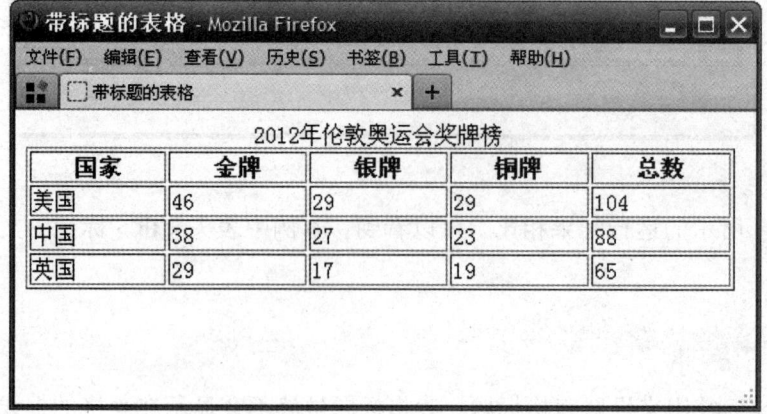

图10-3 表格标题

10.1.4 thead、tbody、tfoot

从表格结构的角度来看，可以把表格按行进行分组，称为"行组"。不同的行组具有不同的意义。行组分为3类：表头、主体和脚注。三者对应的 HTML 标签依次为 < thead >、< tbody > 和 < tfoot >。

实例代码如下：

```
<body>
<table width = "460" border = "1">
  <thead>
    <tr>
      <td colspan = "2">产品</td>
      <td colspan = "2">描述信息</td>
    </tr>
    <tr>
      <td>公司</td>
      <td>编号</td>
      <td>用途</td>
      <td>价格</td>
    </tr>
  </thead>
  <tbody>
    <tr>
      <td rowspan = "2">大众</td>
      <td>DZ-1</td>
      <td>中端客户</td>
      <td>100.00</td>
    </tr>
    <tr>
      <td>DZ-2</td>
      <td>低端客户</td>
      <td>50.00</td>
    </tr>
    <tr>
      <td>前沿</td>
      <td>JY-1</td>
      <td>高端客户</td>
      <td>200.00</td>
    </tr>
  </tbody>
  <tfoot>
    <tr>
      <td>2</td>
      <td>3</td>
      <td>3</td>
      <td>120.00</td>
    </tr>
```

```
        </tfoot>
</table>
</body>
```

运行结果如图 10-4 所示。

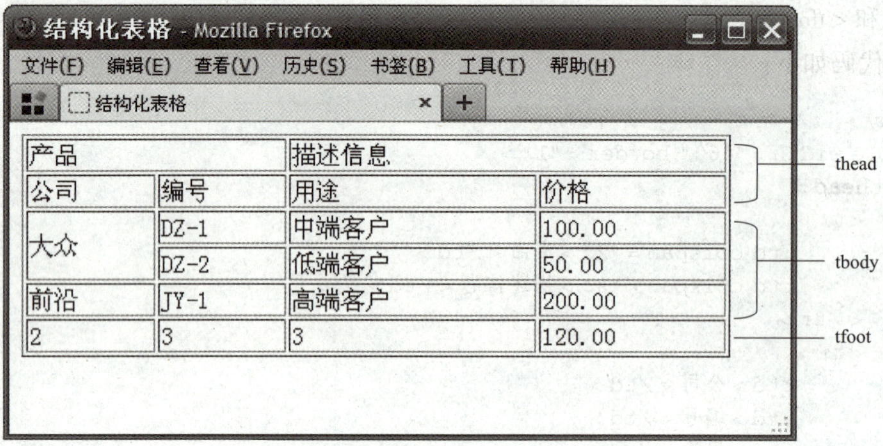

图 10-4 结构化表格

设置 <thead>、<tbody> 和 <tfoot> 这样的行组标签，可以更准确地表达网页的内容，搜索引擎或者其他系统可以更好地理解网页内容，另一个重要因素是，使用 CSS 可以更方便地按照结构进行表格样式设定。

10.2 单元格跨行或跨列

单元格跨行或跨列是指一个单元格在垂直或水平方向占据多行或多列，简单来说，就是将垂直或水平方向的多个单元格合并成一个单元格，即合并单元格。单元格跨行由单元格的 rowspan 属性实现，单元格跨列由 colspan 属性实现。

1. 单元格跨行——rowspan

rowspan 属性的作用是指定单元格纵向跨越的行数。基本语法为：

```
<td rowspan = "单元格跨行数">
```

例如要实现一个单元格跨 2 行，则代码为：

```
<td rowspan = "2">
```

来看一个具体实例：

```
<body>
<table width = "380" border = "1">
    <caption>
    今日菜单
    </caption>
    <tr>
        <th width = "105">类别</th>
```

```html
            <th width = "155" >名称</th>
            <th width = "110" >价格</th>
        </tr>
        <tr>
            <td rowspan = "2" >主食</td>
            <td>芝士焗饭</td>
            <td>&yen;42.00</td>
        </tr>
        <tr>
            <td>烤肉披萨</td>
            <td>&yen;55.00</td>
        </tr>
        <tr>
            <td rowspan = "3" >新品</td>
            <td>嫩牛香酥卷</td>
            <td rowspan = "3" >8折优惠</td>
        </tr>
        <tr>
            <td>果蔬拼盘</td>
        </tr>
        <tr>
            <td>黑白慕斯</td>
        </tr>
</table>
</body>
```

代码中加粗的部分所做的操作就是单元格跨行，其运行结果如图10-5所示。

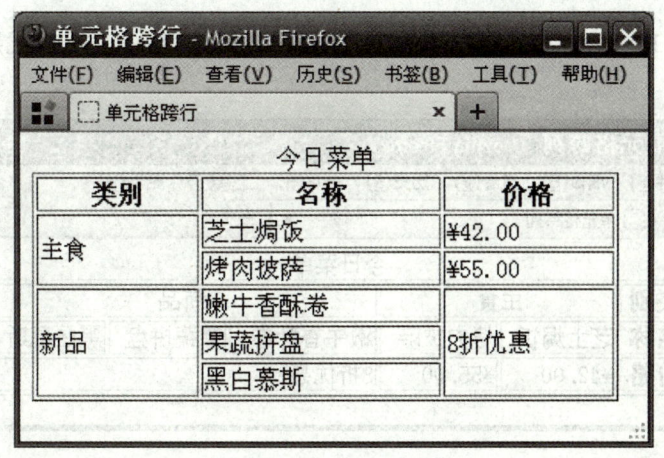

图10-5 单元格跨行

2. 单元格跨列——colspan

单元格跨列由 colspan 属性进行定义。基本语法为：

```html
<td colspan = "单元格跨列数" >
```

单元格跨列数就是这个单元格所跨列的个数。

将上个实例的格式改变一下，代码如下：

```html
<body>
<table width="460" border="1">
  <caption>
  今日菜单
  </caption>
  <tr>
      <th scope="row">类别</th>
      <td colspan="2" align="center">主食</td>
      <td colspan="3" align="center">新品</td>
  </tr>
  <tr>
      <th scope="row">名称</th>
      <td>芝士焗饭</td>
      <td>烤肉披萨</td>
      <td>嫩牛香酥卷</td>
      <td>果蔬拼盘</td>
      <td>黑白慕斯</td>
  </tr>
  <tr>
      <th scope="row">价格</th>
      <td>&yen;42.00</td>
      <td>&yen;55.00</td>
      <td colspan="3">8折优惠</td>
  </tr>
</table>
</body>
```

运行结果如图10-6所示，可以看到"主食""新品"以及"8折优惠"单元格都实现了跨列操作。

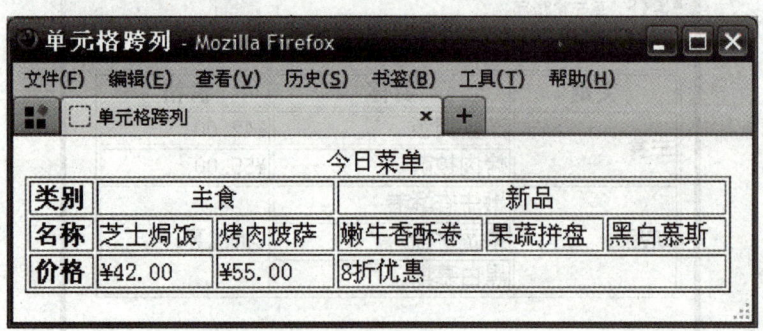

图10-6　单元格跨列

10.3 表格属性

在创建表格之后，还需要对表格的各方面属性进行调整，表格的基本属性见表10-1。

表 10-1 表格的基本属性

属性	描述
width、height	宽度、高度
border	边框
bordercolor	边框颜色
bgcolor	背景颜色
background	背景图片
cellspacing	单元格间距
cellpadding	单元格边距
align	对齐方式
frame	表格外边框样式
rules	表格内边框样式

上表中列举的属性,在前面章节中都有接触,读者应该不会陌生。按照内容(HTML)与样式(CSS)分离的原则,表格的大小、背景、颜色、边框、间距、对齐方式等属性的设置应该交由 CSS 样式表完成,因此不推荐在 HTML 中使用上述属性对表格样式进行调整。

10.4 使用 CSS 美化表格

上一节中说过,表格样式的设置应该在 CSS 中完成。常用的设置表格样式的属性包括:
(1) width:设置表格或单元格的宽度。
(2) height:设置表格或单元格的高度。
(3) border:对 table 设置该属性,控制的是表格的外边框;对 td 设置该属性,控制的是每一个单元格的边框。
(4) border - collapse:设置表格边框是否合并为单一边框(从前几节的例子中可以看出,表格的边框有外边框和单元格边框,这两个边框是分开显示的,border - collapse 可以将外边框与单元格边框合并。)
(5) background:设置表格或单元格的背景。
(6) text - align:设置表格或单元格中内容的水平对齐方式。
(7) padding:设置单元格内间距。
下面通过一个实例来看 CSS 如何彻底改变表格样式,使表格看起来更精致。
本例以制作一个音乐播放列表为例,首先搭建出表格的 HTML 基本结构,这是一个 16 行 5 列的表格,代码如下,效果如图 10 - 7 所示。

```
<body>
<div id = "wrapper">
```

```html
<table>
    <caption>
    A playlist of my music
    </caption>
    <thead>
        <tr>
            <th>Song Name</th>
            <th>Time</th>
            <th>Artist</th>
            <th>Album</th>
            <th>Play Count</th>
        </tr>
    </thead>
    <tbody>
        <tr>
            <td>思君赋</td>
            <td>3:40</td>
            <td>HITA</td>
            <td>茶蘼</td>
            <td>3</td>
        </tr>
        ……
        ……
    </tbody>
    <tfoot>
        <tr>
            <td colspan="5">Music selection by: *********</td>
        </tr>
    </tfoot>
</table>
</div>
</body>
```

图10-7 没有设置任何样式的表格

使用 CSS 对页面整体环境进行设置，代码如下：

```
*{
    margin: 0px;
    padding: 0px;
}
body{
    font-size: 12px;
    font-family: Verdana, Geneva, sans-serif;
    padding-top: 20px;
}
#wrapper{
    width: 80%;
    max-width: 1000px;
    margin: 0 auto;
}
```

接下来对表格的整体和标题进行设置，代码如下：

```
table{
    width: 100%;
    border-collapse: collapse;  /* 边框合并为一个单一的边框 */
}
caption{
    font-size: 14.7px;
    text-transform: uppercase;
    padding:0 0 5px 0;
}
```

此时的效果如图 10-8 所示，可以看到整体的文字样式和标题的样式已经设置完成。

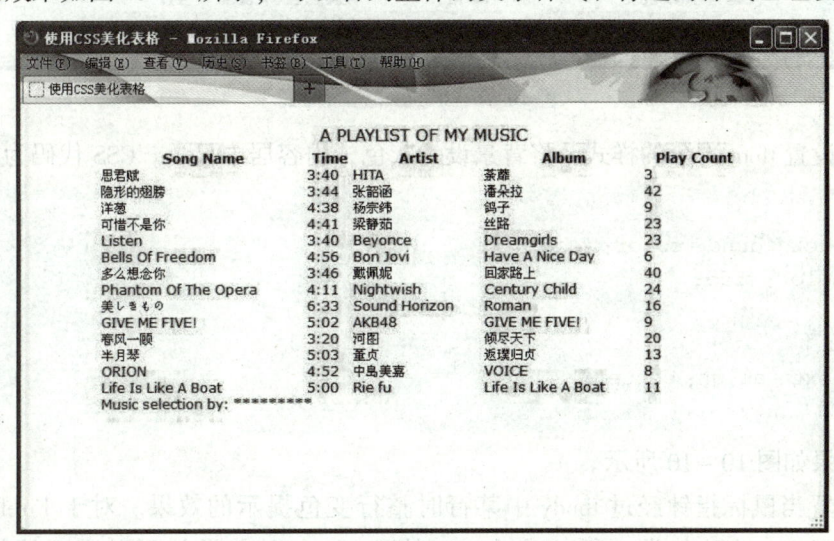

图 10-8　设置页面及表格整体样式

现在设置各单元格的样式。为所有的单元格（th 和 td）添加边框和内间距，为表头添加背景图片，代码如下：

```
th, td {
    border: 1px solid #c9c9c9;
    padding:2px 5px;
}
th{
    text-align: left;
    background-image: url(images/table-header-stripe.gif);
    background-repeat: repeat-x;
    background-position: 0 50%;
}
```

在浏览器中预览，可以看到整个表格有了边框，单元格有内间距，表头上有背景图片，如图10-9所示。

图 10-9　设置单元格样式

接下来设置 tfoot 部分的样式，将背景设为灰色，内容居中显示。CSS 代码为：

```
tfoot{
    background-color: #ddd;
    color: #555;
}
tfoot td {
    text-align: center;
}
```

此时效果如图10-10所示。

最后设置当鼠标指针经过 tbody 中某行时整行变色提示的效果。对于 Firefox 浏览器，它完善支持":hover"伪类，所以通过 CSS 的":hover"伪类就可以实现该效果。代码如下：

图 10 – 10　设置 tfoot 部分的样式

```
tbody tr:hover{
    background-color: #eee;
}
```

效果如图 10 – 11 所示。

图 10 – 11　鼠标指针经过 tbody 中某行时整行变色

此时，表格的制作已经完成，对比起始效果和最终的完成效果，可以看到表格样式的变化非常大，这都是通过 CSS 实现的。

注意：这个表格还可以通过 JavaScript 代码设置奇、偶行背景颜色不一样的效果，如图 10 – 12 所示，Javascript 代码在这里不展开介绍。

A PLAYLIST OF MY MUSIC

Song Name	Time	Artist	Album	Play Count
思君赋	3:40	HITA	茶蘼	3
隐形的翅膀	3:44	张韶涵	潘朵拉	42
洋葱	4:38	杨宗纬	鸽子	9
可惜不是你	4:41	梁静茹	丝路	23
Listen	3:40	Beyonce	Dreamgirls	23
Bells Of Freedom	4:56	Bon Jovi	Have A Nice Day	6
多么想念你	3:46	戴佩妮	回家路上	40
Phantom Of The Opera	4:11	Nightwish	Century Child	24
美しきもの	6:33	Sound Horizon	Roman	16
GIVE ME FIVE!	5:02	AKB48	GIVE ME FIVE!	9
春风一顾	3:20	河图	倾尽天下	20
半月琴	5:03	董贞	返璞归贞	13
ORION	4:52	中岛美嘉	VOICE	8
Life Is Like A Boat	5:00	Rie fu	Life Is Like A Boat	11
Music selection by: *********				

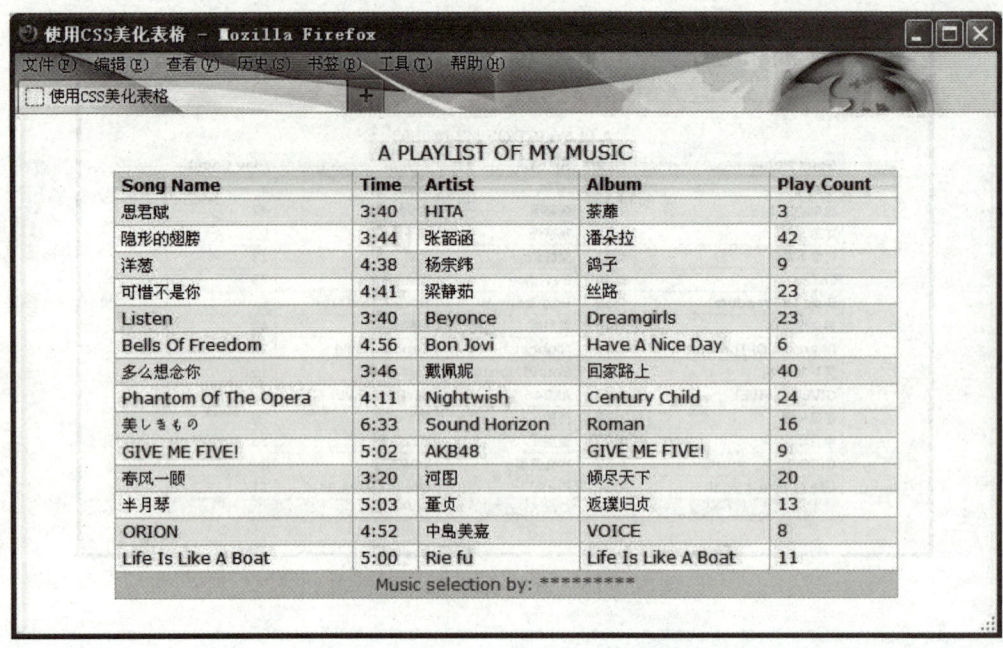

图 10－12　使用 JavaScript 代码设置奇、偶行的不同样式

10.5 综合实例

使用表格表示数据、制作调查表等应用在网络中非常普遍，同时表格因为框架简单、明了，所以一直受到网页设计者们的青睐。日历是网络中比较常见的一种表格应用。在本综合实例中，制作一个简易的日历，如图 10－13 所示。

2021年1月

一	二	三	四	五	六	日
				1 元旦	2 十九	3 二十
4 廿一	5 小寒	6 廿三	7 廿四	8 廿五	9 廿六	10 廿七
11 廿八	12 廿九	13 十二月	14 初二	15 初三	16 初四	17 初五
18 初六	19 初七	20 大寒	21 初九	22 初十	23 十一	24 十二
25 十三	26 十四	27 十五	28 十六	29 十七	30 十八	31 十九

图 10－13　日历

具体操作步骤如下：

（1）新建页面，在页面中插入表格，并搭建出表格的 HTML 基本结构，代码如下：

```html
<html>
    <head>
        <title>日历</title>
        <link href="rili.css" rel="stylesheet" type="text/css" />
    </head>
    <body>
        <article>
        <table class="month">
            <caption>2021年1月</caption>
            <tr>
                <th scope="col">一</th>
                <th scope="col">二</th>
                <th scope="col">三</th>
                <th scope="col">四</th>
                <th scope="col">五</th>
                <th scope="col">六</th>
                <th scope="col">日</th>
            </tr>
            <tr>
                <td> </td>
                <td> </td>
                <td> </td>
                <td> </td>
                <td>1<ul><li class="special">元旦</li></ul></td>
                <td>2<ul><li>十九</li></ul></td>
                <td>3<ul><li>二十</li></ul></td>
            </tr>
            <tr>
                <td class="active">4<ul><li>廿一</li></ul></td>
                <td>5<ul><li class="special">小寒</li></ul></td>
                <td>6<ul><li>廿三</li></ul></td>
                <td>7<ul><li>廿四</li></ul></td>
                <td>8<ul><li>廿五</li></ul></td>
                <td>9<ul><li>廿六</li></ul></td>
                <td>10<ul><li>廿七</li></ul></td>
            </tr>
            <tr>
                <td>11<ul><li>廿八</li></ul></td>
                <td>12<ul><li>廿九</li></ul></td>
                <td>13<ul><li>十二月</li></ul></td>
                <td>14<ul><li>初二</li></ul></td>
                <td>15<ul><li>初三</li></ul></td>
                <td>16<ul><li>初四</li></ul></td>
                <td>17<ul><li>初五</li></ul></td>
            </tr>
            <tr>
                <td>18<ul><li>初六</li></ul></td>
                <td>19<ul><li>初七</li></ul></td>
```

```
                <td>20 <ul> <li class="special">大寒</li> </ul> </td>
                <td>21 <ul> <li>初九</li> </ul> </td>
                <td>22 <ul> <li>初十</li> </ul> </td>
                <td>23 <ul> <li>十一</li> </ul> </td>
                <td>24 <ul> <li>十二</li> </ul> </td>
            </tr>
            <tr>
                <td>25 <ul> <li>十三</li> </ul> </td>
                <td>26 <ul> <li>十四</li> </ul> </td>
                <td>27 <ul> <li>十五</li> </ul> </td>
                <td>28 <ul> <li>十六</li> </ul> </td>
                <td>29 <ul> <li>十七</li> </ul> </td>
                <td>30 <ul> <li>十八</li> </ul> </td>
                <td>31 <ul> <li>十九</li> </ul> </td>
            </tr>
        </table>
    </article>
</body>
</html>
```

上面的代码中，表格每行包含 7 个单元格。除了第一行显示的是周一至周日，后面的单元格显示的是日期。日期既包含阿拉伯数字，也包含农历日期，数字可以直接输入，而农历日期用 ul 列表列出其值。这样做是因为两者的样式不一样，用列表定义能方便在使用 CSS 设置的时候进行选择。

上面代码中在 head 部分有如下语句：

```
<link href="rili.css" rel="stylesheet" type="text/css" />
```

这是链接式 CSS 样式表，即把 CSS 样式定义在"rili.css"文件中，并将文件链接到当前页面。这样如果要制作其他月份的日历，也可以使用所定义的样式。

运行结果如图 10 – 14 所示。

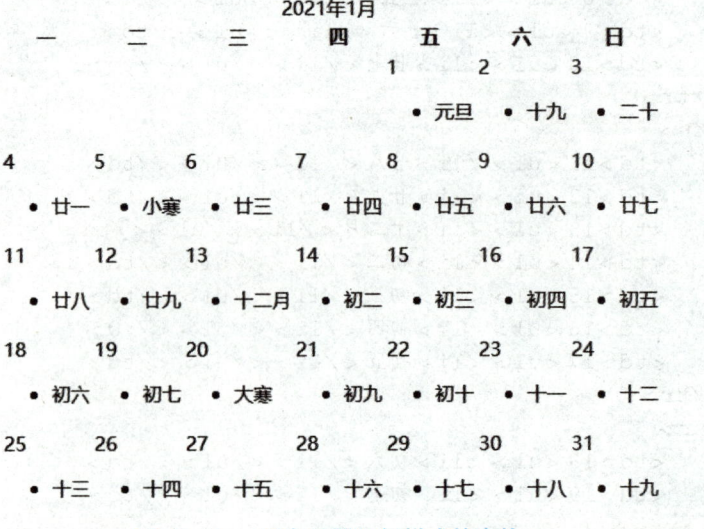

图 10 – 14　没有设置任何样式的表格

（2）新建一个 CSS 样式文件，开始编写 CSS 样式。

①首先添加对整个表格的控制，代码如下：

```css
.month{
    border-collapse: collapse;
    table-layout: fixed;
    width: 360px;
}
```

②设置 <caption> 和 <th> 的基本属性，代码如下：

```css
.month caption {
    font-family: "宋体", Arial;
    font-size: 20px;
    font-weight: bold;
    text-align: left;
    padding-bottom: 6px;
}
.month th {
    font-family: "宋体", Arial;
    font-size: 80%;
    margin: 0px;
    padding: 3px 2px 2px;
    border: 1px solid #999;
    border-bottom: none;
}
```

③对单元格进行设置，这里的字体大小主要对应数字日期，而农历日期则通过列表属性来设置，代码如下：

```css
.month td {
    font-family: "宋体", Arial;
    font-size: 18px;
    text-align: center;
    margin: 0px;
    padding: 2px 2px;
    border: 1px solid #AAA;
    font-weight: bold;
}
```

④对农历日期列表进行 CSS 控制，清除每个项目前面的小圆点，定义其字体大小及颜色，代码如下：

```css
.month ul {
    margin: 3px;
    padding: 0px;
    list-style-type: none;
}
.month ul li {
    color: #999;
```

```
    font-weight: normal;
    font-size: 12px;
}
```

此时的网页效果如图 10-15 所示。

2021年1月

一	二	三	四	五	六	日
				1 元旦	2 十九	3 二十
4 廿一	5 小寒	6 廿三	7 廿四	8 廿五	9 廿六	10 廿七
11 廿八	12 廿九	13 十二月	14 初二	15 初三	16 初四	17 初五
18 初六	19 初七	20 大寒	21 初九	22 初十	23 十一	24 十二
25 十三	26 十四	27 十五	28 十六	29 十七	30 十八	31 十九

图 10-15　日历表格的基本效果

⑤为有节气的日期设置 . special 特殊样式，字体为红色，为今天的日期添加背景颜色和边框，代码如下：

```
.month ul li.special{
    color: #F00;
}
.month td.active {
    background-color: #FFFFCC;
    border: 2px solid #FF9933;
}
```

⑥日历表中需要周六和周日显示为红色，而且是整列的样式控制，可以使用“邻接”选择器来实现。它的基本书写格式是用加号连接。例如“td + td + td {…}”表示表格的每一行中，如果有 3 个 td 相邻，那么第 3 个 td 就是选中的元素。考虑到第一行的标记是 <th>，CSS 样式定义如下：

```
td+td+td+td+td+td ,th+th+th+th+th+th{
     color: #F00;
}
```

到这里，本月的日历制作完成。如果需要制作其他月份的日历，只需搭建出该月的 HTML 结构，再链接“rili. css”样式文件就可以实现相同的页面效果。

要点回顾

表格可以清晰地显示列成表的数据，是制作网页不可缺少的元素。在过去，表格还常常被用作对文档进行布局的工具,但现在,这是必须抛弃的方法。本章介绍了在网页中使用表格的各种 HTML 标签,如表格标签 <tabel>、行标签 <tr>、单元格标签 <td>、标题标签 <caption> 等,以及单元格跨行和跨列的处理方法,并通过实例展示了如何使用 CSS 实现对表格样式的设置,从而制作出美观、精致的表格效果。

习题三

一、选择题

1. 要使表格的边框不显示,应设置 border 的值为(　　)。
   A. 1　　　　　　　　B. 0　　　　　　　　C. 2　　　　　　　　D. 3
2. 用于设置表格背景颜色的属性的是(　　)。
   A. background　　　B. bgcolor　　　　　C. BorderColor　　　D. backgroundColor
3. 以下标签中,用于定义一个单元格的是(　　)。
   A. <td> </td>　　　　　　　　　　B. <tr>…</tr>
   C. <table>…</table>　　　　　　　　　D. <caption>…</caption>
4. 以下不属于表格中标签的是(　　)。
   A. <table>　　　　　B. <tr>　　　　　　C. <td>　　　　　　D. <to>

二、填空题

1. 在设置表格大小时,可以采用两种单位,一种是_____,另一种是_____。
2. 若要将同一列的连续几个单元格合并为一个单元格,可以使用_____标记的_____属性。
3. 若要设置表格的表头、主体及表尾,可以分别使用_____、_____和_____标签。

实训

在网页中制作图 10 - 16 所示的"NGA 赛季排名"表格,并通过 CSS 设置表格样式。

1. 训练要点

(1) 表格的主要标签;
(2) 单元格跨行、跨列;
(3) 表格样式设置,包括字体、颜色、边框等。

2. 操作提示

(1) 表格总宽度设置为 700 px。
(2) 表格字体:微软雅黑。
(3) 表格标题设置:
　　　　color:#3D580B;
　　　　font - size:25 px。

NBA赛季排名

球队	胜	负	胜率
东部排名			
76人	5	1	83.3%
步行者	4	2	66.7%
骑士	4	2	66.7%
西部排名			
太阳	5	1	83.3%
鹈鹕	4	2	66.7%
快船	4	2	66.7%

图 10-16 "NBA 赛季排名"表格

第 11 章 表单

本章导读

HTML 中的表单（form）是网页中最常用的组件，本章首先对表单标签的各种属性进行了介绍，然后对表单中常用的输入类控件、多行文本控件、选择框控件及标签控件进行了举例讲解，并介绍了 HTML5 新增的 form 属性和 input 元素及属性，最后对表单布局要用到的 <fieldset> 标签和 <legend> 标签进行了说明。

11.1 表单概述

表单是用于实现网页浏览器与服务器（或者说网页所有者）之间信息交互的一种页面元素，在 WWW 上它被广泛用于各种信息的搜集和反馈。例如，图 11-1 显示了一个用于进行电子邮件系统登录的表单。

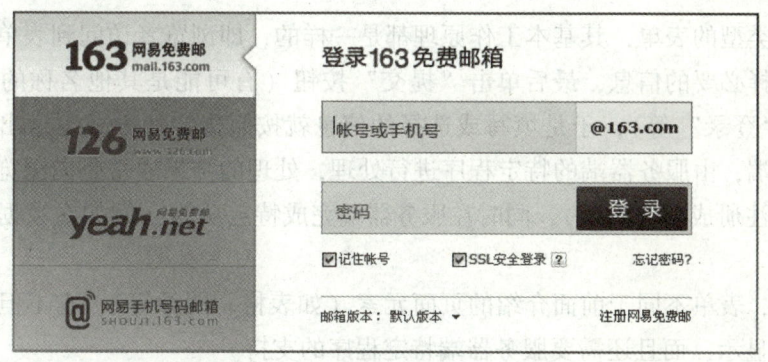

图 11-1 表单实例（1）

在这个表单中，仅包含一些简单的文字和两个文本框（严格地说，是一个文本框和一个口令框），另外还有一个"登录"按钮。浏览者在文本框中填写数据后单击"登录"按钮，则填写的内容将被传送到服务器，由服务器进行具体的处理，然后确定下一步的操作。例如，如果填写的帐号或手机号、密码都正确，则可以进入自己的邮箱；如果填写内容有误,则会显示一个提示信息输入错误的页面。

除了这样直接嵌入网页中的简单表单以外,在 WWW 中还有大量复杂的表单,可以传递更多的信息和完成更加复杂的功能。例如,在网上进行购物时,往往需要填写多个相关信息的表单,最后才能完成信息的提交;在申请一些免费帐号(电子邮件帐号或游戏帐号)时,也同样需要填写一系列的表单才能最终获得想要的帐号;另外,WWW 上大量的调查表也是用表单实现的。

图 11-2 显示稍微复杂的表单,其中包含更多种类的表单控件:文本框、口令框、单选框、下拉菜单等。

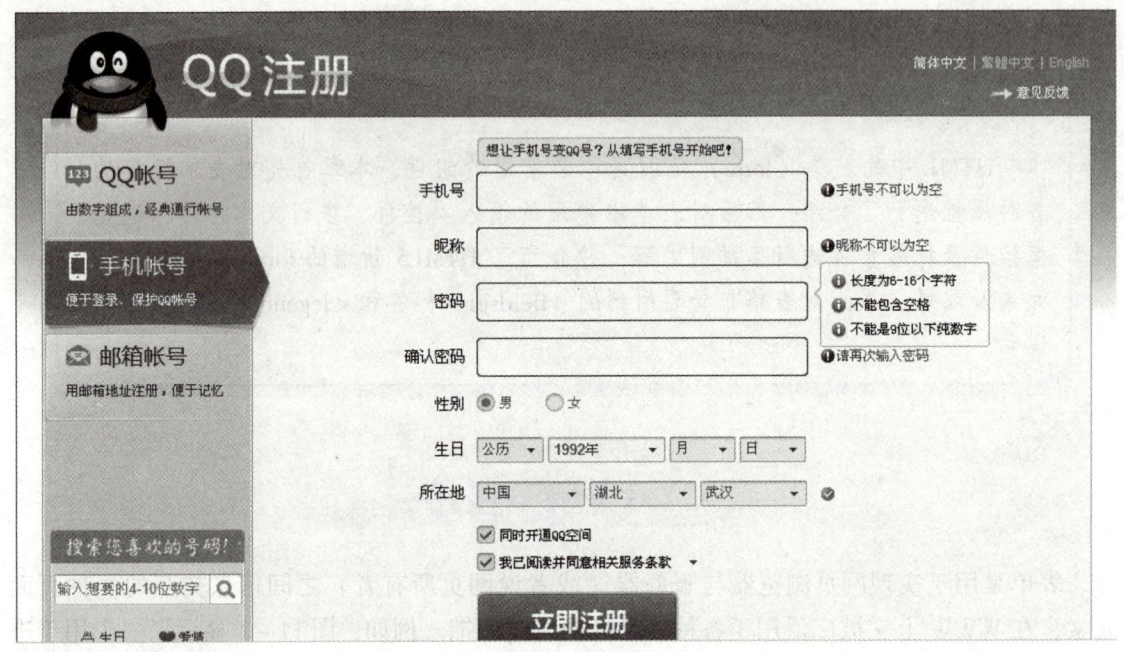

图 11-2 表单实例(2)

不论什么类型的表单,其基本工作原理都是一样的,即浏览者访问到表单页面后,在表单中填写或选择必要的信息,最后单击"提交"按钮(有可能是其他名称的按钮,如"注册""同意""登录"等),于是填写或选择的信息就按照指定的方式发送出去,通过网络传递到服务器端,由服务器端的特定程序进行处理,处理的结果通常是向浏览器返回一个页面(例如通知注册成功的页面),同时在服务器端完成特定功能(例如在数据库中记录新用户的信息)。

总而言之,表单不同于前面介绍的页面元素(如表格、图像等),它不但需要在网页中用 HTML 进行显示,而且还需要服务器端特定程序的支持。

11.2 form 元素

可用 <form> 标签来定义一个表单,当一个表单被定义后就可在表单内放置表单标记。表单使用 <form> 作为开始标签,以 </form> 结尾。在一个 HTML 页面中允许有多个表单,以表单的名字（name）和 id 作为它们之间的区分。表单格式的代码如下：

```
<form 表单标记的各种属性设置>
设置各种表单标记
</form>
```

可以通过设置 <form> 标签的属性来设定表单，语法如下：

```
<form action="URL" method="get|post" id="IDname" style="style.information"
name="formname" target="_blank|framename|_parent|_self|_top" class="classname">
```

下面对属性进行说明。

1. action

在表单收集到信息之后，需要将收集到的信息传递给服务器，action 属性设置处理表单的服务程序。当表单被提交后，表单中的数据就会发送给 action 的值所指定的程序进行处理。例如：

```
action="http://www.htmlcss.com/findmessage.asp"
```

表示表单的内容提交给网址为 www.htmlcss.com 的服务器中的"findmessage.asp"页面去处理。如果处理程序和当前的 HTML 页面在同一个目录下面，还可以使用相对地址，例如：

```
action="findmessage.asp"
```

处理程序的地址除了可以是绝对地址或相对地址外，还可以是其他形式的地址，例如：

```
action=mailto:htmlcss@163.com
```

"mailto:htmlcss@163.com"是一段链接到 E-mail 的代码，表示该表单的内容会以电子邮件的形式传递出去。

2. method

method 用于设置表单内容向服务器提交时数据的传送方式。method 属性有两个可选取值：get 和 post。

（1）当 method="get" 时，向服务器传送数据的方式为 get 方式。在这种方式下，要传送的数据会被附加在 URL 之后，被显示在浏览器的地址栏中，而且被传送的数据通常不超过 255 个字符。get 是 method 默认的值，但对数据的保密性差，不安全。例如：

```
http://www.baidu.com/s?wd=htmlcss
```

"wd=htmlcss"就是传送的数据。

（2）当 method="post" 时，向服务器提交数据采用 post 方式，这种方式传送的数据量没有限制，是以数据流的形式传送表单数据，但速度比较慢。

3. target

target 属性主要用来控制表单提交后的结果显示在哪里，规定链接的页面打开方式。在 HTML 中，根据实际需要，可选新窗口（_blank）、原窗口（_self）、父窗口（_parent）、最外层窗口(_top)4种打开方式。

4. name

name属性可以为表单指定一个名字，name属性的作用主要是区分各个表单，因为在一个页面中可能有多个表单，或者在一个表单处理程序中需要处理多个页面的表单，这个时候表单的名字就很重要了。

定义一个表单属性的例子如下：

```
<form name = "myform" action =http://www.htmlcss/message.asp method = "post" target = "_blank" >
```

该代码表示将名为"myform"的表单以post方式提交给"http://www.htmlcss/message.asp"，同时提交后返回结果的页面将打开一个新窗口进行显示。

表单的属性设置并不会直接对页面产生影响，主要是设置表单的内在属性，而不是表单的显示内容。如果让一个表单有意义，必须要有相应的表单元素。表单元素又被称为表单控件，图11-3所示是一个表单控件的示例。

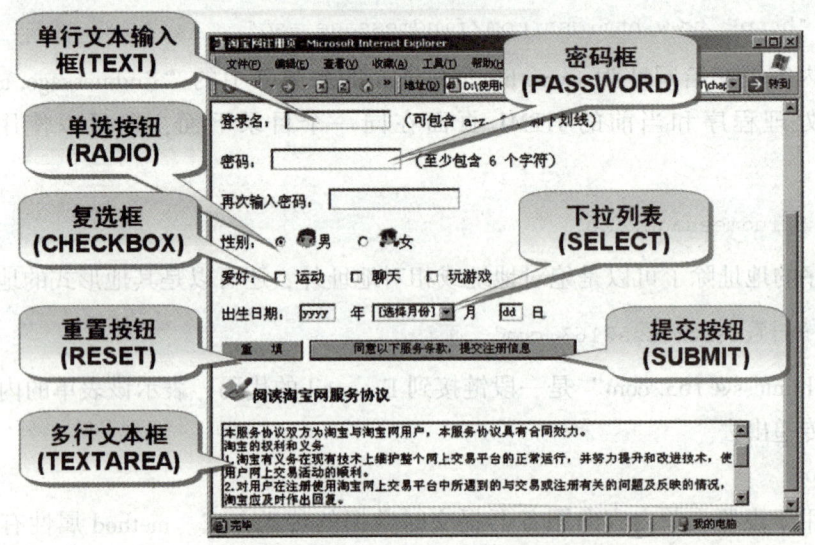

图11-3 表单控件实例

表11-1所示是一些在表单中用来定义表单控件的表单标签，在下面的内容里将会对这些标签进行讲解。

表11-1 表单标签

标签	描述
<input>	定义输入域
<textarea>	定义文本域（一个多行的输入控件）
<select>	定义一个选择列表
<option>	定义下拉列表中的选项

标签	描述
< optgroup >	定义选项组
< fieldset >	定义域
< legend >	定义域的标题
< label >	定义一个控制的标记

11.3 input 元素

最常用的表单控件是 input，这一类的表单控件被称为输入类控件，通过 < input > 来标记。输入类控件有很多种类型，通过 type 属性进行设置。< input > 标签可以为表单提供单行文本输入框、单选按钮、复选按钮、按钮等。

11.3.1 文本框 text

文本框以单行的形式显示在页面中。文本框提供最常用的文本输入功能，在文本框内可以输入数字、文本和字母等。

其语法为：

```
< input type = "text" name = "fieldname" id = "ID name" class = "class name" size = "field size" value = "default value" maxlength = "maximum field size" />
```

其中：

（1）class 属性为文本框指定类名。

（2）id 为文本框指定标识符。

（3）name 为文本框指定一个名字。

（4）type 属性用于设置 < input > 标签的类型，当 type = "text" 时指定为文本输入框。

（5）value 属性为文本框设置默认值，当文本框中有输入后，这个值被改变，它可以被脚本语言所引用。

（6）size 和 maxlength 属性用于设置文本框输出区的大小和输入内容的最大长度，这两个值可以不相同，当 size 缺省时，默认大小为 12。

简单文本框示例代码如下：

```
< body >
< form name = "form" action = "" method = "post" >
    < p align = "left" > 请输入学号
      < input name = "studentID" type = "text" />
    < /p >
< /form >
< /body >
```

运行结果如图 11-4 所示。

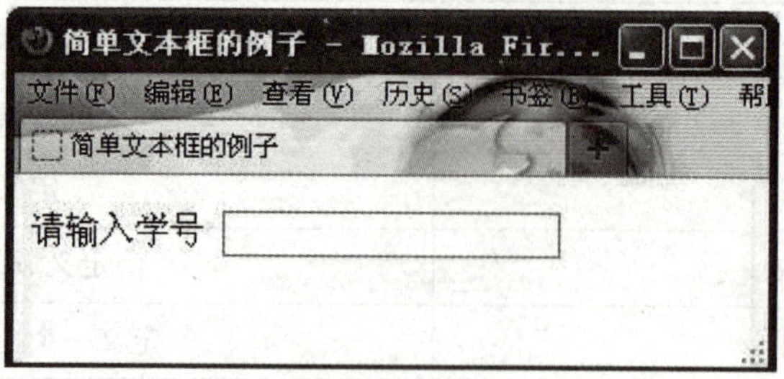

图 11-4 文本框实例

11.3.2 密码框 password

密码框的外观和文本框没有太大区别,但是在该控件中输入的内容会用"*"号显示。其语法为:

```
<input type="password" name="field name" value="default value" size="field size" />
```

type 指定了 <input> 标签的类型,其他属性的作用与文本框中的属性作用相同。

简单密码框示例代码如下:

```
<body>
<form name="form" action="" method="post">
  <p align="center">用户登录</p>
  <hr>
  用户名
  <input type="text" name="username" />
  <br />
  用户密码
  <input type="password" name="userpw" />
  <br />
</form>
</body>
```

运行结果如图 11-5 所示。

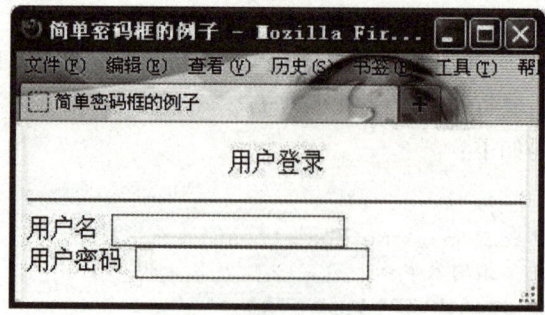

图 11-5 密码框实例

11.3.3 单选框 radio

在很多选择操作中,常常需要在多个项中选择一个。在 <input> 标签中,type 属性值为 radio 时,可设置一个单选按钮。

单选按钮的语法为:

```
<input type = "radio" name = "radio name" value = "given value" checked />
```

其中:

(1) name 属性为单选按钮指定一个名字,单选按钮是在一组选择中选一个。因此,在应用中至少需要设置两个单选按钮,为使它成为一组,必须将每个单选按钮中的 name 属性值设置成相同的,否则达不到多选一的效果,而是一选一。

(2) value 属性用于设置单选按钮的预设值。

(3) checked 属性用于指定单选按钮的初始状态。当 checked 缺省时,表明单选按钮未被选择;当设置 checked 时,表示单选按钮被选择,并且在浏览器中以实心圆显示。

单选按钮示例代码如下:

```
<body>
<form name = "myform">
    性别
    <input type = "radio" name = "sex" value = "man" checked />
    男
<input type = "radio" name = "sex" value = "women" />
    女
</form>
</body>
```

运行结果如图 11-6 所示。

图 11-6 单选按钮实例

11.3.4 复选框 checkbox

复选框与单选按钮的差异是复选框可在一组提供的选项中选择多个甚至全部。

复选框的语法为:

```
<input type = "checkbox" name = "checkboxname" value = "given value" checked>
```

其中:

(1) name 是为复选框指定一个名字,同一组中的复选框其 name 的值应相同。

(2) value 属性是复选框指定预设值,一旦复选框被选中,向服务器提交数据时,value 属性的值即被传送。

(3) checked 设置时表明复选框已被选中。

复选框示例代码如下:

```
<body>
<form name = "myform">
    您的爱好:
    <input type = "checkbox" name = "favorite" value = "读书" />
    读书
    <input type = "checkbox" name = "favorite" value = "唱歌" />
    唱歌
    <input type = "checkbox" name = "favorite" value = "跳舞" />
    跳舞
</form>
</body>
```

运行结果如图 11-7 所示。

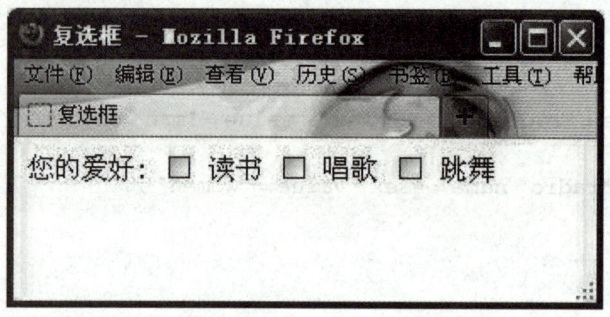

图 11-7 复选框实例

11.3.5 上传文件 file

文件上传框为用户提供了一种在线上传文件的方式,用文件上传控件时,在浏览器中会提供一个输入文件名的文本框和一个浏览文件的按钮,通过填写文件路径或者直接选择文件的方式,用户可以将自己计算机硬盘上的文件提交给服务器。

其语法为:

```
<input type = "file" name = "filename" size = "field size" maxlength = "maxmumfieldsize">
```

type 指定了 <input> 标签的类型。其他属性的作用与文本框中的属性相同。

文件上传框实例代码如下:

```
<body>
<form name = "form" action = "" method = "post">
    请输入学号
```

```
    <input name="studentID" type="file" />
</form>
</body>
```

运行结果如图 11-8 所示。

图 11-8 文件上传框实例

11.3.6 隐藏字段 hidden

将信息从表单传送到后台程序中时,编程者通常要发送一些不应该被使用者看见的数据。这些数据有可能是后台程序需要的一个用于设置表单收件人信息的变量,也可能是在提交表单后后台程序将要重定向至用户的一个 URL。要发送这类不能让表单使用者看到的信息,必须使用一个隐藏表单对象——隐藏字段。

其语法为:

```
<input type="hidden" name="hiddenname" value="given value">
```

type 指定了 <input> 标签的类型。其他属性的作用与文本框中的属性相同。

隐藏字段实例代码如下:

```
<body>
<form name="form" action="" method="post">
    <h3>用户登录</h3>
    <input type="hidden" name="service_name" value="101110" /><hr>
    用户名
    <input type="text" name="username" value="" /><br />
    用户密码
    <input type="password" name="userpw" value="" /><br />
</form>
</body>
```

插入隐藏区域后的窗口如图 11-9 所示。

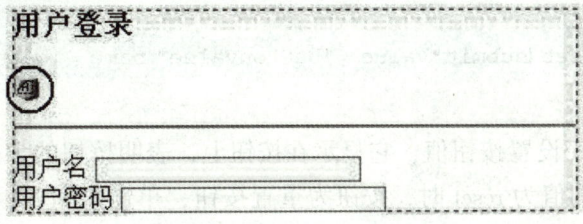

图 11-9 插入隐藏区域后的窗口

11.3.7 按钮 button、submit、reset

1. 普通按钮：input type = "button"

当 <input> 标签中的 type 属性值为 button 时，<input> 标签提供一个普通按钮。单击按钮不会激活任何动作。设置普通按钮的目的是用脚本语言，可以把事件与按钮关联。当单击这种按钮时，可以触发某一事件，通过对事件的响应来完成某种预设的功能。

普通按钮的语法为：

```
<input type="button" name="buttonname" value="text" onclick="script">
```

其中，type 指定了 <input> 标签的类型，value 指定了按钮上显示的内容。

普通按钮实例代码如下：

```
<body>
<form name="theform"  action=""  method="post">
    普通按钮示例
    <input type="button" value="点击关闭窗口" onclick="javascript:window.close();" />
</form>
</body>
```

运行结果如图 11-10 所示。

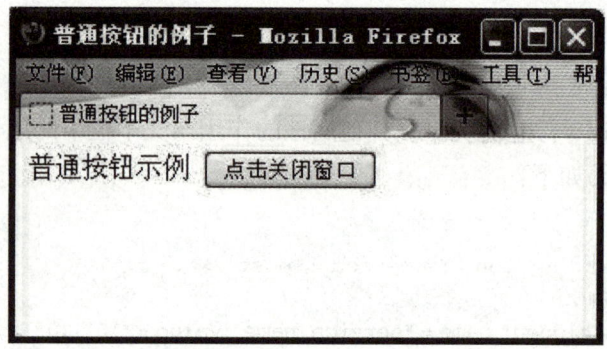

图 11-10 普通按钮实例

2. 重置与提交按钮

在表单中重置（reset）和提交（submit）按钮具有重要的作用，当对表单中的数据需要重新填写或恢复到初始状态时，可用重置按钮；当表单中的数据要提交给服务器时要用提交按钮。

其语法为：

```
<input type="reset|submit" value="buttonvalue" name="button name">
```

其中：

（1）value 属性用于设置按钮值，它显示在按钮上，表明按钮的含义。

（2）当 type 属性的值为 reset 时，按钮为重置按钮，单击按钮时，可使与此按钮在同一表单中的其他控件的值回到初始状态。当 type 属性的值为 submit 时，按钮的作用是向 <form>

标签中 action 属性值所指定的目标地址提交数据。

重置与提交按钮实例代码如下：

```
<body>
<form name="form" action="" method="post">
    <h3>用户登录</h3>
    <hr>
    用户名
    <input type="text" name="username" /><br />
    用户密码
    <input type="password" name="userpw" /><br />
    <input type="submit" name="submit" value="提交">
    <input type="reset" name="reset" value="重填">
</form>
</body>
```

运行结果如图 11–11 所示。

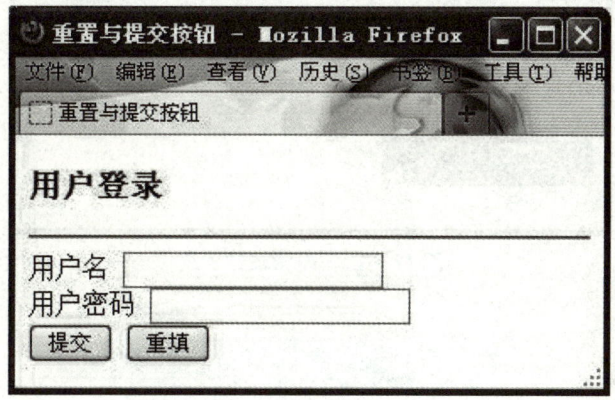

图 11–11　重置与提交按钮实例

11.3.8　使用图像提交表单 image

当 <input> 标签的 type 属性的值为 image 时表示图像按钮。它的功能与提交按钮基本相同，只不过在图像按钮中用一幅图像代替了按钮。

其语法为：

```
<input type="image" name="imagename" src="URL" align=" " />
```

其中：

（1）name 是图像按钮的名字。
（2）src 属性指明图像按钮中显示图像的 URL 地址。
（3）align 为图像按钮中图像的对齐方式。

图像按钮实例代码如下：

```
<body>
<form name="myform">
```

```
   <p align="left">请选择书籍:<br />
     <input type="checkbox" name="favorite" value="HTML" />
     HTML 与 CSS
     <input type="checkbox" name="favorite" value="CSSBook" />
     CSS 实战手册
     <input type="checkbox" name="favorite" value="CSSLayout" />
     CSS 商业网站布局之道</p>
   <input type="image" name="submit" src="buy.jpg" />
</form>
</body>
```

运行结果如图 11-12 所示。

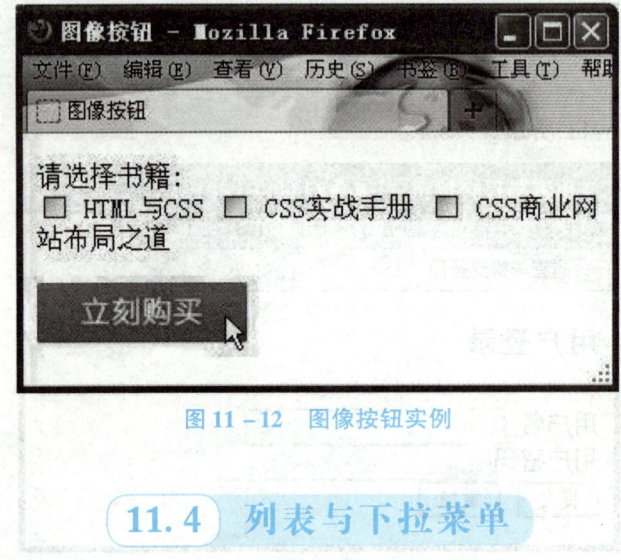

图 11-12 图像按钮实例

11.4 列表与下拉菜单

11.4.1 select 和 option

HTML 支持具有选择功能的 <select> 标签。选择功能方便了用户在多个选项中进行选择,提高了窗口区域的利用率。通过对 <select> 标签的属性 size 的值进行设置,可产生不同的列表形式,如列表和下拉菜单。对属性 multiple 进行设置,可以同时选择多个列表项。<select> 标签是定义一个列表结构的标签,列表中的列表项(或称菜单项)是真正被选择的对象,对它的定义要用 <option> 标签。因此,设置一个列表,要同时使用 <select> 和 <option> 标签。

<select> 标签的语法为:

```
<select class="classname" id="idname" name="selectname" size="number" multiple>
     <option>列表项信息</option>
</select>
```

其中:

(1) class、id、name、style 属性的含义与前面所介绍的标签的属性含义相同。

(2) size 属性用于设置显示列表项的个数，缺省值为 1，这时为下拉列表；当 size 值大于 1，而小于列表项数时，列表是滚动列表；当 size 值大于列表项数时，列表所有的项被显示，这时列表是一个菜单。

(3) 当使用 multiple 属性时，允许用户同时选择多个列表项。

(4) <select> 标签是一个容器标签，它所包含的内容为 <option> 标签。在 HTML 文档中真正使用列表时，需要用 <option> 标签来定义列表项。

<option> 标签的语法为：

```
<option value = "string" selected = "selected" disabled >
    列表项信息
</option>
```

其中：

(1) value 是列表项的设定值。当选择了这一列表项，则表单将它的值提交。

(2) selected 属性指定该列表项被选取，默认列表中的第一个列表项被选取。当 <select> 标签中使用了 multiple 属性时，则 selected 可被多个列表项使用，否则只能被一个列表项使用。

(3) disabled 属性可使一个选项不可用。

注意：<option> 标签只能用在 <select> 标签的内部。

下拉列表框实例代码如下：

```
<body>
请选择课程：
<form>
    <select size = "1" >
        <option value = "HTML 与 CSS" >HTML 与 CSS</option>
        <option value = "HTML 与 XML" selected = "selected" > HTML 与 XML</option>
        <option value = "网络工程基础" >网络工程基础</option>
    </select>
</form>
</body>
```

这是指定了被选择为第二个列表项"HTML 与 XML"的选择框，运行结果如图 11 - 13 所示。

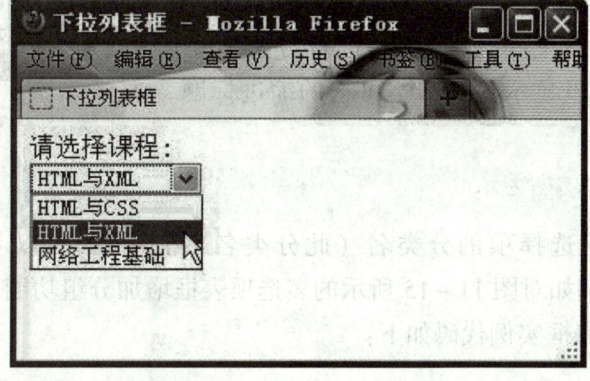

图 11 - 13　下拉列表框实例

如果使用了 multiple 属性，列表项"HTML 与 XML""网络工程基础"都可以使用 selected 属性，这两个列表项被指定在默认情况下被选中。

多选项表框实例代码如下：

```
<body>
请选择课程：
<form>
    <select size = "3" multiple = "multiple">
        <option value = "HTML 与 CSS">HTML 与 CSS</option>
        <option value = "HTML 与 XML" selected = "selected">HTML 与 XML</option>
        <option value = "网络工程基础" selected = "selected">网络工程基础</option>
    </select>
</form>
</body>
```

运行结果如图 11-14 所示。

图 11-14　多选项表框实例

11.4.2　optgroup

在列表框中有时需要对选项分类，比如图 11-15 所示的下拉选项中有一部分是 HTML 标签的内容，有一部分是 CSS 标签的内容，所以希望这些选项能够以分组的形式出现在下拉列表中。

通过 <optgroup> 标签可以对选项进行分类，并使用 label 属性在下拉列表里显示为一个不可选的缩进标题。语法为：

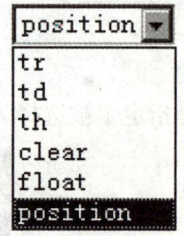

图 11-15　希望分组的下拉列表

```
<optgroup label = "组名">
```

"组名"代表分组选择项的分类名（此分类名不能选择），以 <optgroup> 开始，以 </optgroup> 结束。例如对图 11-15 所示的多选项表框增加分组功能。

分组后的多选项表框实例代码如下：

```
<body>
请选择课程：
<form>
   <select>
      <optgroup label="HTML 标记">
      <option value="tr">tr</option>
      <option value="td">td</option>
      <option value="th">th</option>
      </optgroup>
      <optgroup label="CSS 标记">
      <option value="clear">clear</option>
      <option value="float" selected="selected">float</option>
      <option value="position">position</option>
      </optgroup>
   </select>
</form>
</body>
```

运行结果如图 11-16 所示。

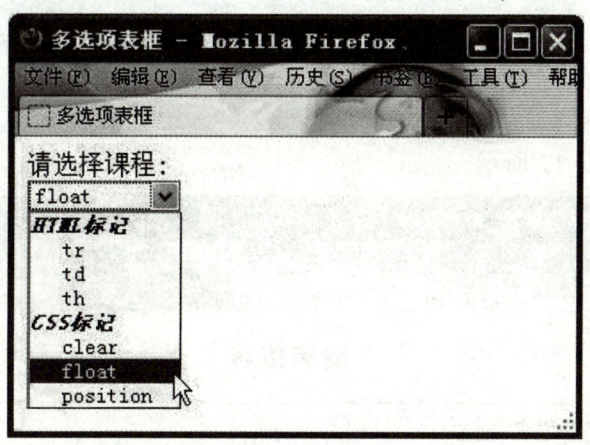

图 11-16 分组后的多选项表框实例

11.5 文本域 textarea

HTML 提供了多行文本的输入框，这是接收大量数据的文本区域，它既可以用于数据的输入，又可用于数据的显示区域。实现多行文本输入区的标签为 <textarea>，其语法为：

```
<textarea class="classname" id="IDname" cols="number" rows="number" style="style information" readonly>在文本区中显示内容</textarea>
```

其中：

（1） <textarea> 标签是一个容器标签，可以包含内容，若在 <textarea> 和 </textarea> 中有内容，则显示在文本区中，如果此文本区是用于接收数据的，应省去被标记的内容。

（2） class、name、id 和 style 属性与前面所介绍标签的同名属性具有相同的功能。

(3) rows 属性用来设置文本输入窗口的高度，单位是字符行；cols 属性用来设置文本输入窗口的宽度，单位是字符个数。通常多行文本区不能完全容纳数据时，浏览器自动产生滚动条。

(4) readonly 属性设定多行文本区为只读，不能修改和编辑。

利用多行文本的输入框设计一个留言板，代码如下：

```html
<body>
<h3 align="center">请您留言</h3>
<hr>
<form name="form" action="" method="post">
    您的姓名
    <input type="text" name="xm" value="过客" />
    <hr>
    主题
    <input type="text" name="subject" value="" size="20" />
    <br />
    留言
    <textarea name="sayword" cols="40" rows="5"></textarea>
    <br />
    <input type="reset" value="重新留言" />
    <input type="submit" value="留言" />
</form>
</body>
```

运行结果如图 11-17 所示。

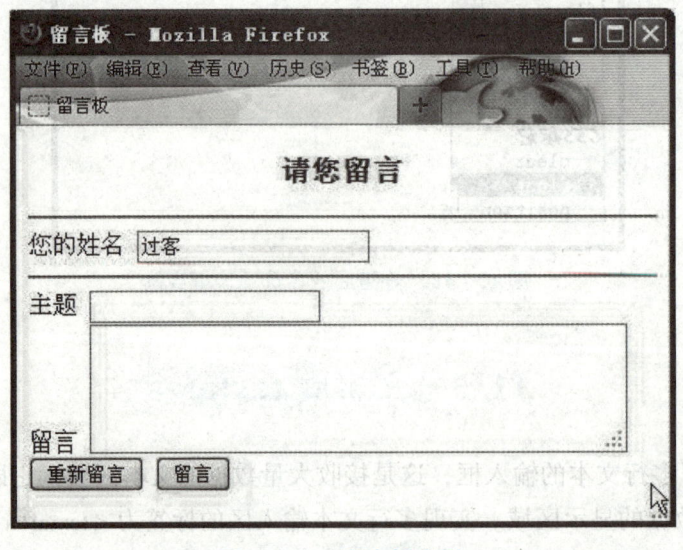

图 11-17 留言板实例

11.6 标签 label

为了使浏览者能更方便地选择选项或定位输入点，在制作网页时应该使浏览者能在单击与某个控件相关的文本时即选中该控件。例如，单击复选框右边的文本即可选中复选框，或者单击文本框左边的提示文本即可将插入点定位到该文本框。

实现这种功能的方法是用 label 标记符为表单控件指定标签，并使用 <label> 标签的 for 属性使其与表单控件关联起来，将 <lable> 标签的 for 属性设置为与该控件的 id 相同，将 <lable> 标签绑定到控件的 name 属性没有作用。语法为：

```
<label for = "fname">显示内容字符串</label>
```

for 表示 <lable> 标签要绑定的表单控件的 id，点击这个标签的时候，所绑定的标签将获取焦点。下面的实例在有输入框控件的表单中使用了 <label> 标签。

label 标记定位表单框：

```
<body>
<h3 align = "center">表单——控件标签</h3>
<form>
   <label for = "fname" >用户名：</label>
   <input type = "text" name = "username" id = "fname" /><br />
   <label for = "fwd">用户密码：</label>
   <input type = "password" id = "fwd" name = "userpw" /><br />
   <input type = "submit" name = "submit" value = "提交" />
   <input type = "reset" name = "reset" value = "重填" />
</form>
</body>
```

运行结果如图 11－18 所示。

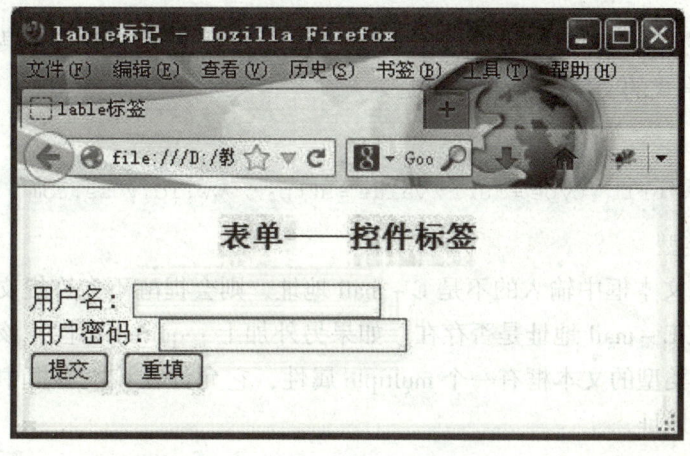

图 11－18　<label> 标签实例

11.7　HTML5 新增的元素属性

在创建 Web 应用程序时，免不了用到大量的表单元素。而表单也是令大多数开发人员感到头痛的 HTML 因素，因为通常需要编写额外的 CSS 和 JavaScript 才能让表单正常运行。HTML5 吸纳了 Web Forms 2.0 的标准，大幅度强化了针对表单元素的功能，使关于表单的开发更快、更方便。

不支持这些新特性的旧浏览器会忽略这些属性。很多开发人员会使用 JavaScript 来填补这些浏览器在功能上的差距。

关于 HTML5 表单的现状，以及浏览器对每个特性的支持情况，参见 http：//www.wufoo.com/html5。

11.7.1 form

在 HTML5 中，可以把表单从属元素写在页面的任何地方，然后给元素指定一个 form 属性，属性值为表单的 id，这样就可以声明该元素从属于指定表单。

例如：

```
< form id = "test" >
    < input type = "text" >
< /form >
< textarea form = "test" > < /textarea >
```

11.7.2 input

1. input 元素

在 HTML5 中，对 input 元素进行了大幅度的改进，使人们可以简单地使用这些新增的元素实现需要 JavaScript 才能实现的功能。

1) url 类型

input 元素里的 url 类型是一种专门用来输入 URL 地址的文本框。如果该文本框中的内容不是 URL 地址格式的文字，则不允许提交。

例如：

```
< input name = "url1" type = "url" value = http://www.idivcss.com />
```

2) E-mail 类型

如果用户在该文本框中输入的不是 E-mail 地址，则会提醒不允许提交，但值得注意的是：它并不检查该 E-mail 地址是否存在。如果另外加上 required 属性，该文本是可以为空的。另外 E-mail 类型的文本框有一个 multiple 属性，它允许在该文本框中输入一连串以逗号分开的 E-mail 地址。

3) date 类型

input 元素里的 date 类型在开发网页的过程中是非常多见的，例如购买日期、发布时间、订票时间。这种 date 类型的时间是以日历的形式来方便用户输入的。

例如：

```
< input name = "date1" type = "date" value = "2013 -05 -30" >
```

4) time 类型

input 元素里的 time 类型是专门用来输入时间的文本框，并且会在提交时对输入时间的有效性进行检查。它的外观会根据不同类型的浏览器出现不同的表现形式。

例如：

```
< input name = "time1" type = "time" value = "22:00" >
```

5）datetime – local 类型

datetime – local 类型是一种专门用来输入本地日期和时间的文本框，同样，它在提交的时候也会对数据进行检查。

例如：

```
< input name = "datetime – local1" type = "datetime – local" >
```

6）month 类型

顾名思义，month 类型是一种专门用来输入月份的文本框，同样提交时也会对数据进行检查。

例如：

```
< input name = "month1" type = "month" >
```

7）week 类型

week 类型是一种专门用来输入周号的文本框，在提交时也会对数据进行检查。

例如：

```
< input name = "week1" type = "week" >
```

2. input 属性

1）formaction 属性

在 HTML5 中，可以给所有的提交按钮增加不同的 formaction 属性，单击不同的按钮，将不同的表单提交到不同的页面。

例如，页面中同时有"登录"和"注册"两个提交按钮：

```
< input type = "submit" value = "登录" formaction = "a.html" >
< input type = "submit" value = "注册" formaction = "b.html" >
```

2）formmethod 属性

在 HTML5 中，可以使用 formaction 属性对每个表单元素分别指定不同的提交页面，同时也可以使用 formmethod 属性对每个表单元素分别指定不同的提交方法。

例如：

```
< input type = "submit" formaction = "a.html" formmethod = "post" >
< input type = "submit" formaction = "b.html" formmethod = "get" >
```

3）placeholder 属性

placeholder 属性用于在文本框处于未输入状态并且未获得光标焦点时，显示提示文字以指导用户的输入，当 input 元素获得焦点时，这些提示文本将会消失。

不要将 placeholder 属性和 value 属性弄混，它们都会让文本框默认出现一些文本，但

placeholder 文本会自动消失，且不会发送到服务器，而 value 文本在输入框获得焦点时不会消失，且这些内容会被发送到服务器。

例如：

```
< input type = "password" placeholder = "请输入 6 -10 位数的密码" >
```

4）autofocus 属性

autofocus 属性用于给文本框、选择框或按钮控件自动获得光标焦点。一般将该属性设置在表单第一个 input 元素上，该元素会在页面加载时默认获得焦点。让某个字段在页面加载时自动获得焦点是很有益处的，这样用户就可以立即开始输入。

例如：

```
< input type = "text" id = "username" autofocus >
```

5）ist 属性

在 HTML5 中，为单行文本框增加一个 list 属性，该属性的值为某个 datalist 元素的 id。datalist 元素类似于选择框（select），该元素本身并不显示，而是在文本框获得焦点时以提示输入的方式显示。

例如，为图 11 - 19 所示的单行文本框增加一个 list 属性，代码如下：

图 11 - 19　带 list 属性的单行文本框

```
< input type = "text" list = "w3cmm" >
< datalist id = "w3cmm" style = "display:none;" >
    < option > HTML < /option >
    < option > CSS < /option >
    < option > JavaScript < /option >
< /datalist >
```

6）auotcomplete 属性

auotcomplete 属性具有辅助输入所用的自动完成功能，节省输入时间，同时也十分方便。对于 auotcomplete 属性，可以指定"on"、"off"、""（不指定）这 3 种值。

例如：

```
< input type = "text" autocomplete = "on" list = "w3cmm" >
```

11.8　表单元素的组织与布局

如果表单上有很多信息需要填写，可以使用 < fieldset > 标签将相关的元素组合在一起，使表单更容易理解。

< legend > 标签为 < fieldset > 标签定义标题，且 < legend > 标签必须在 < fieldset > 标签中使用。

< fieldset > 与 < legend > 标签实例代码如下：

```html
<html>
<head>
<meta charset="utf-8">
<title>fieldset 与 legend 的应用</title>
<style type="text/css">
fieldset{
    width:300px;
    padding:5px 5px;
    margin:30px auto;
    display:block;
    line-height:125%;
    font-size:15px;
}
legend{
    margin-left:15px;
    font-size:18px;
    color:red;
}
</style>
</head>
<body>
<form>
    <fieldset>
        <legend>HTML 与 CSS 标记</legend>
        <select>
            <optgroup label="HTML 标记">
            <option>tr</option>
            <option>td</option>
            <option>th</option>
            </optgroup>
            <optgroup label="CSS 标记">
            <option>clear</option>
            <option>float</option>
            <option selected="selected">position</option>
            </optgroup>
        </select>
    </fieldset>
    <fieldset>
        <legend>选择书籍</legend>
        <p>请选择书籍:</p>
        <input type="checkbox" name="favorite" value="HTML" />
        HTML 与 CSS
        <input type="checkbox" name="favorite" value="CSSBook" />
        CSS 实战手册
        <input type="checkbox" name="favorite" value="CSSLayout" />
        CSS 商业网站布局之道
        </p>
        <input type="image" src="buy.jpg" width="60" />
```

```
    </fieldset>
</form>
</body>
</html>
```

运行结果如图 11-20 所示。

图 11-20　分组后的多选项表框实例

11.9　综合实例

请用本章所学的知识，完成图 11-21 所示表单页面的设计。

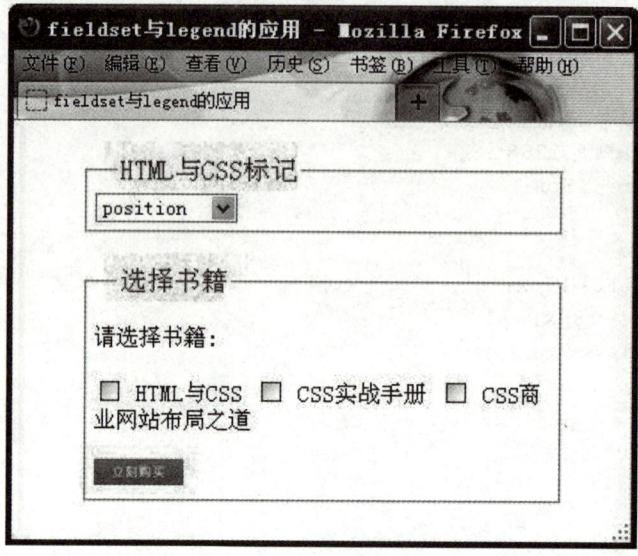

图 11-21　综合实例表单页面

首先，完成 HTML 的结构内容部分：

（1）新建页面，在 <title> 标签中输入"综合实例——表单"作为页面标题；

（2）使用 id 为 wrapper 的 div 将所有元素包围起来；

（3）在该表单中，个人信息部分用 fieldset 装载；

（4）每个表单项由 ul、li 来组织；

（5）表单项左侧文字设为标签 label。

HTML 代码如下：

```
<body>
<div id="wrapper">
    <form>
        <fieldset>
            <legend>个人信息</legend>
            <ul>
                <li>
                    <label for="username">姓名：</label>
                    <input name="username" type="text" class="formfield" id="username">
                </li>
                <li>
                    <label for="email">邮箱：</label>
                    <input name="email" type="text" class="formfield" id="email">
                </li>
                <li>
                    <label for="phone">电话：</label>
                    <input name="phone" type="text" class="formfield" id="phone">
                </li>
            </ul>
        </fieldset>

        <ul>
            <li>
                <label>是否是前端工程师？</label><br>
                <input type="radio" name="designer" id="radio" value="yes">是
                <input type="radio" name="designer" id="radio2" value="no">不是
            </li>
            <li>
                <label>喜欢用哪个操作系统？</label><br>
                <select name="os" class="selectfield" id="os">
                    <option>Windows</option>
                    <option>Mac OS</option>
                    <option>Unix</option>
                    <option>Linux</option>
                    <option>Other</option>
                </select>
```

```
                </li>
                <li>
                    <label for = "message">留言</label><br>
                    <textarea name = "message" class = "textareafield" id = "message"></textarea>
                </li>
                <li>
                    <button type = "submit" id = "submit" class = "formbutton">提交</button>
                </li>
            </ul>
        </form>
    </div>
</body>
```

新建样式表文件"form.css",在 HTML 的<head>标签中链接外部样式表:

```
<linkrel = "stylesheet" href = "form.css" />
```

在"form.css"中依次设置各部分样式:

(1) 设置网页整体样式,将 wrapper 宽度设为 600 px,并将其设为水平居中,代码如下:

```
*{
    margin: 0px;
    padding: 0px;
}
body{
    font-size: 14px;
    padding: 20px;
    font-family:微软雅黑;
}
#wrapper{
    width: 400px;
    margin: 0 auto;
}
```

(2) 设置 fieldset 以及 legend 的样式:

```
fieldset{
    border: 1px dashed#666;
    padding-top:10px;
    padding-right:20px;
    padding-bottom:10px;
    padding-left:10px;
    margin-bottom:20px;
}
legend{
    text-transform:uppercase;
    font-family: Verdana, Geneva, sans-serif;
```

```css
    font-size:13px;
    padding-top:0px;
    padding-right:10px;
    padding-bottom:0px;
    padding-left:10px;
    background-color: #FFF;
    margin-bottom:10px;
}
```

(3) 设置列表 ul、li 的间距及外观，代码如下：

```css
ul {
    background-color: #fff;
    list-style:none;
    margin:12px;
}
li {
    margin: 1em0;
}
```

(4) 分别设置各个表单元素的样式，代码如下：

```css
.formfield {
    background-color: #CCC;
    border: 1px solid#333;
    padding-top:0px;
    padding-right:0px;
    padding-bottom:0px;
    padding-left:0px;
    width:240px;
}
.selectfield {
    background-color: #CCC;
    border: 1px solid#333;
    width:150px;
}
.textareafield {
    background-color: #CCC;
    width:380px;
    border: 1px solid#666;
    height:100px;
    font-family: Verdana, Geneva, sans-serif;
    font-size:13px;
}
.formbutton {
    background-color: #CCC;
    width:70px;
    border: 2px solid#333;
    padding-top:3px;
```

```
        padding-bottom:3px;
}
```

要点回顾

表单是网页上用于输入信息的区域,可用 <form> 标签定义一个表单,当表单被定义后就可在表单内放置表单标记。可以通过设置 <form> 标签的属性来设定表单。

最常用的表单控件是 input,这一类的表单控件被称为输入类控件。输入类控件有很多种类型,通过 type 属性进行设置。<input> 标签可以为表单提供单行文本输入框、单选按钮、复选按钮、普通按钮等。可以通过 <textarea> 标签实现多行文本的输入框,并且可以通过 <select> 和 <option> 标签实现列表功能。对 form 表单中的文本标记给定一个 <label> 标签,并可以使用 for 属性使其与表单组件关联起来。

HTML5 大幅度强化了针对表单元素的功能,使得关于表单的开发更快、更方便。最后,表单布局标签 <fieldset> 可将表单内的相关标签分组。<legend> 标签为 <fieldset> 标签定义标题。

习题十一

一、选择题

1. 下列选项所表示的不是按钮的是(   )。
   A. type = "submit"   B. type = "reset"   C. type = "text"   D. type = "button"

2. 表单提交的方式由(   )指定。
   A. action"   B. method"   C. name   D. class

3. target 属性主要用来控制表单提交后的结果显示在哪里。以下选项中表示将返回信息显示在新开的浏览器窗口中的是(   )。
   A. _blank"   B. _parent"   C. _self   D. _top

二、填空题

1. 表单是 Web _____ 和 Web _____ 之间实现信息交流和传递的桥梁。

2. 表单对象的名称由_____属性设定;表单提交后的数据处理程序由_____属性指定。

3. 若要提交大数据量的数据,应采用_____方法。

4. 用来输入密码的表单标记设置是_____。

实训

完成图 11-22 所示的表单设计。

1. 训练要点

   (1) input 元素的种类;

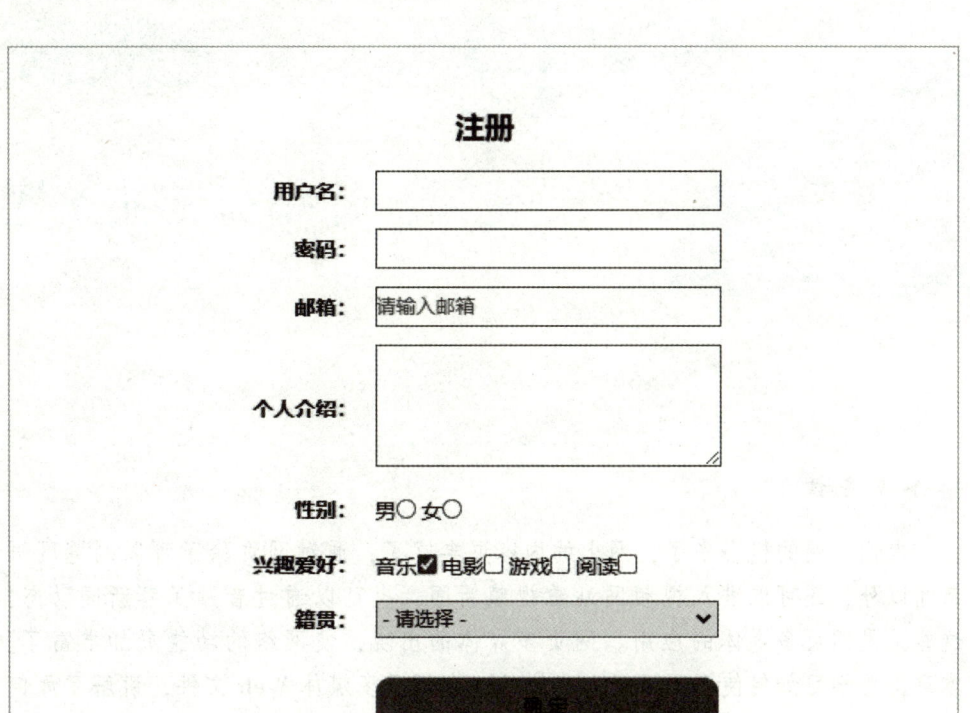

图 11－22　表单设计

（2）列表与下拉菜单。

2. 操作提示

（1）表单用到了几个常用的控件，注意它们之间的区别；

（2）对于单选框主要是 name 属性的设置；

（3）"提交"对应 Submit 按钮。

第 12 章

视频、音频和其他多媒体

本章导读

人们上网的机会多了，网上的内容更丰富了，通过网页除了可以浏览网页新闻以外，还可以进入视频网站看视频新闻，也可以通过音频了解新闻动态，这些正是网页多媒体的应用。网页多媒体的出现，使网络的功能更加丰富了。本章主要学习如何使用网页插入多媒体，介绍了多媒体 Web 文件，讲解了如何让访问者浏览它们。

12.1 第三方插件及原生应用

万维网变得如此流行的原因之一就是可以在网页中添加视频、音频、动画等元素。在 HTML5 出现之前，为网页添加多媒体的唯一办法就是使用第三方插件，如 Adobe Flash Player、Quick Time，这些都是第三方插件。

要在网络上展示视频、音频、动画，除了使用第三方自主开发的播放器之外，用得最多的工具应该是 Flash，但是它们都需要在浏览器上安装各种插件。这些第三方插件就像黑箱一样，只有当用户真正安装了它们才能起作用。这样会出现一些问题，如在某个浏览器中嵌入 Flash 视频，而在另一个浏览器中可能不起作用，并且在速度方面也存在问题，因为浏览器会将所有的多媒体内容的播放完全交给插件。

直到现在，仍然不存在一项只在网页上显示视频的标准。

今天，大多数视频是通过插件（比如 Flash）来显示的。然而，并非所有浏览器都拥有同样的插件。

HTML5 的出现使这一局面得到了改观，在 HTML5 中不需要安装插件，只需要一个支持 HTML5 的浏览器就可以。HTML5 添加了原生的多媒体，希望用这个解决速度问题、浏览器对插件的依赖问题。开始，HTML5 规范规定了两种兼容 HTML5 的浏览器必须支持的格式，分别处理音频和视频。但是这样处理，并不能得到所有厂商的支持和遵循，比如诺基亚和苹果公司都没有选择使用这些媒体格式，因此后来这样的设置在规范中被删除了。

当苹果公司宣布它的移动设备不再支持 Flash 时，HTML5 及其原生多媒体就变得更加实用了。随着这些移动设备的普及，对 Flash 的依赖正在减少，需要一种新的方法来解决这些问题。于是，HTML5 规定了一种通过 video 元素包含视频，通过 audio 元素包含音频的标准方法，因为这些浏览器是支持 HTML5 的。

12.2 添加视频

12.2.1 视频文件格式

不论是音频文件还是视频文件，实际上都只是一个容器格式文件，这点类似于压缩文件（zip 文件或 rar 文件）。为了方便同时回放，人们设定了不同的视频文件格式来把视频和音频放在一个文件中，即在同一个容器格式文件里面包裹不同的轨道。容器是用来区分不同文件的数据类型的，而编码格式则由音视频文件的压缩算法决定。一般所说的文件格式或者后缀名即指文件的容器格式。对于一种容器格式文件，可以包含不同编码格式的一种视频和音频。目前比较知名的容器格式包括 AVI（.avi）、MPEG（.mpg、.mpeg）、QuickTime（.mov）、RealMedia（.rm）、MP4（.mp4）等。

（1）Flash Video（简称 FLV）：由 Adobe Flash 延伸出来的一种流行网络视频封装格式。随着视频网站的丰富，这个格式已经非常普及。

（2）AVI（Audio Video Interleave）：比较早的 AVI 是微软公司开发的。其含义是 Audio Video Interactive，就是把视频和音频编码混合在一起存储。AVI 格式限制比较多，只能有一个视频轨道和一个音频轨道（现在有非标准插件可加入最多两个音频轨道），还可以有一些附加轨道，如文字等。AVI 格式不提供任何控制功能。扩展名为".avi"。

（3）WMV（Windows Media Video）：是微软公司开发的一组数字视频编解码格式的通称，ASF（Advanced Systems Format）是其封装格式。ASF 封装的 WMV 档具有"数字版权保护"功能。扩展名为".wmv/asf""".wmvhd"。

（4）MPEG（Moving Picture Experts Group）：是一个国际标准化组织（ISO）认可的媒体封装形式，受到大多数设备的支持。其存储方式多样，可以适应不同的应用环境。MPEG-4 档的档容器格式在 Part 1（mux）、Part 14（asp）、Part 15（avc）等中规定。MPEG 的控制功能丰富，可以有多个视频（即角度）、音轨、字幕（位图字幕）等。MPEG 的一个简化版本 3GP 还广泛应用于准 3G 手机。扩展名为".dat"（用于 VCD）、".vob"、".mpg/mpeg"、".3gp/3g2"（用于手机）等。

（5）Matroska：是一种新的多媒体封装格式，这个封装格式可以把多种不同编码的视频及 16 条及以上不同格式的音频和语言不同的字幕封装到一个 Matroska Media 档内。它也是一种开放源代码的多媒体封装格式。Matroska 还可以提供非常好的交互功能，而且比 MPEG 方便、强大。扩展名为".mkv"。

（6）Real Video［或者称 Real Media（RM）］：是由 RealNetworks 开发的一种档容器。它通常只能容纳 Real Video 和 Real Audio 编码的媒体。该档带有一定的交互功能，允许编写脚本以控制播放。RM 格式，尤其是可变比特率的 RMVB 格式，没有复杂的 Profile/Level，制作起来较 H.264 视频格式简单，非常受到网络上传者的欢迎。此外很多人仍有 RMVB 编码体积小高质量的错误认知，这个不太正确的观念导致很多人倾向使用 RMVB，事实上在相同码率下，RMVB 编码和 H.264 这个高度压缩的视频编码相比，体积会较大。扩展名".rm/rmvb"。

（7）QuickTime File Format：由苹果公司开发的容器。1998 年 2 月 11 日，国际标准组织认可 QuickTime 文件格式作为 MPEG-4 标准的基础。QuickTime 可存储的内容相当丰富，除了视频、音频以外，还支持图片、文字（文本字幕）等。扩展名为".mov"".qt"。

（8）Ogg Media：是一个完全开放的多媒体系统计划，OGM（Ogg Media File）是其容器格式。OGM 可以支持视频、音频、字幕（文本字幕）等多种轨道。扩展名为".ogg"。

（9）MOD：是 JVC 生产的硬盘摄录机所采用的存储格式名称。

音频和视频的编/解码器是一组算法，用来对一段特定音频或视频进行解码和编码，以便使音频和视频都能够播放。原始的多媒体文件体积太大，假如不对其进行编码，那么构成一段视频或音频的数据会相当庞大，以至于在互联网上传播需消耗无法忍受的时间。如果没有解码器，接收方就不能把编码过的数据重组成原始的媒体数据。编/解码器可以读懂特定的容器格式，并且对其中的音频轨道和视频轨道解码。

视频编/解码器是一个能够对数字视频进行压缩或者解压缩的程序或者设备，通常这种压缩属于有损数据压缩。历史上，视频信号是以模拟形式存储在磁带上的。随着 Compact Disc 出现并进入市场，音频信号以数字化方式进行存储，视频信号也开始使用数字化格式，一些相关技术也开始随之发展起来。

HTML5 支持 3 种主要的视频格式，表 12-1 所示是这 3 种视频格式及支持它们的浏览器。

表 12-1　HTML5（video 元素）支持的 3 种视频格式

格式	IE	Firefox	Opera	Chrome	Safari
Ogg	No	3.5+	10.5+	5.0+	No
MPEG-4	9.0+	No	No	5.0+	3.0+
WebM	No	4.0+	10.6+	6.0+	No

Ogg 使用的是带有 Theora 视频编码和 Vorbis 音频编码的 Ogg 文件，它的文件扩展名为".ogg"或".ogv"。

MPEG-4 使用的是带有 H.264 视频编码和 AAC 音频编码的 MPEG-4 文件，它的文件扩展名为".mp4"或".m4v"。

WebM 使用的是带有 VP8 视频编码和 Vorbis 音频编码的 WebM 文件，它的文件扩展名为".webm"。

12.2.2　在网页中添加单个视频

在 HTML5 网页中添加视频需要使用 video 元素。

在网页中添加单个视频的步骤如下：
（1）获取视频资源。
（2）输入"<video src="视频地址"></video>"。
如下面代码所示：

```
<video src="movie.ogg" controls="controls">
</video>
```

controls 是为了供添加播放、暂停和音量控件。也可以设定好元素的长、宽等属性。如下面代码所示：

```
<video src="movie.ogg" width="320" height="240" controls="controls">
</video>
```

<video>与</video>之间插入的内容是供不支持 video 元素的浏览器显示的。例如：

```
<video width="320" height="240" controls="controls">
<source src="movie.ogg" type='video/ogg;codecs="theora,vorbis"'>
<source src="movie.mp4" type='video/mp4'>
    您的浏览器不支持<video>标签。
</video>
```

上面的例子使用一个 Ogg 文件，适用于 Firefox、Opera 以及 Chrome 浏览器。要确保适用于 Safari 浏览器，视频文件必须是 MPEG-4 类型。

src 属性直接指向媒体文件，而浏览器不支持相关容器或者编码器时就需要用到备用声明。备用声明中可以包含多种来源，浏览器可以从这么多的来源中进行选择。video 元素允许多个 source 元素。source 元素可以链接不同的视频文件。浏览器将使用第一个可识别的格式。

source 元素具有几个属性：src 属性是指播放媒体的 URL 地址；type 表示媒体类型，其属性值为播放文件的 MIME 类型，该属性中的 codecs 参数表示所使用媒体的编码格式。type 属性是可选属性，但是如果明确知道浏览器支持某种类型最好不要省略，否则浏览器在处理的时候会在从上往下选择时无法判断自己能否播放而先行下载一小段视频数据，这样就有可能浪费带宽和时间。

因为各浏览器对各种媒体的类型及其编码格式的支持情况不同，所以使用 source 元素制定多种媒体类型是非常有必要的。

在下面的例子中，创建一个视频播放器，代码如下：

```
<!DOCTYPE HTML>
<html>
    <body>
<video width="320" height="240" controls="controls">
<source src="movie.ogg" type='video/ogg; codecs="theora, vorbis"'>
<source src="movie.mp4" type='video/mp4'>
您的浏览器不支持<video>标签。
</video>
    </body>
</html>
```

这段代码假定 HTML 文档（"例 12-2-2.html"）和视频文件（"movie.ogg"）的位置

在同一路径下。图 12-1 所示是在支持 video 元素的 Firefox 浏览器中的页面显示效果。从图中可以看到一个带有播放按钮的播放器控制条。单击播放按钮就可以播放视频文件。

图 12-1 在网页中插入单个视频

代码中的 controls 属性告诉浏览器显示通用的用户控件，包括开始、停止、跳播以及音量控制。如果不指定 controls 属性，用户将无法播放页面中的视频。video 元素之间的内容"您的浏览器不支持 < video > 标签。"是为不支持 video 元素的浏览器准备的替换内容，如果用户用的是老版本浏览器，页面上就会显示这些文本信息。替换内容并不局限于文本信息，还可以换成 Flash 播放器等视频播放插件，或者直接给出媒体文件的链接地址。

在上面的例子中，使用两个 source 元素替代了 src 属性，这样能让浏览器根据自身播放能力自动选择，挑选最佳的来源进行播放。对于来源，浏览器会根据声明顺序判断，如果浏览器支持不止一种来源，那么浏览器会选择它所支持的第一个来源。

12.2.3 视频属性

下面来看看哪些属性可以用于 video 元素，表 12-2 所示为常用的 video 元素属性。

表 12-2 video 元素属性

属性	值	描述
autoplay	autoplay	当视频可以播放时立刻开始播放
controls	controls	添加浏览器为视频设置的默认控件
height	pixels	设置视频播放器的高度
loop	loop	设置视频循环播放
preload	preload	告诉浏览器要加载的视频内容是多少，可以是以下 3 个值： none 表示不加载任何视频； metadata 表示仅加载视频的元数据； auto 表示让浏览器决定怎么做（默认设置）

第 12 章 视频、音频和其他多媒体

续表

属性	值	描述
src	url	要播放的视频文件的 URL
width	pixels	设置视频播放器的宽度
poster	poster	—
muted	Muted	让视频静音（目前没有浏览器支持）

1. src

在该属性中指定媒体数据的 URL 地址。

2. autoplay

在该属性中指定媒体是否在页面加载后自动播放。该属性的语法如下：

```
<videoautoplay = "autoplay" />
```

3. preload

在该属性中指定视频是否预加载。如果预加载，浏览器会预先将视频进行缓冲，这样可以加快播放的速度，因为播放时数据已经预先缓冲完毕。

该属性有 3 个可选的值：none、metadata、auto，默认值是 auto。

none：表示不加载任何视频。

metadata：表示仅加载视频的元数据（媒体字节数、第一帧、播放列表、持续时间等）。

auto：表示让浏览器决定怎么做（默认设置）。

该属性的语法如下：

```
<video preload = "auto" />
```

4. poster

该属性为海报形式。制定视频加载时要显示的图像，而不是显示视频的第一帧，接受所需图像文件的 src 属性。该属性的语法如下：

```
<videosrc = "sample.mov" poster = "Can.jpg"/>
```

5. loop

在该属性中指定是否循环播放视频。该属性的语法如下：

```
<video loop = "loop" />
```

6. controls

在该属性中指定是否为视频添加浏览器自带的播放用的控制条。控制条中具有播放、暂停等按钮。该属性的语法如下：

```
<video controls = "controls" />
```

7. width 与 height

在该属性中指定视频的宽度与高度（以像素为单位）。这两个属性的语法如下：

```
<video height = "value" width = "value" />
```

8. error

在读取使用媒体数据的过程中,正常情况下,video 元素的 error 属性为 null,但是任何时候只要出现错误,error 属性就会返回一个 MediaError 对象,该对象的 code 返回对应的错误状态,错误状态共有 4 个可能值:

1 = MEDIA_ERR_ABORTED:取回过程被用户中止。
2 = MEDIA_ERR_NETWORK:当下载时发生错误。
3 = MEDIA_ERR_DECODE:当解码时发生错误。
4 = MEDIA_ERR_SRC_NOT_SUPPORTED:媒体格式不被支持。

9. networkState

在媒体数据加载过程中可以使用 video 元素的 networkState 属性读取当前网络状态,该属性共有如下 4 个可能值:

0 = NETWORK_EMPTY:视频尚未初始化。
1 = NETWORK_IDLE:视频是活动的且已选取资源,但并未使用网络。
2 = NETWORK_LOADING:浏览器正在下载数据。
3 = NETWORK_NO_SOURCE:未找到视频来源。

10. currentSrc

可以使用 video 元素的 currentSrc 属性来读取播放中的媒体数据的 URL 地址。

11. buffered

可以使用 video 元素的 buffered 属性来返回一个对象,该对象实现 TimeRanges 接口,以确认浏览器是否已缓存媒体数据。TimeRanges 对象表示用户的视频缓冲范围。缓冲范围指的是已缓冲视频的时间范围。如果用户在视频中跳跃播放,会得到多个缓冲范围。

12. readyState

可以使用 video 元素的 readyState 属性返回视频的当前就绪状态。就绪状态指示视频是否已准备好播放。该属性共有 5 个可能值:

0 = HAVE_NOTHING:没有关于视频是否就绪的信息。
1 = HAVE_METADATA:关于视频就绪的元数据。
2 = HAVE_CURRENT_DATA:关于当前播放位置的数据是可用的,但没有足够的数据来播放下一帧/毫秒。
3 = HAVE_FUTURE_DATA:当前及至少下一帧的数据是可用的。
4 = HAVE_ENOUGH_DATA:可用数据足以开始播放。

13. seeking 与 seekable

可以使用 video 元素的 seeking 属性返回一个布尔值,表示浏览器是否正在请求某一特定播放位置的数据,true 表示正在请求,false 表示已停止请求。

可以使用 video 元素的 seekable 属性返回一个 TimeRanges 对象,该对象表示请求到的数据的时间范畴。TimeRanges 对象表示视频中用户可寻址的范围。可寻址范围指的是用户在视频中可寻址（移动播放位置）的时间范围。对于流视频，通常可以寻址到视频中的任何位置，即使其尚未完成缓冲。

14. currentTime、startTime 与 duration

可以使用 video 元素的 currentTime 属性设置或返回视频播放的当前位置（以秒计）。当设置该属性时，播放会跳跃到指定的位置。

可以使用 video 元素的 startTime 属性读取媒体播放的开始时间，通常为 0。

可以使用 video 元素的 duration 属性返回当前视频的长度（以秒计），如果未设置视频，则返回 NaN（Not – a – Number）。

15. played、paused 与 ended

可以使用 video 元素的 played 属性返回一个 TimeRanges 对象，从该对象中可以读取媒体文件的已播放部分的时间段。paused 属性返回视频是否已暂停。ended 属性返回视频是否已结束，如果播放位置位于视频的结尾，则视频已结束。

16. defaultPlaybackRate 与 playbackRate

可以使用 video 元素的 defaultPlaybackRate 属性设置或返回视频的默认播放速度。设置该属性仅会改变默认的播放速度，而不是当前的播放速度。要改变当前的播放速度，使用 playbackRate 属性。playbackRate 属性设置或返回视频当前的播放速度。

17. volume 与 muted

可以使用 video 元素的 volume 属性设置或返回视频的当前音量。muted 属性设置或返回视频是否应该被静音（关闭声音）。

12.2.4 添加控件和自动播放

前面介绍了网页中添加视频的最简单的方法，下面给出一个实例，该实例在视频中创建了一个带有播放按钮的播放器，但是该视频不能自动播放。代码如下：

```
<!DOCTYPE html >
<html lang = "en" >
<head >
    <meta charset = "utf -8" />
    <title >没有控件的视频 </title >
</head >
<body >
    <h1 >没有控件的视频 </h1 >

    <videosrc = "water.webm" > </video >
</body >
</html >
```

在上面这个实例中，如果想更好地使用视频，则需要在 video 元素中添加 controls 属性，controls 属性告诉浏览器为视频添加一系列默认的控件。

上面实例的代码修改为：

```
<!DOCTYPE html>
<html lang = "en">
<head>
    <meta charset = "utf-8" />
    <title>给视频添加控件</title>
</head>
<body>
    <h1>给视频添加控件</h1>

    <videosrc = "water.webm" controls = "controls"></video>
</body>
</html>
```

在 Firefox 中显示效果如图 12-2 所示。

图 12-2　给视频添加控件（Firefox 浏览器）

controls 属性规定浏览器应该为视频提供播放控件。如果设置了该属性，则规定不存在作者设置的脚本控件。浏览器控件应该包括：

（1）播放；
（2）暂停；
（3）定位；
（4）音量；
（5）全屏切换；
（6）字幕(如果可用)；
（7）音轨(如果可用)。

图 12-2 中显示的为 Firefox 自带的播放视频的控制条的外观，开发者也可以在脚本中自定义控制条。

从上面的实例中可以看到，在 video 元素中指定 controls 属性即可在页面中以默认的方式进行播放控制。如果不添加这个属性，那么在播放的时候就不会显示控制界面，而即使不添加 controls 属性也不会影响视频的正常显示。有一种方法可以让没有 controls 属性的视频正常播放，那就是在 video 元素中设置另一个属性：autoplay。代码如下：

```
<!DOCTYPE html>
<html lang = "en">
<head>
    <meta charset = "utf-8" />
    <title>视频的自动播放</title>
</head>
<body>
    <h1>视频的自动播放</h1>
    <video src = "water.webm" autoplay = "autoplay"></video>
</body>
</html>
```

通过设置 autoplay 属性，不需要任何用户交互，视频文件就会在加载完成后自动播放，不过大部分用户对这种方式比较反感。在无任何提示的情况下播放一段视频，就是强制用户接收广告。这种方式的问题在于会干扰用户本机播放其他视频。另外，某些设备（如 iPad）就会阻止 autoplay 属性的出发，甚至还会阻止自动播放媒体文件，所以应该慎用 autoplay 属性。

12.2.5 循环播放和海报图像

对于视频来说不仅可以设置自动播放，还可以设置为循环播放，当然这种做法和前面自动播放一样需要慎用。

要实现循环播放，只需要在 video 元素中添加 autoplay 和 loop 属性即可。代码如下：

```
<!DOCTYPE html>
<html lang = "en">
<head>
    <meta charset = "utf-8" />
    <title>视频循环播放</title>
</head>
<body>
    <h1>视频循环播放</h1>

    <video src = "water.webm" autoplay = "autoplay" loop = "loop"></video>
</body>
</html>
```

通常浏览器会在视频加载时显示视频的第一帧，如果想对此作出修改，指定自己的图像，就需要通过海报图像实现。为视频指定海报图像，首先获取视频资源，然后在 video 元素中添加 poster 属性。代码如下：

```
<!DOCTYPE html>
<html lang = "en">
<head>
```

```
        <meta charset = "utf -8" />
        <title>海报图像</title>
    </head>
    <body>
        <h1>海报图像</h1>

        <videosrc = "water.webm" poster = "water - poster.jpg" controls = "controls"></video>
    </body>
</html>
```

该视频没有播放时的页面如图 12 - 3 所示。

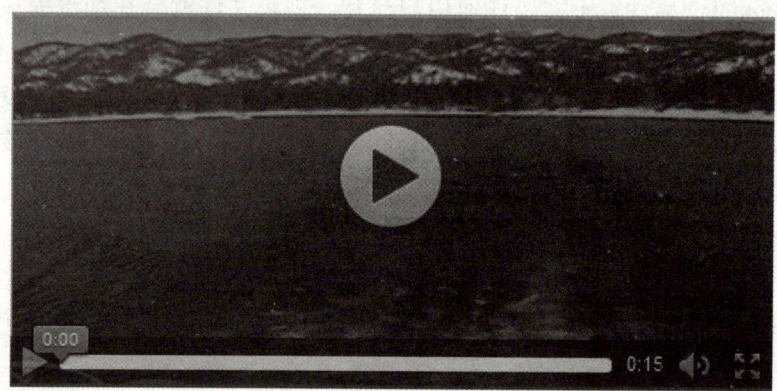

图 12 - 3　海报图像

当页面加载并显示视频的时候显示该图像，该图像取自视频本身的一幅截图。

12.2.6　阻止预加载视频

当网页上加入视频元素以后，用户打开网页就可以观看视频。如果认为用户观看视频的可能性较低，就可以告诉浏览器不要预先加载该视频，这样能节省带宽。

要阻止网页预加载视频，只需要在 video 元素中使用 preload 属性，代码如下：

```
<!DOCTYPE html >
<html lang = "en">
<head>
    <meta charset = "utf -8" />
    <title>阻止预加载视频</title>
</head>
<body>
    <h1>阻止预加载视频</h1>

    <videosrc = "water.webm" preload = "none" controls = "controls"></video>
</body>
</html>
```

12.2.7 多个媒体源

在上面的例子中只用了一个视频文件，同时只有一种格式。要获得所有兼容 HTML5 的浏览器的支持，至少需要提供两种格式的视频。这时就要用到 HTML5 的 source 元素。

source 元素用来定义一个以上的媒体元素的来源，一个 video 元素中可以包含任意数量的 source 元素。

同时当浏览器不支持相关容器或者编/解码器时，就要用到备用声明。备用声明可以包含多种来源，浏览器可以从这么多的来源中进行选择。代码如下：

```html
<!DOCTYPE html>
<html lang="en">
<head>
    <meta charset="utf-8" />
    <title>多个媒体源</title>
</head>
<body>
    <h1>多个媒体源</h1>

    <video controls="controls">
        <source src="water.mp4" type="video/mp4">
        <source src="water.webm" type="video/webm">
        <p>Sorry, your browser doesn't support the <code>video</code> element</p>
    </video>
</body>
</html>
```

当浏览器发现 video 元素时，首先检查该元素是否定义 src，如果没有，就会检查 source 元素。浏览器会逐个查看这些来源，直到找到它可以播放的一个来源，一旦找到，就会播放并且忽略其他的来源。

在下面的实例中，备用媒体源就是"water.webm"，"water.mp4"是首选媒体源，但是当首选媒体源不能使用时就会用到备用媒体源，旧的浏览器只会显示 p 元素中的消息。

并非所有的浏览器都能播放 HTML5 视频，对于这些浏览器，需要提供后备方案。

在下面的实例中，对不支持 HTML5 浏览器的用户显示一条文本信息，可以将这条信息替换成一个指向视频文件的超链接，从而让用户可以下载该文件并观看。代码如下：

```html
<!DOCTYPE html>
<html lang="en">
<head>
    <meta charset="utf-8" />
    <title>添加备用超链接的视频</title>
</head>
<body>
    <h1>添加备用超链接的视频</h1>
```

```
        <video controls = "controls" >
            <source src = "water.mp4" type = "video/mp4" >
            <source src = "water.webm" type = "video/webm" >
            <a href = "water.mp4" >Download the video </a >
        </video>
</body>
</html>
```

在 IE8 浏览器中打开该文件时的效果如图 12-4 所示。

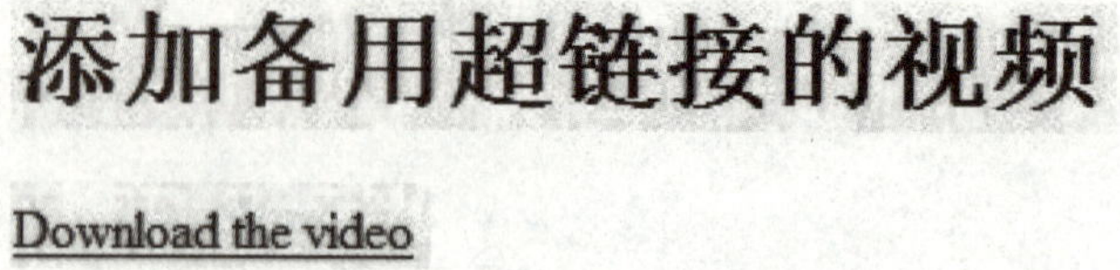

添加备用超链接的视频

Download the video

图 12-4 添加备用超链接的视频

IE8 浏览器会忽略 video 和 source 元素，仅显示下载链接。

除了添加备用链接以外，还可以嵌入一个能播放视频文件的 Flash 播放器。尽管HTML5和原生多媒体非常强大，但是为了照顾那些无法处理这些技术的旧浏览器，只有使用 Flash 的方法。

过去，在网页中嵌入备用 Flash 播放器和视频，既可以使用 object 元素，也可以使用 embed 元素。

可以使用 object 元素，是因为该元素提供的解决方案更完整——包含在 object 元素中的内容都会呈现出来，就算浏览器并不支持 object 元素指定的插件。这样就可以指定另外一个后备方案，即后备方案中的后备方案。此外，还可以试用开源的 Flash 视频播放器（如 JW Player），它可以让嵌入视频的过程更容易。如果播放器能播放 MP4 文件，就可以对现有的视频源文件进行复用，如果不能播放 MP4 文件，则需要将视频转化为 SWF 或 FLV 文件。代码如下：

```
<!DOCTYPE html >
<html lang = "en" >
<head >
    <meta charset = "utf-8" />
    <title >添加备用 Flash 的视频 </title >
</head >
<body >
    <h1 >添加备用 Flash 的视频 </h1 >

    <video controls = "controls" >
        <source src = "water.mp4" type = "video/mp4" >
        <source src = "water.webm" type = "video/webm" >
        <object type = "application/x - shockwave - flash" data = "player.swf?videoUrl = water.mp4&controls = true" width = "320" height = "240" >
            <param name = "movie" value = "player.swf? videoUrl = water.mp4&controls = true" />
        </object >
```

```
        </video>
    </body>
</html>
```

在上面的实例中，如果浏览器不支持 video 元素，就会启用备用 Flash 视频，该视频使用 object 元素插入备用视频，而播放该视频的播放器选择的是 JW Player 播放器。JW Player 播放器可以在网站"http://www.longtailvideo.com/"上下载，在本实例中该播放器被命名为"player.swf"，并且和实例中网页存储在同一文件夹下。其显示效果如图 12-5 所示。在 object 元素中除了定义数据类型和数据源地址以外，还定义了高度和宽度，如果使用默认值则有可能出现显示的误差。

图 12-5　添加备用 Flash 的视频

除了单独使用备用 Flash 视频，还可以在 Flash 对象后面、video 元素结束标签前面添加一个视频下载链接。这样就进一步提供了后备方案，让用户可以有多种选择，但是在不支持 HTML5 的浏览器中，备用 Flash 和超链接会同时显示。代码如下：

```
<!DOCTYPE html>
<html lang = "en">
    <head>
        <meta charset = "utf-8" />
        <title>添加备用 Flash 和超链接</title>
    </head>
    <body>
        <h1>添加备用 Flash 和超链接</h1>
        <video controls = "controls">
            <source src = "water.mp4" type = "video/mp4">
            <source src = "water.webm" type = "video/webm">
            <object type = "application/x-shockwave-flash" data = "player.swf?videoUrl=water.mp4&controls=true" width = "320" height = "240">
                <param name = "movie" value = "player.swf?videoUrl=water.mp4&controls=true" />
            </object>
            <a href = "water.mp4">Download the video</a>
        </video>
    </body>
</html>
```

上面讲到的备用 Flash 视频和备用超链接都是在浏览器不支持 HTML5 视频的情况下使

用的，但是如果浏览器支持 HTML5 视频，但是无法找到播放的文件时，它将不会使用备用的方案来处理。图 12-6 所示为使用 Firefox 浏览器，但是找不到可播放的视频文件时效果，这时不会使用备用 Flash 播放器，也不会显示下载链接。

图 12-6　无法找到播放文件（Firefox 浏览器显示效果）

12.3　添加音频

前面主要讲解了有关用 HTML5 在网页中嵌入视频的内容。当然，大部分视频中包含音频，所以如果想把音频文件嵌入网页，用 HTML5 同样能够很容易地实现。

本节讲解 audio 元素及其属性，以及 HTML5 能够使用的不同类型的音频文件。上一节提及的视频概念和技术同样适用于音频，所以上一节内容本节内容有一些相似之处。

12.3.1　音频文件格式

前面已经介绍了如何使用 HTML5 原生媒体在网页中添加视频，下面介绍如何添加音频。

HTML5 规范最初也为 Ogg Vorbis 编/解码器提供支持，但来自苹果和诺基亚公司的挑战使其终止了该支持。如今的浏览器，相比于支持视频编/解码器而言，能支持更多的音频编/解码器。和视频一样，HTML5 也支持不同的音频文件格式。HTML5 支持 3 种主要的音频编/解码器。表 12-3 所示是这 3 种音频格式及支持它们的浏览器。

表 12-3　HTML5（audio 元素）支持的 3 种音频格式

格式	IE 9	Firefox 3.5	Opera 10.5	Chrome 3.0	Safari 3.0
Ogg Vorbis	No	√	√	√	No
MP3	√	No	No	√	√
Wav	No	√	√	No	√

MP3 是一种音频压缩技术，其全称是动态影像专家压缩标准音频层面 3（Moving Picture Experts Group Audio Layer Ⅲ）。MP3 用于大幅度地降低音频数据量。利用 MPEG Audio Layer 3 的技术，将音乐以 1∶10 甚至 1∶12 的压缩率压缩成容量较小的文件，而对于大多数用户

来说重放的音质与最初的不压缩音频相比没有明显的下降。

Ogg Vorbis 是一种音频压缩格式,类似于 MP3 等现有的音乐格式。但有一点不同的是,它是完全免费、开放和没有专利限制的。Ogg Vorbis 有一个很出众的特点,就是支持多声道。Ogg Vorbis 文件的扩展名是 ".ogg",现在创建的 Ogg Vorbis 文件可以在未来的任何播放器上播放,因此,这种文件格式可以不断地进行大小和音质的改良,而不影响旧有的编码器或播放器。

WAV 为微软公司 (Microsoft) 开发的一种声音文件格式,它符合 RIFF (Resource Interchange File Format) 文件规范,用于保存 Windows 平台的音频信息资源,被 Windows 平台及其应用程序广泛支持。

要覆盖所有支持 HTML5 音频的浏览器,只能用两种格式的音频:Ogg Vorbis 和 MP3。由于 WAV 文件格式不能压缩得很好,因此文件大小会相当大,不建议使用该格式。

12.3.2 在网页中添加单个音频

在网页中添加音频和添加视频的过程是相似的,不过添加音频使用的是 audio 元素。

在网页中添加单个音频的步骤如下:

(1) 获取音频资源。

(2) 输入 "< audio src = "音频地址" > </audio >"。

如下面代码所示:

```
<audio src = "song.ogg" >
</audio >
```

<audio > 与 </audio > 之间插入的内容供不支持 audio 元素的浏览器显示,如下面代码所示:

```
<audio src = "song.ogg" >
您的浏览器不支持 <audio> 标签。
</audio >
```

上面的例子使用一个 Ogg Vorbis 文件,适用于 Firefox、Opera 以及 Chrome 浏览器。要确保适用于 Safari 浏览器,音频文件必须是 MP3 或 WAV 类型。

在下面的实例中,创建一个音频播放器,代码如下:

```
<!DOCTYPE HTML >
<html >
<body >
<audio autoplay = "autoplay" >
    <source src = "song.ogg" type = "audio/ogg" >
您的浏览器不支持 <audio> 标签。
</audio >
</body >
</html >
```

src 属性、type 属性和 autoplay 属性的使用方法和在 video 元素中一样。

也可以指定用来编码音频文件的确切的解码器。这能帮助浏览器决定它是否能播放该内容。但是由于常常不知道究竟用什么解码器，只简单地提供类型并让浏览器自己作决定通常是一个更好的主意。代码如下：

```
<audio autoplay controls>
   <source src="song.ogg" type='audio/ogg; codec="vorbis"'>
</audio>
```

12.3.3 音频属性

表 12-4 所示的是常用的 audio 元素属性。

表 12-4 audio 元素属性

属性	值	描述
autoplay	autoplay	如果出现该属性，则音频在就绪后马上播放
controls	controls	如果出现该属性，则向用户显示控件，比如播放按钮
loop	loop	如果出现该属性，则每当音频结束时重新开始播放
preload	preload	如果出现该属性，则音频在页面加载时进行加载，并预备播放；如果使用"autoplay"，则忽略该属性
src	url	要播放的音频的 URL
muted	Muted	让音频静音（目前没有浏览器支持）

1. src

在该属性中指定音频的 URL 地址。

2. autoplay

在该属性中指定媒体是否在页面加载后自动播放。该属性的语法如下：

```
<audio autoplay="autoplay" />
```

3. preload

preload 属性规定是否在页面加载后载入音频。如果设置了 autoplay 属性，则忽略该属性。该属性有 3 个可选的值：none、meta、auto。

（1）auto——当页面加载后载入整个音频；
（2）meta——当页面加载后只载入元数据；
（3）none——当页面加载后不载入音频。
该属性的语法如下：

```
<audio preload="auto" />
```

4. loop

loop 属性规定当音频结束后将重新开始播放。如果设置该属性，则音频将循环播放。该属性的语法如下：

```
<audio loop = "loop" />
```

5. controls

controls 属性规定浏览器应该为音频提供播放控件。浏览器控件应该包括：播放、暂停、定位、音量、全屏切换、字幕（如果可用）、音轨（如果可用）。该属性的语法如下：

```
<audio controls = "controls" />
```

6. 其他属性

error、networkState、currentSrc、buffered、readyState、seeking 与 seekable、currentTime、startTime 与 duration、played、paused 与 ended、defaultPlaybackRate 与 playbackRate、volume 与 muted 这些属性在 audio 元素中的用法和在 video 元素中一样。

12.3.4 添加控件、自动播放和循环播放

在前面的实例中，在网页中添加了单个音频。不过这个音频文件有个问题，就是什么都不会显示。在 audio 元素中指定 controls 属性就可以在页面上以默认方式进行播放控制。如果不加这个属性，那么在播放的时候就不会显示控制界面。如果播放的是音频，那么在页面上任何信息都不会出现，因为音频元素的唯一可视化信息就是它对应的控制界面。不过如果播放的视频，就如前面讲到的，视频内容会照常显示，即使不添加 controls 属性也不会影响页面正常显示。在下面的实例中，为了让没有 controls 属性的音频文件正常播放，添加了另外一个属性 autoplay，让音频文件自动播放。

给音频文件添加相应的控件，代码如下：

```
<!DOCTYPE HTML>
<html>
<body>
<audio controls = "controls">
    <sourcesrc = "song.ogg" type = "audio/ogg">
您的浏览器不支持<audio>标签。
</audio>
</body>
</html>
```

图 12 -7 所示是在支持 audio 元素的 Firefox 浏览器中的页面显示效果。从图中可以看到一个带有播放按钮的播放器控制条。单击播放按钮就可以播放音频文件。

图 12 -7　给音频添加控件（Firefox 浏览器）

和视频控件一样，每个浏览器都有处理控件外观的独特方式，所以图 12 -7 中显示的是在 Firefox 浏览器中音频控件的独特方式。

在网页中同时使用 controls 和 autoplay 属性就可以为音频文件添加控件并指定其在加载

后自动播放。在网页中为音频文件添加控件并让其自动播放的步骤如下：
(1) 获取音频文件。
(2) 输入"<audio src="音频文件地址" autoplay="autoplay" controls="controls">"。

```
    </audio>
<!DOCTYPE html>
<html lang="en">
<head>
    <meta charset="utf-8" />
    <title>添加控件和自动播放的音频</title>
</head>
<body>
    <h1>添加控件和自动播放的音频</h1>
    <audiosrc="song.ogg" autoplay="autoplay" controls="controls"></audio>
</body>
</html>
```

除了自动播放外，还可以使用loop属性让音频文件循环播放，其步骤如下：
(1) 获取音频文件。
(2) 输入"<audio src="音频文件地址" loop="loop" controls="controls">"。

```
</audio>
<!DOCTYPE html>
<html lang="en">
<head>
    <meta charset="utf-8" />
    <title>让音频循环播放</title>
</head>
<body>
    <h1>让音频循环播放</h1>
    <audiosrc="song.ogg" loop="loop" controls="controls"></audio>
</body>
</html>
```

和视频的自动播放与循环播放一样，音频的自动播放和循环播放一样会干扰用户本机播放其他音频，所以对于音频的自动播放和循环播放也应该慎用。

12.3.5 预加载音频

通过audio元素的preload属性，可以以不同的方式对网页中的音频文件进行预加载。让浏览器预加载音频文件的步骤如下：
(1) 获取音频文件。
(2) 输入"<audio src="音频文件地址" preload="load" controls="controls"></audio>"。
通过preload属性的取值，可以控制页面预加载音频的方式。代码如下：

```
<!DOCTYPE html>
<html lang = "en">
<head>
    <meta charset = "utf-8" />
    <title>仅预加载音频元数据</title>
</head>
<body>
    <h1>仅预加载音频元数据</h1>
    <audiosrc = "song.ogg" preload = "metadata" controls = "controls"></audio>
</body>
</html>
```

若 preload 属性取值为 metadata，当浏览器加载的时候预加载音频的元数据。但是这种指定 preload 属性值的方法不一定都能被执行，我们也可以让浏览器自己决定如何预加载音频文件，这个时候就让 preload 属性取值为 auto，其语法如下：

```
<audiosrc = "song.ogg" preload = "auto" controls = "controls"></audio>
```

12.3.6 多个音频源

和视频一样，也需要为音频文件提供至少两种不同的解码器才能覆盖所有支持 HTML5 的浏览器。一个 audio 元素能包含多种 source 元素，为音频提供多种格式支持。source 元素可以链接不同的音频文件。当浏览器解析音频元素时，它将通过 source 元素列表循序地查找，直到找到一个它能播放的文件格式。一旦找到后，就播放该文件并忽略随后的其他元素。代码如下：

```
<audio controls = "controls">
    <sourcesrc = "song.ogg" type = "audio/ogg">
    <sourcesrc = "song.mp3" type = "audio/mpeg">
您的浏览器不支持<audio>标签。
</audio>
<!DOCTYPE html>
<html lang = "en">
<head>
    <meta charset = "utf-8" />
    <title>指定不同音频来源</title>
</head>
<body>
    <h1>指定不同音频来源</h1>
    <audio controls = "controls">
        <source src = "song.ogg" type = "audio/ogg">
        <source src = "song.mp3" type = "audio/mp3">
    </audio>
</body>
</html>
```

在上面的实例中，除了指定了 Ogg Verbis 数据源以外，还给出了备用数据源 MP3，由浏览器自己选择。

12.3.7 应对无法播放 HTML5 音频的情况

和视频一样，音频文件在使用的过程中也可能遇到不支持 HTML5 的浏览器，音频文件的后备方案和视频一样，也有超链接和 Flash 两种选择。下面先看一下超链接处理音频文件的情况，代码如下：

```html
<!DOCTYPE html>
<html lang="en">
<head>
    <meta charset="utf-8" />
    <title>为音频添加备用超链接</title>
</head>
<body>
    <h1>为音频添加备用超链接</h1>

    <audio controls="controls">
        <source src="song.ogg" type="audio/ogg">
        <source src="song.mp3" type="audio/mp3">
        <a href="song.mp3">Download the audio</a>
    </audio>
        </body>
        </html>
```

在上面的实例中，对于不支持 HTML5 的浏览器来说将不会显示音频控件，而将显示超链接以方便用户下载使用，如图 12-8 所示。

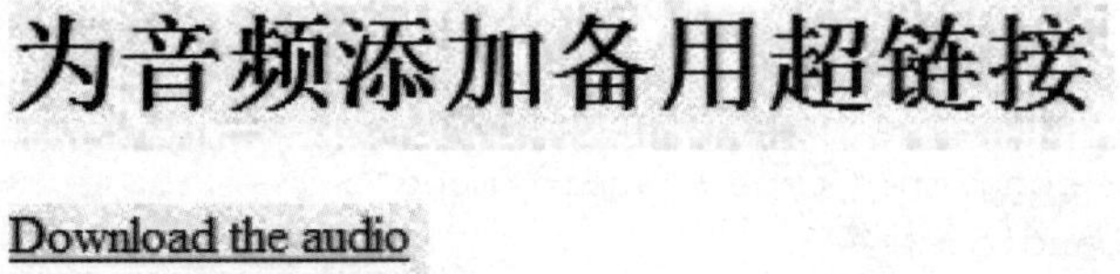

为音频添加备用超链接

<u>Download the audio</u>

图 12-8　为音频添加备用超链接

同样，音频的备用方案中也经常使用 Flash 操作，同视频一样，也可以为这些浏览器提供备用 Flash，代码如下：

```html
<!DOCTYPE html>
<html lang="en">
<head>
    <meta charset="utf-8" />
    <title>为音频添加备用 Flash</title>
</head>
<body>
    <h1>为音频添加备用 Flash</h1>

<audio controls="controls">
<source src="song.ogg" type="audio/ogg">
<source src="song.mp3" type="audio/mp3">
```

```
        <object type = "application/x - shockwave - flash" data = "player.swf? audioUrl =
song.mp3&controls = true" width = "320" height = "240" >
            <param name = "movie" value = "player.swf? audioUrl = song.mp3&controls =
true" />
        </object>
    </audio>
</body>
</html>
```

在上面的实例中也是使用 object 元素，嵌入 Flash 视频播放器——JW Player，并且和视频一样也指定了 object 元素的高度和宽度以达到最好的显示效果。

和视频一样，也可以在同一个文件中既使用超链接的备用方案，又使用 Flash 的备用方案，代码如下：

```
<!DOCTYPE html>
<html lang = "en" >
<head>
    <meta charset = "utf - 8" />
    <title>为音频添加备用 Flash </title>
</head>
<body>
    <h1>为音频添加备用 Flash </h1>

    <audio controls = "controls" >
        <source src = "song.ogg" type = "audio/ogg" >
        <source src = "song.mp3" type = "audio/mp3" >
        <object type = "application/x - shockwave - flash" data = "player.swf?
audioUrl = song.mp3&controls = true" width = "320" height = "240" >
            <param name = " movie" value = " player.swf? audioUrl = song.
mp3&controls = true" />
        </object>
        <a href = "song.mp3" >Download the audio </a>
    </audio>
</body>
</html>
```

添加方式和视频几乎一样，这里就不再重复讲解。

12.4 嵌入 Flash 动画

Flash 软件可以创建动画。电影以及其他广泛应用于网络的媒体，与之相伴的插件通常用于在网页中嵌入视频和音频。前面已经介绍了如何利用 Flash 对某些浏览器嵌入音频和视频作为后备方案使用，下面介绍如何嵌入 Flash 动画 SWF 文件。

在网页中嵌入 Flash 动画需要使用 object 元素，在其属性 type 中指定 MIME 类型为 Flash 动画，并且利用 data 属性给出 Flash 文件的地址，最后根据需要指定高度和宽度以便设计相应显示效果。除了 object 元素外，也需要使用 param 元素，该元素包含在 object 元素之内，为包含它的 object 元素提供参数。下面看一个例子：

```
<!DOCTYPE html>
<html lang="en">
<head>
    <meta charset="utf-8" />
    <title>嵌入 Flash 动画</title>
</head>
<body>
    <h1>嵌入 Flash 动画</h1>
    <object type="application/x-shockwave-flash" data="run.swf" width="600" height="400">
        <param name="movie" value="run.swf" />
    </object>
</body>
</html>
```

在上面的实例中，将 MIME 设置为 application/x – shockwave – flash，使用 object 元素嵌入 Flash 动画，并且设置高度为 400 像素，宽度为 600 像素，以让显示效果更好一些。嵌入的 Flash 数据源为 "run.swf"，和该网页在同一文件夹下。其效果如图 12 – 9 所示。

嵌入Flash动画

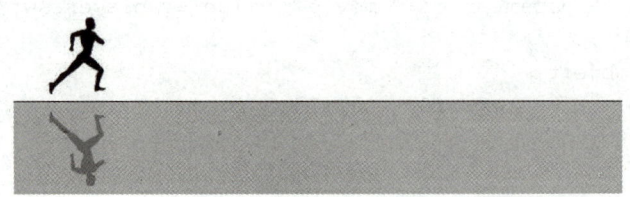

图 12 – 9　嵌入 Flash 动画

12.5　嵌入网络视频

对于发布到网络上的网页来说，除了可以利用自己网站的视频以外，还可以在网页中嵌入网络视频。

所谓网络视频，是指由网络视频服务商提供的、以流媒体为播放格式的、可以在线直播或点播的声像文件。网络视频一般需要独立的播放器，文件格式主要是基于 P2P 技术占用客户端资源较少的 FLV 流媒体格式。

网络视频是视频网站提供的在线视频播放服务，主要利用流媒体格式的视频文件。在众多流媒体格式中，FLV 格式由于文件小，占用客户端资源少等优点成为网络视频所依靠的主要文件格式。从网络技术的角度讲，网络视频内容格式以 WMV、RM、RMVB、FLV 以及 MOV 等类型为主，可以在线通过 Realplayer、WindowsMedia、Flash、QuickTime 及 DIVX 等主流播放器播放。

综上所述，网络视频是在网络上以 WMV、RM、RMVB、FLV 以及 MOV 等视频文件格式传播的动态影像，包括各类影视节目、新闻、广告、Flash 动画、自拍 DV、聊天视频、游戏视频、监控视频等。

现以优酷网站为例介绍如何嵌入网络视频。优酷网站借由 FlashVideo 播放各式各样由上传者制成的影片内容，包括电影剪辑、电视短片、音乐录像带等，以及其他上传者自制的业余影片，如 VLOG、原创的影片等。优酷网站提供了可以上传视频文件的服务器，并让访问者可以观看这些视频。

嵌入网络视频的步骤（以优酷网站为例）如下：

(1) 访问优酷网站并找到需要的视频。

(2) 在优酷播放视频的页面单击打开播放器下方的"分享"按钮，复制 Flash 地址，如图 12-10 所示。

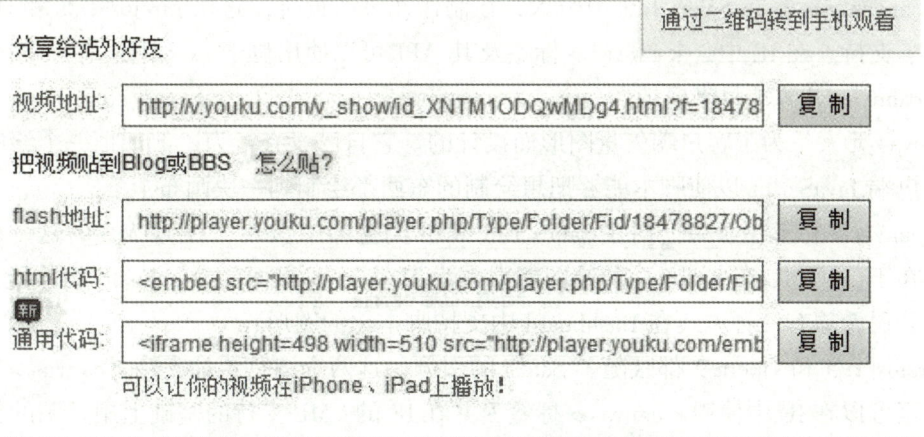

图 12-10　复制 Flash 地址

(3) 按照嵌入 Flash 动画的步骤，嵌入网络视频。在输入 Flash 动画的 URL 地址的位置，输入刚才复制的 Flash 地址。代码如下：

```
<!DOCTYPE html>
<html lang = "en">
<head>
    <meta charset = "utf-8" />
    <title>嵌入网络视频</title>
</head>
<body>
    <h1>嵌入网络视频</h1>
    <object type = "application/x-shockwave-flash" data = "http://player.youku.com/player.php/Type/Folder/Fid/18478827/Ob/1/sid/XNTUxMjYzNDg4/v.swf" width = "600" height = "400">
```

```
            <param name = "movie" value = "http://player.youku.com/player.php/
Type/Folder/Fid/18478827/Ob/1/sid/XNTUxMjYzNDg4/v.swf" />
        </object>
    </body>
</html>
```

在上面的实例中，object 元素的 data 属性和 param 元素的 value 属性中贴入了复制来的视频地址。其他的代码设置和前面嵌入 Flash 动画一样。

12.6 canvas 简介

使用 HTML5 原生多媒体的另一个好处就是可以利用很多来自 HTML5 或与 HTML5 相关的新特性和新功能，其中一个就是 canvas 元素。

canvas 对象表示一个 HTML 画布元素 canvas。它没有自己的行为，但是定义了一个 API 支持脚本化客户端绘图操作。可以直接在该对象上指定宽度和高度，但是，其大多数功能都可以通过 CanvasRenderingContext2D 对象获得。

<canvas> 标签在 Safari 1.3 中引入，在制作此参考页时，它在 Firefox 1.5 和 Opera 9 中也得到了支持。在 IE 中，<canvas> 标签及其 API 可以使用位于 excanvas 点、sourceforge 点 ExplorerCanvas 开源项目来模拟。

canvas 元素是为了客户端矢量图形而设计的。它自己没有行为，但却把一个绘图 API 展现给客户端 JavaScript 以使脚本能够把想绘制的东西都绘制到一块画布上。

<canvas> 标签由苹果公司在 Safari 1.3 Web 浏览器中引入。对 HTML 的这一根本扩展的原因在于，HTML 在 Safari 中的绘图能力也为 Mac OS X 桌面的 Dashboard 组件所使用，并且苹果公司希望有一种方式在 Dashboard 中支持脚本化的图形。

Firefox 1.5 和 Opera 9 都跟随了 Safari 的引领。这两个浏览器都支持 <canvas> 标签。

甚至可以在 IE 中使用 <canvas> 标签，并在 IE 的 VML 支持的基础上用开源的 JavaScript 代码（由谷歌公司发起）来构建兼容性的画布。

canvas 的标准化的努力由一个 Web 浏览器厂商的非正式协会推进，目前 <canvas> 已经成为 HTML5 中一个正式的标签。

使用 canvas 元素及相应的 JavaScript API 可以在网页上创建动画。通过 API 可以从播放的视频中抓取图像，并在 canvas 元素中重新绘制该图像，从而创建视频的截图。

12.7 SVG 简介

SVG（Scalable Vector Graphics，可缩放矢量图形）是基于 svg logo 可扩展标记语言（XML），用于描述二维矢量图形的一种图形格式。SVG 是 W3C 在 2000 年 8 月制定的一种新的二维矢量图形格式，也是规范中的网络矢量图形标准。SVG 严格遵从 XML 语法，并用文本格式的描述性语言来描述图像内容，因此是一种和图像分辨率无关的矢量图形格式。

SVG 不仅是一种图像格式，它是一种基于 XML 的语言，这意味着它继承了 XML 的跨平台性和可扩展性，从而在图形可重用性上迈出了一大步。SVG 可以内嵌于其他 XML 文档，而 SVG 文档中也可以嵌入其他 XML 内容，各个不同的 SVG 图形可以方便地组合，构成新的 SVG 图形。目前最常用的 SVG 查看工具有 Adobe 公司的 Adobe SVG Viewer 3.03。

SVG 包括 3 种类型的对象：矢量图形（包括直线、曲线在内的图形边）、点阵图像和文本。各种图像对象能够组合、变换，并且修改样式，也能够定义成预处理对象。

由于网络是动态的媒体，SVG 要成为网络图像格式，必须具有动态的特征，这也是区别于其他图像格式的一个重要特征。SVG 是基于 XML 的，它提供无可匹敌的动态交互性。可以在 SVG 文件中嵌入动画元素（如运动路径、渐现或渐隐效果、生长的物体、收缩、快速旋转、改变颜色等），或通过脚本定义来达到高亮显示、声音、动画等效果。

12.8　综合实例

根据本章介绍的 HTML5 多媒体知识，制作图 12-11 所示的视频播放界面。

图 12-11　视频播放界面

具体操作步骤如下：

（1）新建页面，在 < title > 标签中输入"综合实例——视频播放"作为页面标题。

（2）准备好视频资料，引用到网页。本实例准备了".mp4"格式的视频文件，新建网页与多媒体文件保存在同一目录下。

（3）为了方便设置整个页面内容的样式，使用 id 为 main 的 div 将所有元素包围起来。

（4）添加 video 元素用来嵌入视频，设置视频宽度为 585 像素，设置 poster 属性添加海报图像。

完成后的代码如下：

```
Html 代码：
<!DOCTYPE html >
< html >
< head >
```

```html
<meta charset = "UTF-8">
<title>综合实例——视频播放</title>
</head>
<body>
    <div id = "wrapper">
        <div id = "main">
            <video controls width = "585" poster = "canvas.jpg">
                <source src = "Advertisement.mp4" type = "video/mp4">
            </video>
        </div>
    </div>
</body>
</html>
```

经过设置还可以支持多种视频格式，所以它不仅可以被用来做网络视频播放器，还可以给它增加一些功能，把它做成跨平台的本地视频播放器。

要点回顾

本章介绍了 HTML5 的 video 元素和 audio 元素的用法，演示了如何使用它们构建引人注目的 Web 应用。video 元素和 audio 元素的引入让 HTML5 应用在对媒体的使用上多了一种选择：不用插件即可播放音频和视频。

本章首先介绍了 video 元素和 audio 元素的容器文件和编/解码器，以及 HTML5 支持这些编/解码器的原因；然后介绍了 video 元素和 audio 元素的一系列属性，以及这些属性的使用方法，演示了一种让浏览器自动选择最适合媒体类型进行播放的机制；最后探讨了 HTML5 的 video 元素和 audio 元素的实际应用。

习题十二

一、选择题

1. 在 HTML 中，可以使用（　　）标签向网页中插入视频。
   A. < src >　　　　B. < path >　　　　C. < video >　　　　D. < audio >
2. 下面这些属性中，属于 audio 元素的是（　　）。
   A. poster　　　　B. width　　　　C. height　　　　D. preload
3. 设置视频的海报模式应该使用（　　）属性。
   A. poster　　　　B. width　　　　C. height　　　　D. preload

二、填空题

1. 支持 Ogg 视频格式的浏览器有_____。
2. 支持 MP3 音频格式的浏览器有_____。
3. 当浏览器不支持 HTML5 视频的时候，替代的方法有_____、_____。

实训

"最终幻想XIV"的网页如图 12-12 所示，通过修改部分代码添加相应的视频文件，如

图 12-13 所示。

图 12-12 "最终幻想 XIV"网页

训练要点如下：
(1) HTML5 的视频；
(2) 嵌入 Flash 视频。

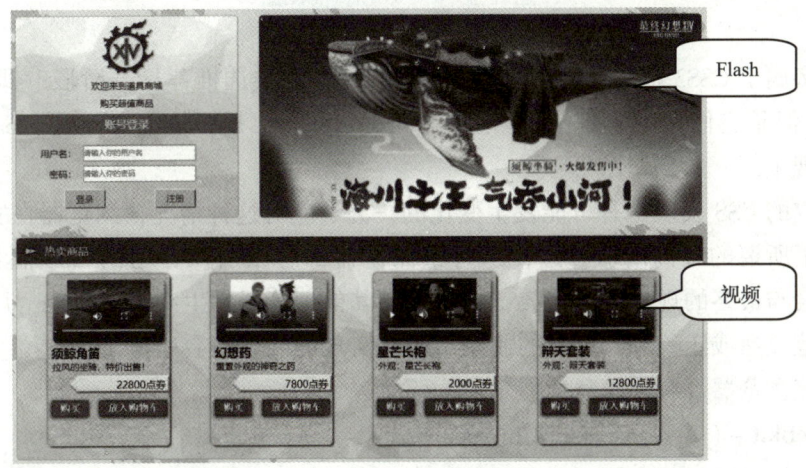

图 12-13 "最终幻想 XIV"网页（修改）

第13章

使用CSS3进行样式增强

本章导读

网站制作者多年来面临的挑战之一就是，使用CSS建立丰富布局的选择是有限的。近年来，浏览器快速吸纳了很多新的CSS3属性，让上述情况有了改观。本章介绍如何使用一些流行且实用的CSS3属性创建圆角、阴影和渐变，对一个元素使用多重背景，以及调整透明度，还介绍了浏览器厂商和Web专业人员如何使用渐进增强的哲学，通过厂商前缀和基于JavaScript的polyfill缩小浏览器之间的差异。

13.1 厂商前缀

尽管很多属于CSS3范畴的特性都还未进入W3C的候选推荐标准阶段（即相应的规范还未完成），但是它们中的大部分已经被Firefox、Internet Explore、Chrome、Safari和Opera的新版本实现了。

尚未完成的CSS实现是有可能发生变化的，为了应对这种情况，浏览器在实现一些CSS特性时使用了所谓的厂商前缀。这样，每个浏览器都可以引入自己的CSS属性支持方式，这种方式不会与最终的规范发生冲突，也不会与其他浏览器发生冲突。此外，厂商前缀还能确保将来规范成熟或定稿时，现有的使用实验性实现的网站不会崩溃。

每个主流浏览器都有其自身的前缀：

（1）-**webkit**-（Webkit/Safari/Chrome）；

（2）-**moz**-（Firefox）；

（3）-**ms**-（Internet Explore）；

（4）-**o**-（Opera）；

（5）-**khtml**-（Konqueror）。

它们放置在CSS属性名的前面，例如9.4.3节中介绍column-count属性时，写为-moz-column-count和-webkit-column-count。不过要记住的是，不必每次都使用全部前缀，在大多数情况下，只需要 – moz – 和 – webkit – 前缀。

尽管对需要包含的有前缀属性的顺序没有要求，但应该总是在最后包含该属性的无前缀版本，以保证未来仍然可用。这样，即便浏览器未来支持无前缀的属性，也不会产生中断的情况。例如：

```
.mulcolumn {
    -moz-column-count:2;
    -webkit-column-count:2;
    -column-count:2;
}
```

在本章中可以看到，这样做意味着用较少的 HTML，而用更多的 CSS 实现所需的效果。虽然厂商前缀通常会在 CSS 中造成大量的重复，但这只是前进路上的一点代价，同时也是 Web 专业人士已经普遍接受的代价，因为他们已经找到了使在代码中添加前缀的烦琐工作自动化的方法。例如使用 CSS3 Generator（http://www.css3generator.com），选择属性和属性值，会自动生成需要书写的有前缀和无前缀的代码，这类型的工具可以简化创建这类属性的工作，减少输入，节约时间，如图 13–1 所示。

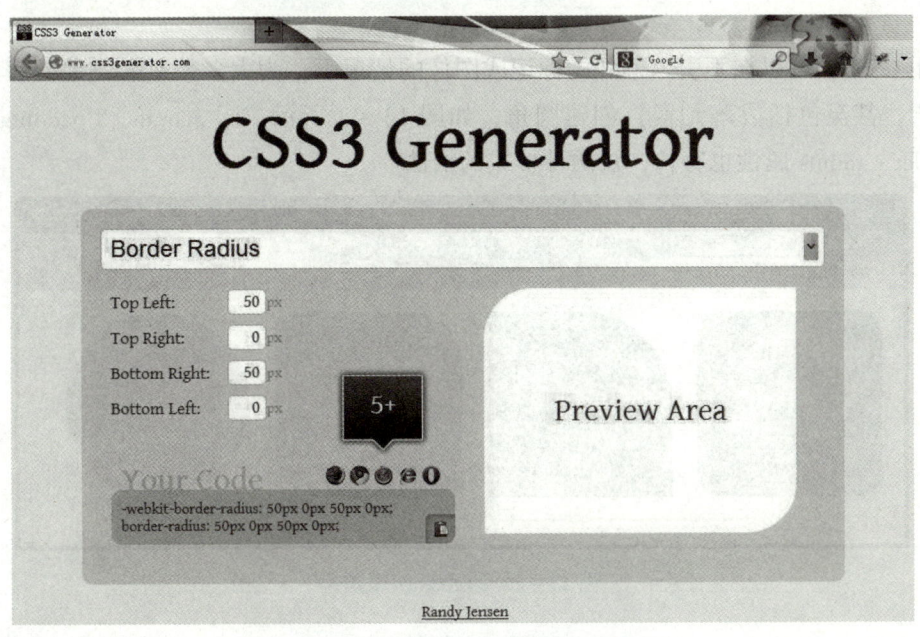

图 13–1　CSS3 Generator 工具

13.2　浏览器兼容性速览

由于浏览器发展的脚步在近几年明显加快，因此理解这些新的 CSS 属性在什么时候会得到预期的效果很重要。

表 13–1 给出了浏览器对本章所介绍的属性开始提供支持的版本。这个表格显示了浏览器第一次支持这些属性的版本，要获得更详细的分类，可以查看 www.caniuse.com。

表 13-1 浏览器兼容性

浏览器 属性					
圆角	1.0	9.0	1.0	3.0	10.3
元素阴影	3.5	9.0	1.0	3.0	10.5
文本阴影	3.0	10.0	1.0	1.1	10.0
多重背景	3.6	9.0	1.0	1.3	10.0
渐变背景	3.6	10.0	2.0	4.0	11.1
不透明度	1.0	9.0	1.0	2.0	10.0

13.3 为元素创建圆角

使用 CSS3，可以在不引入额外的标记或图像的情况下，为大多数元素（包括表单元素、图像元素，甚至包括段落元素）创建圆角，如图 13-2 所示。同 margin 和 padding 属性一样，border-radius 属性也有长、短两种形式的语法。

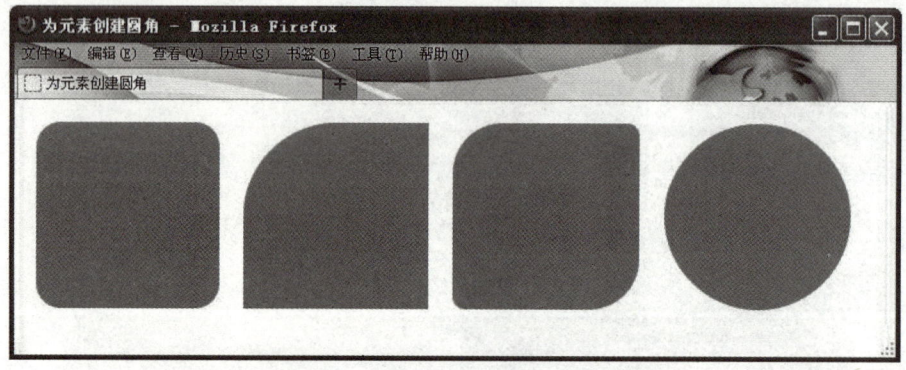

图 13-2 为元素创建圆角

1. 短形式语法

border – radius

当 4 个角的圆角半径相同时，例如都为 20 px，可以写为：

```
border-radius:20px;
```

当 4 个角的圆角半径不相同时，按照左上角、右上角、右下角、左下角的顺时针顺序书写，例如左上角为 10 px，右上角为 20 px，右下角为 30 px，左下角为 40 px，可以写为：

```
border-radius:10 px 20 px 30 px 40 px;
```

2. 长形式语法

border – top – left – radius　　　　左上角
border – top – right – radius　　　右上角
border – bottom – right – radius　右下角
border – bottom – left – radius　　左下角

长形式语法分别设置 4 个角的圆角半径，常用于 4 个角的圆角半径不同的情况。

要做出图 13 –2 所示的 4 个不同样式的圆角，先创建 4 个使用不同类的 div，代码如下：

```
<body>
<div class = "all-corners"></div>
<div class = "one-corner"></div>
<div class = "elliptical-corners"></div>
<div class = "circle"></div>
</body>
```

将 4 个 div 设置为大小、颜色相同的正方形，代码如下：

```
div {
    background-color: #999;
    margin: 10px;
    float: left;
    height: 150px;
    width: 150px;
}
```

分别设置 4 个 div 的圆角半径为不同的值。

将第一个 class 为 all – corners 的 div 设为 4 个角的圆角半径均为 20 px，这里使用的是短形式语法，代码如下：

```
.all-corners {
    -moz-border-radius: 20px;
    -webkit-border-radius: 20px;
    border-radius: 20px;
}
```

将第二个 class 为 one – corner 的 div 设为只有左上角的圆角半径为 75px，这里采用长形式语法书写，单独设置左上角，其他没有设置的 3 个角默认圆角半径为 0，代码如下：

```
.one-corner {
    -moz-border-top-left-radius:75px;
    -webkit-border-top-left-radius:75px;
    border-top-left-radius:75px;
}
```

如果换作短形式语法，也可写为：

```
.one-corner {
    -moz-border-radius: 75px 0 0 0;
    -webkit-border-radius: 75px 0 0 0;
```

```
border-border-radius:75px 0 0 0;
}
```

将第三个 class 为 elliptical-corners 的 div 设为左上角和右下角的圆角半径为 40 px，右上角和左下角的圆角半径为 10 px，这里采用短形式语法来书写，并采用了缩写的形式，如果只写两个属性值，第一个值表示左上角和右下角，第二个值表示右上角和左下角，代码如下：

```
.elliptical-corners {
    -moz-border-radius:40px 10px;
    -webkit-border-radius:40px 10px;
    border-radius:40px 10px;
}
```

这里用短形式语法也可写成 4 个属性值的形式，代码如下：

```
.elliptical-corners {
    -moz-border-radius: 40px 10px 40px 10px;
    -webkit-border-radius: 40px 10px 40px 10px;
    border-radius:40px 10px 40px 10px;
}
```

将第四个 class 为 circle 的 div 设为 4 个角的圆角半径均为 75 px，由于该 div 的长和宽是 150 px，将 4 个角圆角半径设为 75 px，得到的效果是圆形，代码如下：

```
.circle {
    -moz-border-radius:75px;
    -webkit-border-radius:75px;
    border-radius:75px;
}
```

13.4 为文本添加阴影

最早，text-shadow 是 CSS2 规范的一部分，接着在 CSS2.1 中被移除，后来在 CSS3 中又出现了。使用该元素，可以在不使用图像表示文本的情况下，为段落、标题等元素中的文本添加动态的阴影效果，如图 13-3 所示。

文本阴影 text-shadow 属性接受 4 个值：带长度单位的 x-offset（水平偏移量）、带长度单位的 y-offset（垂直偏移量）、可选的带长度单位的 blur radius（模糊半径）以及 color（颜色）。x-offset 和 y-offset 值可以是正整数（向右偏移和向下偏移），也可以是负整数（向左偏移和向上偏移），也就是说，1px 和 -1px 都是有效的。blur radius 值必须是正整数，如果不指定 blur radius，将假定其值为 0。

阴影的颜色可以表示为十六进制数、RGB、RGBA 或 HSLA 值（详见 5.2.3 节）。

尽管 text-shadow 属性的语法与边框和背景属性的语法是类似的，但它不能像边框和背景属性那样单独地指定 4 个属性值。另外，text-shadow 属性不需要使用厂商前缀。

图 13-3　为文本添加阴影

在单个元素上可以添加一个阴影，也可以添加多个阴影。如图 13-3 所示，上面一行文字添加了 1 个阴影，而下面一行文字添加了 2 个阴影。

添加 2 个 h1 一级标题，代码如下：

```
<body>
<h1>文本阴影</h1>
<h1 class = "multiple">单个元素添加多个阴影</h1>
</body>
```

设置 h1 的大小、字体、行高，以及添加向右偏移 5 px、向下偏移 5 px、模糊半径为 4 px、颜色为灰色的文本阴影，代码如下：

```
h1 {
    font-size:72px;
    font-family:"黑体";
    line-height:1em;
    text-shadow:5px 5px 4px #999;
}
```

再为下面 class 为 multiple 的 h1 设置多重阴影，代码如下：

```
.multiple {
    text-shadow:2px 2px 0 #FFF, 6px 6px 2px #F60;
}
```

对单个元素应用多重阴影可以产生一些独特有趣的效果。要应用多重阴影，应使用逗号将不同的阴影设置分隔开，例如本例中的 2 px 2 px 0 #FFF, 6 px 6 px 2 px #F60，第一个阴影是向右向下偏移 2 px、无模糊半径的白色阴影，第二个阴影是向右向下偏移 6 px、模糊半径为 2 px 的橙色阴影，这些阴影将按照倒序进行叠加，第一个显示在最顶层，之后的每个都位于前一个的下面。

13.5 为元素添加阴影

使用 text-shadow 属性可以为元素中的文本添加阴影，使用 box-shadow 属性则可以为元素本身添加阴影，如图 13-4 所示。

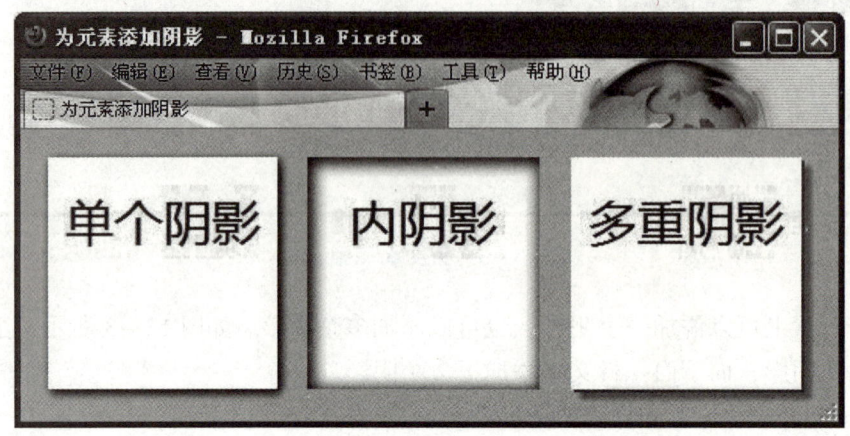

图 13-4 为元素添加阴影

text-shadow 和 box-shadow 的基础属性集是相同的，不过 box-shadow 还允许使用两个可选的属性——inset 关键词属性（设置内阴影）和 spread 属性（用于扩张或收缩阴影）。

尽管通常只对 box-shadow 属性使用 4 个值，实际上该属性接受 6 个值：带长度单位的 x-offset 和 y-offset、可选的 inset 关键字、可选的带长度单位的 blur radius 和 spread 以及 color。如果不指定 blur radius 和 spread 的值，则设为 0。

box-shadow 属性与 text-shadow 属性的另一个区别是，前者获得的支持更少，且需要针对某些浏览器版本使用厂商前缀。

box-shadow 属性与 text-shadow 属性一样可以设置单个阴影和多重阴影，除此之外还可以设置内阴影，如图 13-4 所示，第一个元素有单个阴影，第二个元素有单个内阴影，第三个元素有多重阴影。

添加 3 个 div 元素，代码如下：

```html
<body>
<div class="shadow">
    <h1>单个阴影</h1>
</div>
<div class="inset-shadow">
    <h1>内阴影</h1>
</div>
<div class="multiple">
    <h1>多重阴影</h1>
</div>
</body>
```

为 class 为 shadow 的 div 添加向右向下偏移 2 px、模糊半径为 5 px 的黑色阴影，代码如下：

```
.shadow{
    -moz-box-shadow:2px 2px 5px #000;
    -webkit-box-shadow:2px 2px 5px #000;
    box-shadow:2px 2px 5px #000;
}
```

为 class 为 inset-shadow 的 div 的内部添加向右向下偏移 2 px、模糊半径为 10 px 的黑色阴影，代码如下：

```
.inset-shadow{
        -moz-box-shadow:inset 2px 2px 10px #000;
    -webkit-box-shadow:inset 2px 2px 10px #000;
    box-shadow:inset 2px 2px 10px #000;
}
```

为 class 为 multiple 的 div 添加多重阴影，第一个阴影向右向下偏移 2 px，无模糊半径，颜色为灰色，第二个阴影向右向下偏移 6 px，模糊半径为 2 px，颜色为橙色。

```
.multiple{
        -moz-box-shadow:2px 2px 0 #666,6px 6px 2px #F60;
    -webkit-box-shadow: 2px 2px 0 #666,6px 6px 2px #F60;
    box-shadow: 2px 2px 0 #666,6px 6px 2px #F60;
}
```

13.6 使用多重背景

为单个 HTML 元素指定多个背景是 CSS 中最令人期待的一个特性，如图 13-5 所示。通过减少对某些元素的需求（这类元素存在只是为了用 CSS 添加额外的图像背景），指定多重背景便可以简化 HTML 代码，并让它容易理解和维护。多重背景几乎可以应用于任何元素。

多重背景不需要使用厂商前缀。

使用多重背景，可以使用长形式语法书写，也可以使用短形式语法书写。

如果采用长形式语法，需要单独设置 4 个背景属性：background-color、background-image、background-position 和 background-repeat。使用其中任何一个属性，都可以调整图像的定位和重复方式。

（1）background-image：多个图像路径，中间用逗号隔开；

（2）background-position：每个背景图片都有一组 x-offset 和 y-offset 值，在该属性中依次输入成对的 x-offset 和 y-offset 值，x-offset 和 y-offset 之间用空格隔开，每一对 x-offset 和 y-offset 之间用逗号隔开；

（3）background-repeat：依次输入每个背景图片的平铺方式，用逗号隔开；

（4）background-color：为元素设置备用的背景颜色。

在图 13-5 所示的例子中，在这个区域内采用了 3 个背景图像。

图 13－5　多重背景

添加 class 为 night－sky 的 div，代码如下：

```
<body>
<div class="night-sky">
</div>
```

在 CSS 中为其添加多重背景，代码如下：

```
.night-sky{
        height: 500px;
        width: 500px;
        margin: 0 auto;
background-image: url(img/ufo.png), url(img/stars.png), url(img/sky.png);
background-position: 50% 100%, 0 0, 0 0;
background-repeat: no-repeat, repeat-x, repeat-x;
background-color: #333;
}
```

在 div 元素中依次添加了"ufo.png""stars.png"和"sky.png"3 个背景图像；3 张图的位置为第一张图 50% 100%（水平居中垂直居下），后两张图 0 0（左上角对齐）；3 张图的平铺方式分别为第一张图不平铺，后两张图水平平铺。背景图像是分层次相互重叠在一起的，用逗号分隔的列表中的第一个图像位于顶部，最后一个图像位于底部，每一个图像都位于前一个图像的下方。

该例中的多重背景也可以采用短形式语法来书写，使用逗号分隔每组背景参数，代码如下：

```
.night-sky{
    height: 500px;
    width: 500px;
    margin: 0 auto;
    background:url(img/ufo.png) 50% 100% no-repeat,url(img/stars.png) 0 0 repeat-x,url(img/sky.png) 0 0 repeat-x;
}
```

不支持多重背景图像的浏览器会忽略 background-image 属性，如果指定了 background-color 值，将会显示 background-color 的样式来替代背景图像，图 13-6 所示为在 IE8.0 下打开的界面，由于只有 IE9.0 以上的版本才支持多重背景，因此只显示背景颜色。

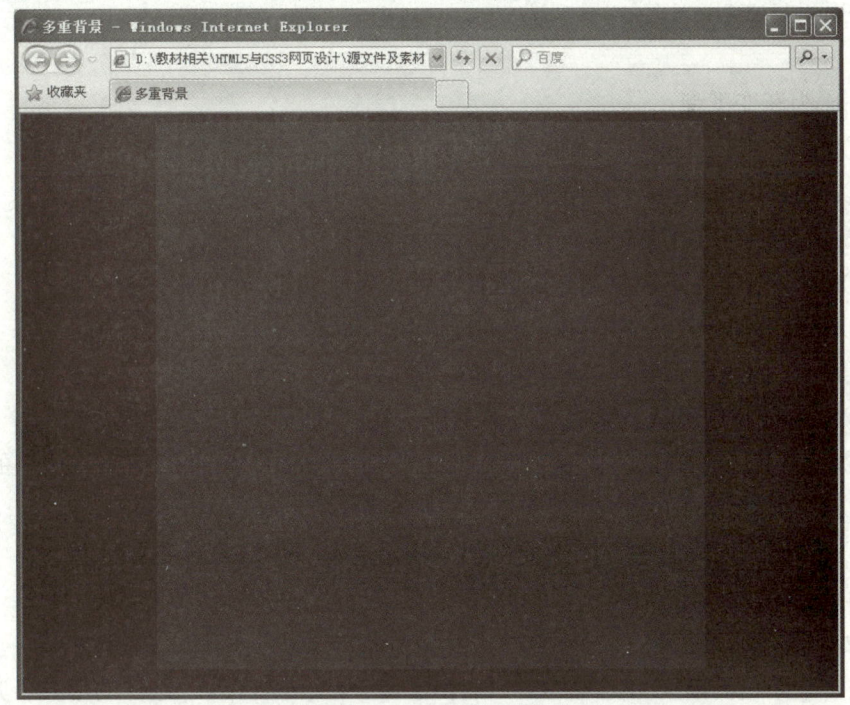

图 13-6　不支持多重背景的浏览器只显示背景颜色

13.7　使用渐变背景

渐变背景 gradient 也是 CSS3 中的新特性，通过它可以在不使用图像的情况下创建从一种颜色到另一种颜色的过渡，如图 13-7 所示。尽管相关的规范仍在变动，但随着规范不断接近最终的版本，浏览器的支持程度也在不断提升。

使用 CSS 创建的渐变有线性渐变和径向渐变两种主要方式，每种方式都有不同的必选参数和可选参数。

渐变背景的语法为：

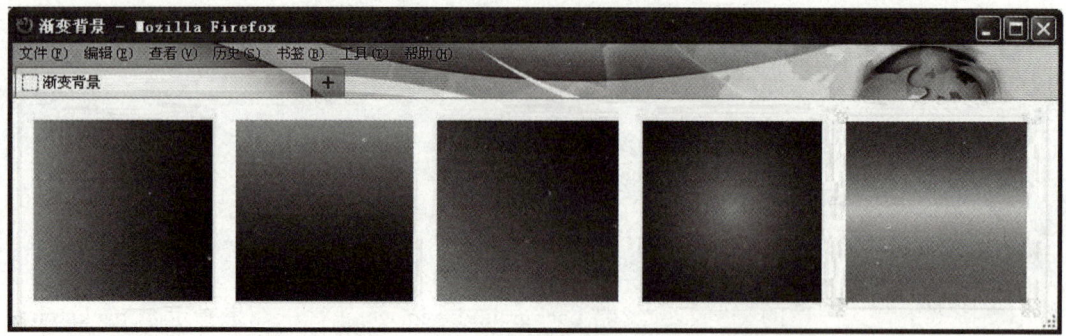

图 13-7 渐变背景

```
background: type(point, c1, c2);
```

其中：

(1) type 为渐变类型：

①**linear - gradient**（线性渐变）；

②**radial - gradient**（径向渐变）。

(2) point 为渐变开始位置：

①**left**（创建从元素左侧开始的渐变）；

②**right**（创建从元素右侧开始的渐变）；

③**top**（创建从元素顶端开始的渐变）；

④**bottom**（创建从元素底端开始的渐变）；

⑤**angel 值**（如 0deg、45deg、120deg，deg 为 degree 角度的缩写，这里的角度为渐变线沿逆时针方向转过的角度）；

⑥**center**（仅适用于径向渐变，创建从元素中心开始的渐变）。

(3) c1 是渐变的开始颜色。

(4) c2 是渐变的结束颜色。

如果是多个颜色的渐变，则写为"c1，p1，c2，p2，c3，p3"这样的形式，其中 c 表示颜色（使用颜色名称、十六进制数以及 RGB、RGBA 或 HSL 值进行指定），p 是对应颜色的位置（使用 0~100% 的百分数进行指定）。

要实现如图 13-7 所示的 5 种效果，先添加 5 个 div 元素，代码如下：

```
<body>
<div class = "horizontal"> </div>
<div class = "vertical"> </div>
<div class = "diagonal"> </div>
<div class = "radial"> </div>
<div class = "multi - stop"> </div>
</body>
```

第一个 class 为 horizontal 的 div 元素设置从左向右的线性渐变背景，渐变开始颜色为 #b8c6df，结束颜色为 #163d7f，代码如下：

```
.horizontal {
    background: #b8c6df;
    background: linear-gradient (left, #b8c6df, #163d7f);
}
```

第二个 class 为 vertical 的 div 元素设置从上到下的线性渐变背景,渐变开始颜色为#b8c6df,结束颜色为#163d7f,代码如下:

```
.vertical {
    background: #b8c6df;
    background: linear-gradient (top, #b8c6df, #163d7f);
}
```

第三个 class 为 diagonal 的 div 元素设置 45 度的线性渐变背景,渐变开始颜色为#b8c6df,结束颜色为#163d7f,代码如下:

```
.diagonal {
    background: #b8c6df;
    background: linear-gradient (45deg, #b8c6df, #163d7f);
}
```

第四个 class 为 radial 的 div 元素设置从元素中心开始的径向渐变背景,渐变开始颜色为#b8c6df,结束颜色为#163d7f,代码如下:

```
.radial {
    background: #b8c6df;
    background: radial-gradient (center, #b8c6df, #163d7f);
}
```

第五个 class 为 multi-stop 的 div 元素设置从上到下的 3 个颜色线性渐变背景,第一个颜色为#ff0000(红色),中间颜色为#ffff00(黄色),最后颜色为#00ff00(绿色),代码如下:

```
.multi-stop {
    background: #ff0000;
    background: linear-gradient (top, #ff0000 0%, #ffff00 50%, #00ff00 100%);
}
```

根据渐进增强的原则,最好为不支持背景渐变属性的浏览器提供一个后备选项,这个后备可以是一个简单的背景颜色或背景图像。因此在本例中,每个 div 的样式中,除了设置渐变背景属性外,还添加了背景颜色。

尽管最新版本的 Web 浏览器对渐变语法的支持程度始终在提升,但渐变语法仍在变化之中,需要使用厂商前缀,本例中为了降低学习难度,易于理解,代码演示时并没有添加厂商前缀,完整的添加了厂商前缀的代码请查看本网页的源代码。

可以使用以下两个可视化工具来完成创建 CSS 渐变代码的烦琐工作,这些工具还可以自动生成所有带厂商前缀的属性,从而确保最大限度地兼容旧的浏览器版本:

(1) Gradient Generator (http://www.colorzilla.com/gradient-editor);

(2) CSS Gradient Background Maker (http://ie.microsoft.com/testdrive/graphics/cssgradi-

entbackgroundmaker)。

13.8 设置元素不透明度

使用 opacity 属性可以修改元素（包括图像）的透明度，opacity 属性的默认值为 1。该属性值可以使用 0.00（完全透明）~1.00（完全不透明）的两位小数，也可以理解为取值为 0~100%。

通过使用 opacity 属性和 :hover 属性，可以产生一些有趣且实用的效果，例如，可以修改元素在用户鼠标悬停时的不透明度，或者为某些元素（如可选的表单字段）添加表示禁用的外观。

图 13-8 所示为一个照片集页面，页面中 img 元素的透明度为 0.5，当鼠标悬停在图片上时透明度为 1。

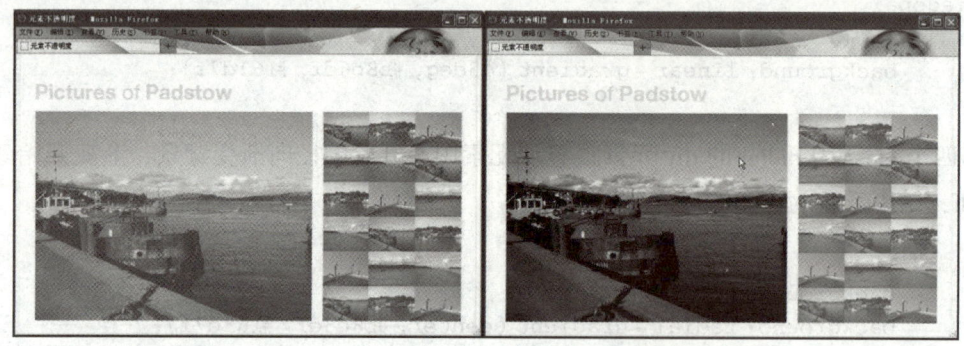

图 13-8 设置元素的不透明度

在 CSS 中设置如下样式即可实现：

```
img{
     opacity:0.5;
}
Img:hover{
     opacity:1;
}
```

13.9 使用 Web 字体

过去，通常只能在非常有限的字体集中进行选择，因为在默认情况下，用户计算机上安装的字体非常有限，基本就那几种。这就是大多数网站在 body 的样式中一成不变的指定西文字体为 Georgia、Arial、Verdana，指定中文字体为宋体、黑体的原因。这些字体在字号较小时看起来很不错，并且任何一台 Mac 或 Windows 计算机都安装了它们。

现在有了 Web 字体，在开发 Web 项目时有了大量字体可供选择。这种改变既让人着迷，又令人激动。

13.9.1 Web 字体介绍

CSS 规则@font-face 为 Web 字体创造了可能，该样式规则允许 CSS 指向服务器上的一种字体供网页使用。

很多人认为 Web 字体是新生事物。实际上，Web 字体大约在 1998 年就产生了。Netscape Navigator 4 和 Internet Explorer 4 均采用了这种技术，但它们的实现都不支持标准的字体文件格式，因此很少有人用到它们。直到将近十年以后，浏览器才开始采纳这种使用更为常见的字体文件格式的标准，Web 字体的使用才变得常见起来。

1. Web 字体文件格式

Web 字体可以使用一系列文件类型。

1）内嵌 OpenType

在使用@font-face 时，IE8 及之前的版本仅支持内嵌 OpenType（.eot）。内嵌 OpenType 是微软公司的一项专有格式，它使用数字版权管理技术防止在未经许可的情况下使用字体。

2）TrueType 和 OpenType

TrueType（.ttf）和 OpenType（.otf）是桌面计算机广泛支持的标准字体文件类型，Firefox（3.5 及之后的版本）、Opera（10 及之后的版本）、Safari（3.1 及之后的版本）、Safari（iOS4.2 及之后的版本）、Chrome（4.0 及之后的版本）及 IE（9 及之后的版本）均支持它们。

3）Web 开放字体格式

Web 开放字体格式（.woff），这种较新的标准是专为 Web 字体设计的。Web 开放字体格式的字体是经压缩的 TrueType 字体或 OpenType。WOFF 格式还允许在文件上附加额外的元数据。字体设计人员或厂商可以利用这些元数据，在原字体信息的基础上，添加额外的许可证或其他信息。这些元数据不会以任何方式影响字体的表现，但经用户请求，这些元数据可以呈现出来。Firefox（3.6 及之后的版本）、Opera（11.1 及之后的版本）、Chrome（6.0 及之后的版本）及 IE（9 及之后的版本）均支持 Web 开放字体格式。考虑到 Web 开放字体格式得到广泛支持，这种格式可能会被选为行业标准。

2. 下载一个 Web 字体

下载免费的 Web 字体很快，也很方便，很多网站都提供免费字体下载，例如 Font Squirrel（http://www.fontsquirrel.com/fonts），如图 13-9 所示，选择想使用的字体即可，在这里选择 AlexBrush 和 ArchitectsDaughter 这两种。

单击 "download" 链接，就会开始下载。下载的文件是一个 ZIP 压缩包。

下载完成后，打开压缩包，就会看到一个 Web 字体文件，如图 13-10 所示。

双击该 Web 字体文件，可以看到该字体的示范，如图 13-11 所示。

如果需要在 Photoshop 中使用这些字体，可以将 ZIP 压缩包中的 TrueType（.ttf）字体或 OpenType（.otf）字体安装到自己的计算机上。安装完成后，就可以像使用其他字体一样使用该字体了。

图 13-9　字体下载网站

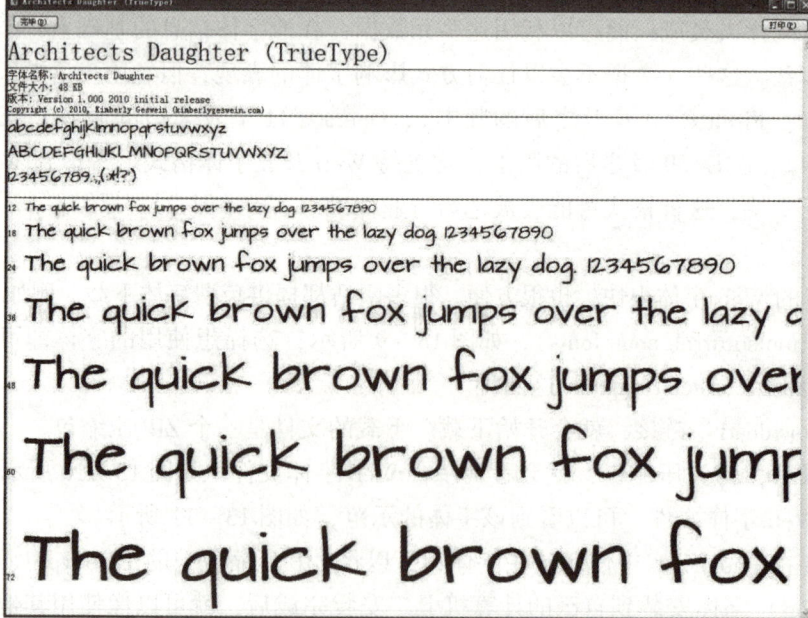

图 13-10　下载的字体文件

图 13-11　字体示例

13.9.2 使用@font-face

在 CSS3 中，可以使用@font-face 属性利用服务器端字体。@font-face 属性的使用方法如下：

```css
@font-face {
    font-family:'Webfont_text';
    src: url('AlexBrush-Regular-OTF.otf') format('OpenType');
}
```

在上面这段代码中，font-family 属性值中使用 'Webfont_text' 来声明使用服务器端的字体，该名字可以任意取。

在 src 属性值中，指定服务器端字体的字体文件所在的路径，在 format 属性值中声明字体文件的格式，可以省略文件格式的声明单独使用 src 属性。在这段代码中，使用了 AlexBrush 字体，字体文件格式为 OpenType。

接下来，将 Web 字体应用到网页中去。

在页面中添加一个 h1 标题和一个 p 段落，代码如下：

```html
<body>
<h1>HeadLines Are Very Important</h1>
<p>When you're a designer on the web, your portfolio site is the first and best chance you get to demonstrate your talent. Of course, we think it's even better if you also take the opportunity to show off your refined taste for typography. This week, we'll look at a few portfolio sites that accomplish both of these.</p>
</body>
```

在 CSS 中使用@font-face 声明 Web 字体，代码如下：

```css
@font-face {
    font-family: 'webfont_title';
    src: url('font/ArchitectsDaughter.ttf') format('TrueType');
}
@font-face {
    font-family: 'Webfont_text';
    src: url('font/AlexBrush-Regular-OTF.otf') format('OpenType');
}
```

在设置 h1 和 p 的样式时，应用上面声明的字体，代码如下：

```css
h1 {
    font-family: Webfont_title;
    font-size: 36px;
}
p {
    font-family: Webfont_text;
    font-size: 30px;
}
```

显示效果如图 13-12 所示。

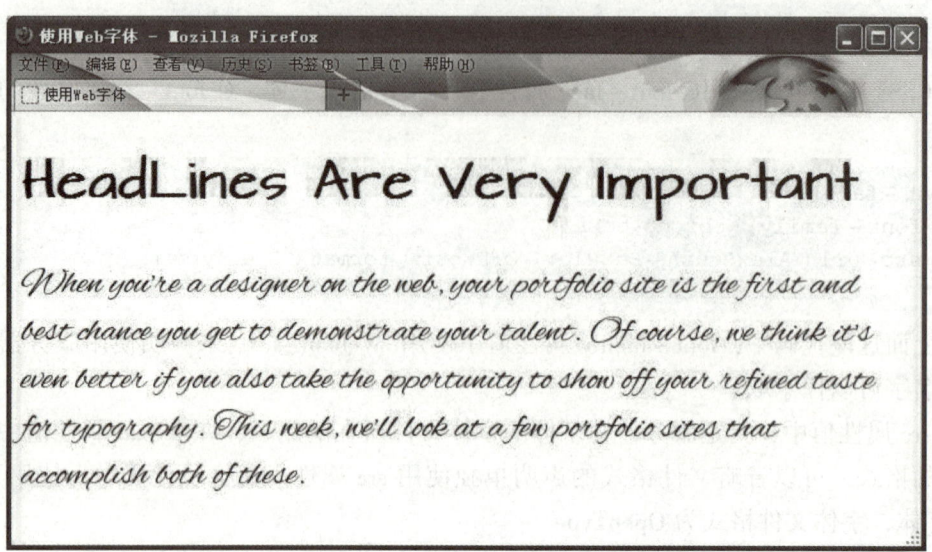

图 13-12　使用 Web 字体

13.10　使用 polyfill 实现渐进增强

渐进增强是如今被普遍接受的一种建立网站的方式，它强调创建所有用户都能访问（无论使用什么样的 Web 浏览器）的基本层面的内容和功能，同时为更强大的浏览器提供增强的体验。简单地说，渐进增强意味着网站在不同 Web 浏览器中的外观和行为不一样是完全可以接受的，只要内容是可访问的。

图 13-13 所示的网站就是渐进增强的一个实例，通过渐进增强，该网站使用 CSS3 为现代浏览器提供更丰富的体验。在旧的浏览器（如 IE8）中，该网站呈现出稍微不同的视觉体验，但功能并未削减，如图 13-14 所示。

如果想弥合较弱的浏览器与较强的浏览器的差异，可以使用 polyfill［通常又称为垫片（shim）］。

polyfill 通常使用 JavaScript 实现，它可以为较弱的浏览器提供一定程度的对 HTML5 和 CSS3 的 API 和属性的支持，同时，当浏览器本身就具有相应的能力时，会不动声色地退而使用官方的支持。需要注意的是，这样做通常会对性能产生一定的负面影响，因为较弱的浏览器（尤其是旧版本的 IE）运行 JavaScript 的速度要慢得多。

Modernizr（http://modernizr.com）是一个 JavaScript 库，它允许探测浏览器是否支持创建优化的网站体验所需的特定的 HTML5、CSS3 及其他特性。在该网站上可以找到更多关于渐进增强的信息，包括负责填补旧的浏览器与新的 Web 技术差异的各类 polyfill，如图 13-15 所示。

第 13 章 使用 CSS3 进行样式增强

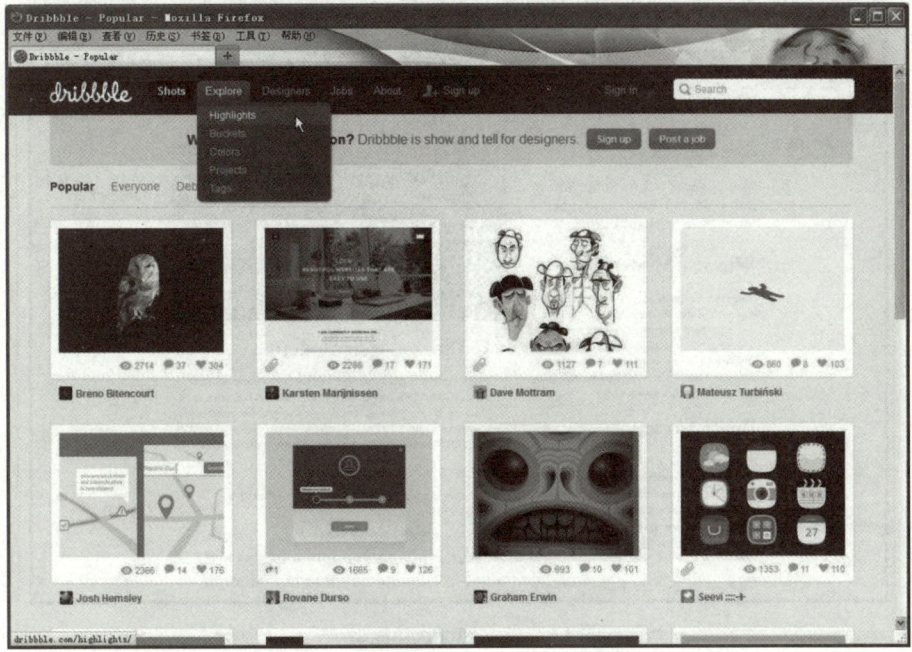

图 13－13 网站使用了一些 CSS3 属性

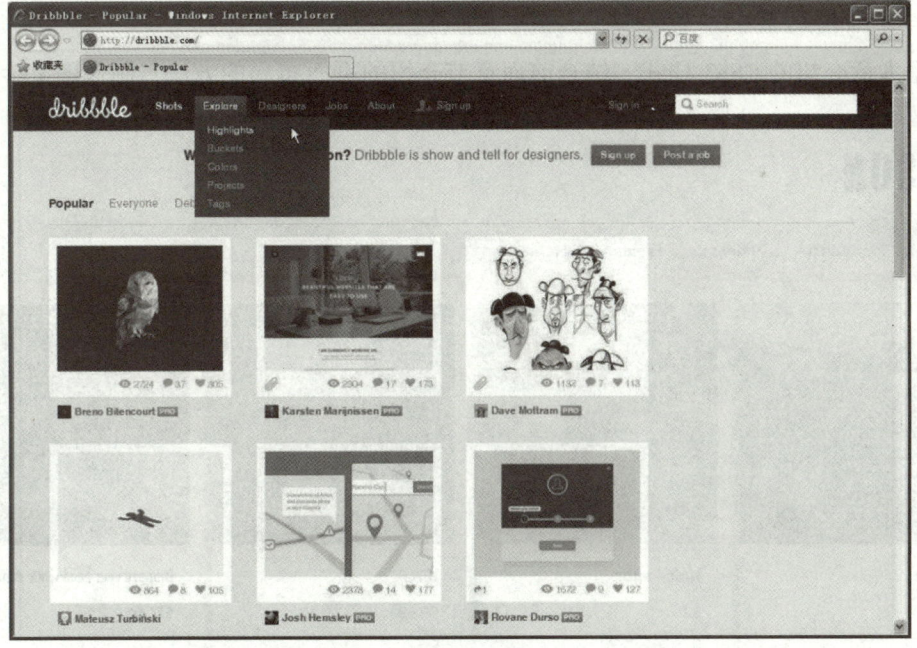

图 13－14 IE8 不支持圆角，显示时变成直角

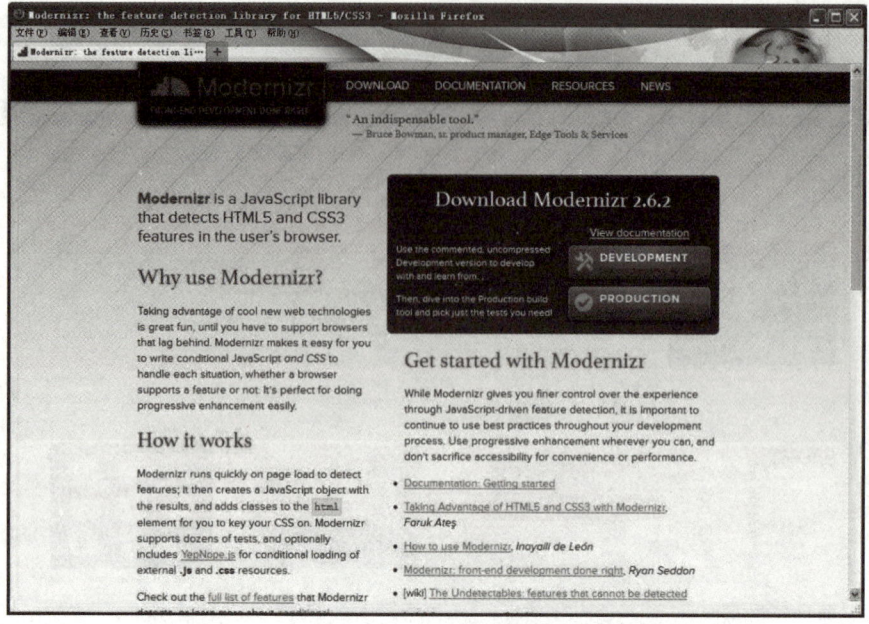

图 13 – 15　Modernizr 网站

13.11　综合实例

根据本章介绍的 CSS3 样式，结合前面章节介绍的页面布局的方法，制作图 13 – 16 所示的页面效果。

图 13 – 16　综合实例

首先，完成 HTML 的结构内容部分：

（1）新建页面，在 <title> 标签中输入 "综合实例" 作为页面标题。

（2）观察整个页面内容，根据语义选择使用哪个标签。为了方便设置整个页面内容的样式，使用 id 为 wrapper 的 div 将所有元素包围起来。

（3）页面最上方的导航条使用 header 和 nav；下方主体内容用 id 为 content 的 div 包围起来。

HTML 部分代码如下：

```html
<body>
<!-- 页面开始 -->
<div id="wrapper">

    <!-- 页首开始 -->
    <header>
        <img src="img/logo.png" width="105" height="46" />
        <!-- 主导航开始 -->
        <nav>
            <ul>
                ……
            </ul>
        </nav>
        <!-- 主导航结束 -->
    </header>
    <!-- 页首结束 -->

    <!-- 主体内容开始 -->
    <div id="content">
        <div class="card1">
        ……
        </div>
        <div class="card2">
        ……
        </div>
        <div class="card3">
        ……
        </div>
        <div class="card4">
    ……
    </div>
    </div>
    <!-- 主体内容结束 -->
    <div class="clear"></div>
</div>
<!-- 页面结束 -->
</body>
```

新建样式表文件"master.css"，在 HTML 的 <head> 标签中链接外部样式表，代码如下：

```html
<link href="master.css" rel="stylesheet" />
```

在"master.css"中依次设置各部分样式。

(1) 首先载入 Web 字体，代码如下：

```css
@font-face {
    font-family: 'economicabold';
    src: url('Economica-Bold-OTF.otf') format('OpenType');
}
```

(2) 设置网页整体样式，添加页面背景图片，将 wrapper 宽度设为 950 px，并将其设为水平居中，代码如下：

```css
* {
    margin: 0px;
    padding: 0px;
}
body {
    font-size: 14px;
}
#wrapper {
    width: 970px;
    margin: 0 auto;
}
.clear {
    clear: both;
}
```

(3) 设置页首中的图片以及导航条样式，并为导航条添加圆角和阴影，代码如下：

```css
header img {
    margin: 20px 0;
}
nav {
    background-color: #eee;
    margin-bottom: 20px;
}
nav ul {
    list-style-type: none;
    padding: 20px 0 20px 10px;
}
nav li {
    display: inline;
    padding: 0 20px;
}
nav a:link,
nav a:visited {
    color: #333;
    text-decoration: none;
}
nav a:hover {
```

```css
    color: #000;
    text-decoration: underline;
}
```

(4)为主体区域中的卡片添加圆角,并添加阴影,代码如下:

```css
#content .card1,
#content .card2,
#content .card3,
#content .card4 {
    width: 225px;
    float: left;
    border: 1px solid #aaa;
    margin-right: 20px;
    margin-bottom: 20px;
    border-radius: 5px;
    box-shadow: 5px 5px 5px #aaa;
    background-color: #fafafa;
}
#content .card4 {
    margin-right: 0;
}
```

(5)设置卡片中图片、标题、文字及按钮样式,文字使用了 Web 字体,图片的透明度设为 0.8,鼠标悬停时透明度为 1,代码如下:

```css
#content img {
    border-radius: 5px 5px 0 0;
    opacity: 0.8;
}
#content img:hover {
    opacity: 1;
}
#content h3 {
    margin: 15px;
    font-family: 'economicabold';
    font-size: 17px;
}
#content p {
    margin: 15px;
    color: #333;
}
#content button {
    margin: 0 15px 20px 15px;
    padding: 8px 10px;
    border-radius: 5px;
    border: 1px solid #333;
```

```
        background-color: #fff;
cursor: pointer;
}
#content button:hover {
        color: #fff;
        background-color: #333;
}
```

要点回顾

现在使用中的一些 CSS3 属性尚未完成标准制定，因此在使用这些属性时需要了解各大浏览器的不同版本对它们的支持程度，很多时候需要在属性前加上厂商前缀。本章主要介绍了设置元素圆角、为元素或文本添加阴影、使用多重背景和渐变背景、设置元素的不透明度的方法。以往制作网页时，只能采用极少量所有用户系统中都会安装的字体，从而造成页面字体效果千篇一律，而在网页中使用 Web 字体，这些字体被保存在服务器，不再受用户设备中是否安装字体的限制，从而使页面表现更为丰富。

习题十三

一、选择题

1. Firefox 浏览器的厂商前缀是（   ）。

   A. -moz-   B. -ms-   C. -o-   D. -webkit-

2. 为元素设置圆角的属性是（   ）。

   A. box-shadow   B. border-radius   C. box-sizing   D. border-images

3. 给文本添加阴影的属性是（   ）。

   A. box-shadow   B. text-shadow   C. shadow   D. word-shadow

二、填空题

1. 从网上下载了一个 Web 字体"DroidSans.ttf"，在 CSS 中使用 @font-face 定义时应该写为 @font-face {_____}，要在 p 元素上使用该字体，应该写为 p {_____}。

2. 要设置一张图片透明度为 50%，应将其 opacity 属性设为_____。

3. 要为一个元素添加黑色、模糊半径为 5 px、向右向下偏移 3 px 的阴影，该属性应写为 box-shadow: _____。

实训

建立"三"字型布局结构的网页，并使用 CSS3 中新增的属性进行样式增强，完成效果如图 13-17 所示。

1. 训练要点

   (1) 页面布局结构；

   (2) CSS3 新增样式。

图 13–17　页面中使用 CSS3 进行样式增强

2. 操作提示

（1）页面主体 < div id = "wrapper" > 宽度设置为 980 px；

（2）页面采用"三"字型布局，上方为导航 nav，中间是横幅 banner，下方主体内容装载在 id 为 resource 的 div 中；

（3）resource 中的大图设置圆角和元素阴影；

（4）下载按钮使用圆角。

第 14 章

网站的调试与发布

本章导读

有时编写好了全新的页面，却发现它们在浏览器中并没有像预期的那样显示，或者显示得并不完全，或者在有的浏览器中显示得很好，但是在其他浏览器中打开的时候却不一样。在 HTML 和 CSS 以及众多浏览器平台中，很容易产生这样一些问题。

在完成了网页并准备在网络中展示的时候，需要将这些页面传送到 Web 服务器上，才能使网页在公众网络中被访问。

本章列举了一些常用错误并解决这些错误，并讲解在解决了这些错误后如何将网页发布到网络上。

14.1 常见错误

浏览器的差异可能是由一些不明显的浏览器漏洞造成的，也可能是由使用新技术造成的，但是比这些更常见的则是由一些简单的问题造成的。现将检查这些常见错误的方法归纳如下：

（1）对代码进行验证，对代码语法的相关错误进行排查。

（2）确认需要测试的文件已经上传。

（3）确认上传文件的位置是正确的。

（4）确认输入的 URL 与需要测试的文件是对应的，如果查看的页面是从另一个页面中跳转过来的，就需要确认链接中的 URL 与页面的文件名和位置是完全匹配的。

（5）确认上传的文件已经保存过了。

（6）确认上传了所有的辅助文件，包括 CSS 文件、图像文件、音频文件以及视频文件。

（7）确认 URL 的大小写没有问题，确认文件名中没有使用空格。

（8）确认测试时禁用的功能是否已经重启。

（9）换个浏览器进行测试，确认浏览器是否有问题。

14.2 HTML 中的常见错误

如果问题不是常见的一般问题，通常检查问题是否出在 HTML 中。下面介绍 HTML 中的常见错误。

1. 输入错误

输入错误是很容易出现的，而且是比较难检查出来的，因为人们容易进入思维定式。使用 HTML 验证器可以查出这种错误。看看下面这段代码：

```
<div>
  <ul>
    <li><igmid="img12" src="images/in_left5.gif"/></li>
    <li><address>地址:武汉市东湖高新区</address></li>
    <li><address>电话:86-027-88257109、<br/>88116975</address></li>
    <li><address>传真:86-027-88254120</address></li>
    <li><address>E-mail:lanbo@sina.cn</address></li>
    <li><igm id="img22" src="images/12.gif"/></li>
  </ul>
</div>
```

在上面例子中，并没有严重的语法错误，只是图像的元素标签拼写错误，即将 img 拼写成了 igm，这些错误并不是很容易发现的，如果没有注意到这些错误，可以使用 HTML 验证器来帮助。HTML 验证器可以很快发现这些输入错误，从而节省时间。

2. 元素的嵌套

HTML 代码由元素组成，元素的嵌套是非常容易出错的，需要特别注意。如果在上面的这段代码中在 div 元素中嵌套 ul 元素，就需要注意先使用 <div> 再使用 <ul>，注意在使用 </div> 之前需要确保 </ul> 已经出现，不然会出现嵌套错误。

3. 属性值引号的使用

当属性值内容里面需要用到引号的时候，那么引用属性值的时候使用引号就需要注意，当属性值是用双引号包围的时候，则属性值中间可以使用单引号；如果属性值本身包含双引号，则应使用字符引号，见以下代码：

```
<img id="imglogo1" src="images/logo.jpg" alt="This's a picture."/>
<img src="images/in_c2.gif" id="section1_img1" alt="&quot;常州蓝博纺织机械有限公司&quot;">
```

4. 元素的开始标签和结束标签

一般的元素都有开始标签和结束标签，使用的时候需要注意正确使用，不要对空元素使用分开的开始标签和结束标签。虽然对于网页的显示来说，对空元素添加结束标签，浏览器也能正确显示，但是需要的严谨的编码习惯，见以下代码：

```
<area shape="rect" coords="32,5,93,21" href="#" alt="常州蓝博纺织机械有限公司">
</area>
```

虽然这样写浏览器可以正确显示，但是对于 HTML 验证器来说还是会将这个地方记为错误。

14.3　CSS 中的常见错误

上一节介绍了 HTML 代码中的常见错误，本节介绍 CSS 中的常见错误。

虽然 CSS 的语法非常简单，但是在书写 CSS 代码的时候也会出现一些常见错误。CSS 的错误可以使用 CSS 验证器来查找。下面看这些 CSS 中的常见错误。

（1）属性和属性值的分隔。

在 CSS 中，属性和属性值是通过冒号分隔的，而在 HTML 代码中，属性和属性值是通过等号分隔的，所以在书写的时候要注意不要因为习惯 HTML 代码而错写 CSS 代码。下面就是一个典型的 CSS 错误：

```
a:hover
{
    color = #B12C2C;
}
```

以上代码中等号的使用是完全错误的（虽然要改变用等号分隔属性和属性值的习惯是比较难的），代码修改如下：

```
a:hover
{
    color: #B12C2C;
}
```

属性和属性值之间应该使用冒号隔开，在冒号之前或之后添加额外的空格不会产生错误，也不会影响显示，但习惯上通常在冒号之后加上一个空格。

（2）分号的使用。

在 CSS 代码中，每个声明结束后都应该有一个分号，不要多也不要少。想更清晰地检查分号的使用，最好的方法就是让每个声明都单独使用一行，这样错误就更容易发现了。看以下代码：

```
aside nav ul
{
    list-style: none; margin-left:5px; margin-top:0px;; margin-right:15px;
}
```

在上面这段代码中，多写了一个分号，每个声明后面有且仅有一个分号，并且所有的声明在一行书写，这样的习惯并不好。代码修改如下：

```
aside nav ul
{
    list-style: none;
    margin-left:5px;
    margin-top:0px;
```

```
        margin-right:15px;
}
```

（3）注意单位的使用。

在有些声明中需要使用单位，在单位前面出现的是数值，数值和单位之间是不允许出现空格的。看以下代码：

```
div
{
    width:180 px;
    margin:-10px;
}
```

上面代码 width 宽度的设置中，数值和单位之间出现了空格，这样是错误的。代码修改如下：

```
div
{
    width:180px;
    margin:-10px;
}
```

（4）属性和属性值的匹配。

在使用属性和属性值的时候，要注意它们的匹配。例如 text-align 属性的取值只能是 left、right、center、justify 和 inherit，则语句"text-align：top；"是无效的，因为 top 不是 text-align 属性可以取的值。

（5）使用样式表时，不要丢掉 </style> 结束标签。

（6）建立正确的 HTML 文档指向 CSS 文件，而且 URL 地址正确。

（7）使用选择器时注意空格和符号的使用。

（8）确认浏览器是否支持编写的 CSS 代码，特别是新的语法。

（9）确认括号的配对。

14.4 验证代码

对于前面提到的常见错误，发现它们的一个重要方法就是使用验证器。HTML 验证器可以对代码和语言规则进行比较，并将其发现的不一致的情况显示为错误或警告。它还可以提示语法错误，无效的元素、属性和属性值，以及错误的元素嵌套。但是 HTML 验证器并不能判断出语义上的问题，所以有关语义方面还是需要自己判断。CSS 验证器的工作原理和 HTML 验证器的工作原理一致。

下面首先介绍如何使用 HTML 验证器。

1. 安装 Firebug

Firebug 是 Firefox 下的一款开发类插件，现属于 Firefox 的五星级强力推荐插件之一。它集 HTML 查看和编辑、JavaScript 控制台、网络状况监视器于一体，是开发 JavaScript、CSS、

HTML 和 AJAX 的得力助手。Firebug 如同一把精巧的瑞士军刀，从各个不同的角度剖析 Web 页面内部的细节层面，给 Web 开发者带来很大的便利。Firebug 插件虽然功能强大，但是它已经和 Firefox 浏览器无缝地结合在一起，使用简单直观。如果担心它占用太多系统资源，也可以方便地关闭这个插件，甚至针对特定的站点开启这个插件。

首先进入下载网址 https：//addons. mozilla. org/zh - CN/firefox/search？q = firebug&cat = all（确保之前已经安装了最新版的 Firefox 浏览器），然后单击"添加到 Firefox"按钮。出现图 14 - 1 所示的对话框。

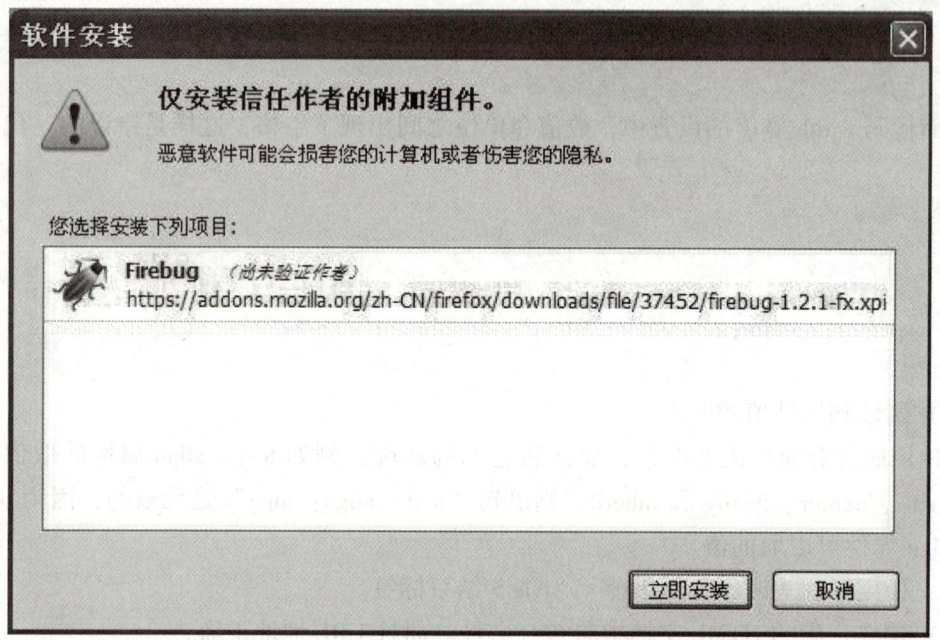

图 14 - 1　安装 Firebug

安装完成后，需要重新启动 Firefox 浏览器。

在安装好插件之后，在 Firefox 浏览器的"查看"菜单栏下将会出现"Firebug"菜单项，也可使用快捷键 F12 唤出 Firebug 插件。

Firebug 界面如图 14 - 2 所示。

Firebug 包含 7 个标签：控制台、HTML、CSS、脚本、DOM、网络、Cookies。

（1）"控制台"标签：用来显示各种日志信息，同时可以结合 Firebug 给定的 API 进行各种测试和跟踪。

（2）"HTML"标签：可以用来视察，编辑网页中的各种 HTML 元素。

（3）"CSS"标签：可以用来检查网页中和 CSS 有关的内容。

（4）"脚本"标签：可以设置断点调试 JavaScript 代码，也可以用来监控 JavaScript 代码。

（5）"DOM"标签：展示 DOM 树。

（6）"网络"标签：可以观察从服务器端下载的 js 文件、图片、Flash 等资源的大小，下载所花费的时间等，这也是一个非常有用的功能。

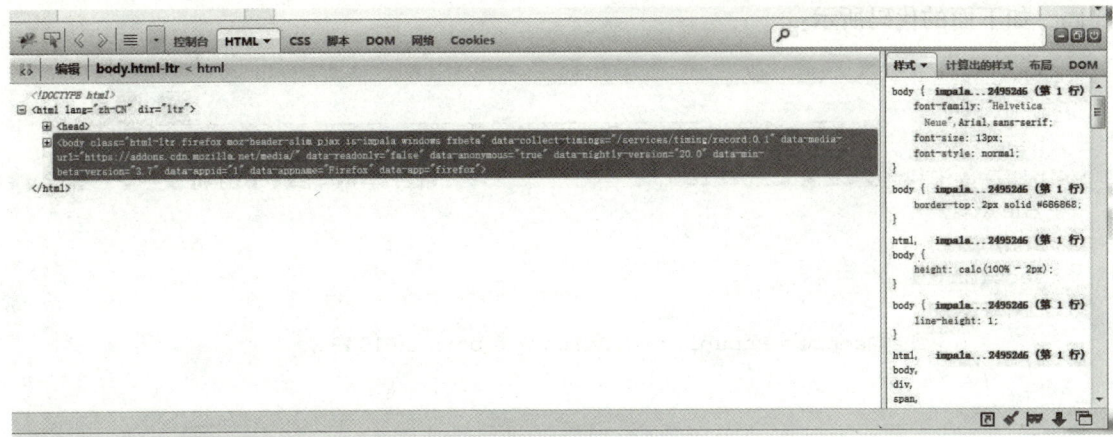

图 14-2　Firebug 界面

（7）"Cookies"标签：用来调整和修改 Cookies。

2. HTML 代码验证

使用 HTML 验证器可以在浏览器解析文档结构之后对结构进行检查，将它与预期的元素嵌套进行比较，可以帮助快速定位标签格式不正确、元素为闭合或者过早闭合等错误。

"HTML"标签是 Firebug 中的第二个标签。它分两个视图：左边的视图可以查看 HTML 代码，右边的视图又分为 4 个子面板——样式、计算出的样式、布局和 DOM。灵活运用"HTML"标签中的各种功能，很容易了解一个特定网页的组织结构，包括它的 CSS 文件，js 文件，图片等。

"代码视图"面板位于"HTML"标签的左边，它以层次结构展示 HTML 代码，不同的关键字标以不同的颜色，相当人性化，而且还允许人们随意将元素进行折叠或展开，这样就很容易使人们快速掌握一个 Web 页面的大致结构。"代码视图"面板还有一个相当不错的功能，就是可以对即时打开的 Web 页面中的各种元素进行删除、增加、属性修改等操作，操作后的效果立即在浏览器上展现出来，如图 14-3 所示。

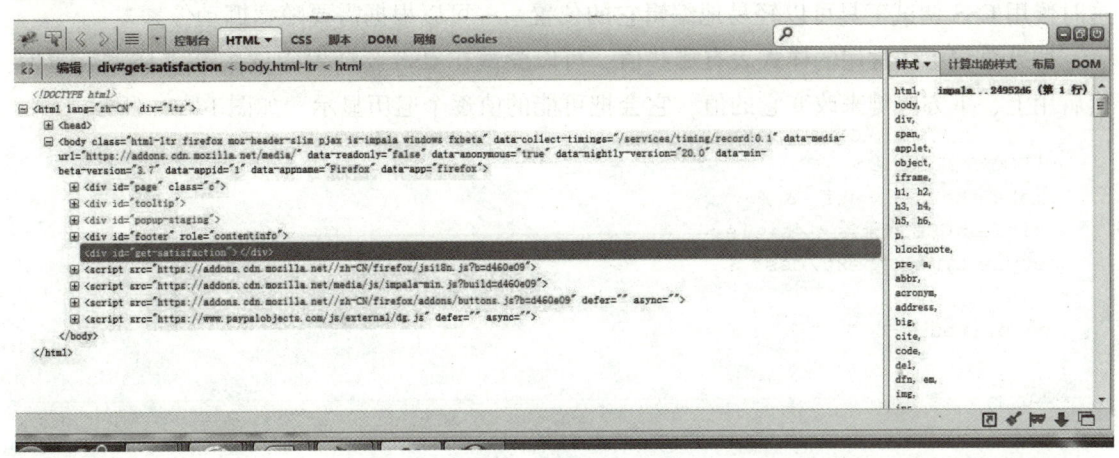

图 14-3　"HTML"标签

在 Firebug 中审查段落时，Firefox 在遇到有错的代码时会将 HTML 按照语法理解成其他代码，如下面的代码所示：

```html
<!DOCTYPE HTML>
<html>
<head>
<title>HTML 代码错误</title>
</head>
<body>
<section>
    <h1>PRC
        <p>The People's Republic of China was born in 1949...
    </h1>
    </p>
</section>
</body>
</html>
```

上面代码中的中 `<h1>` 和 `<p>` 嵌套不对，Firefox 将它理解成：

```html
<h1>
PRC
<p>The People's Republic of China was born in 1949...</p>
</h1>
```

Firefox 浏览器在解析 HTML 时，会试着修复错误，并在显示页面时改变文档的底层结构。

3. CSS 代码验证

Firebug 的 CSS 验证器不仅自下向上列出每一个 CSS 样式表的从属继承关系，还列出了每一个样式在哪个样式文件中定义。可以在 CSS 查看器中直接添加、修改、删除一些 CSS 样式表属性，并在当前页面中直接看到修改后的结果。

一个典型的应用就是页面中的一个区块位置显得有些不太恰当，它需要挪动几个像素。这时候用 CSS 调试工具可以轻易地编辑它的位置——可以根据需要随意挪动像素。

如果总记不住常用的样式表有哪些值，可以尝试在 CSS 验证器中选中一个样式表属性，然后用上、下方向键来改变它的值，它会把可能的值逐个遍历显示，如图 14-4 所示。

```html
<!DOCTYPE html>
<meta charset=utf-8 />
<title>CSS 验证器</title>
<style type="text/css">
p{
  color:red;
}
body{
  color:blue;
  background:PaleGreen;
}
```

```
< /style >
< /head >
< body >
< p >
     background 属性设置背景色,color 属性设置字体颜色,即前景色。
   < /p >
< /body >
< /html >
```

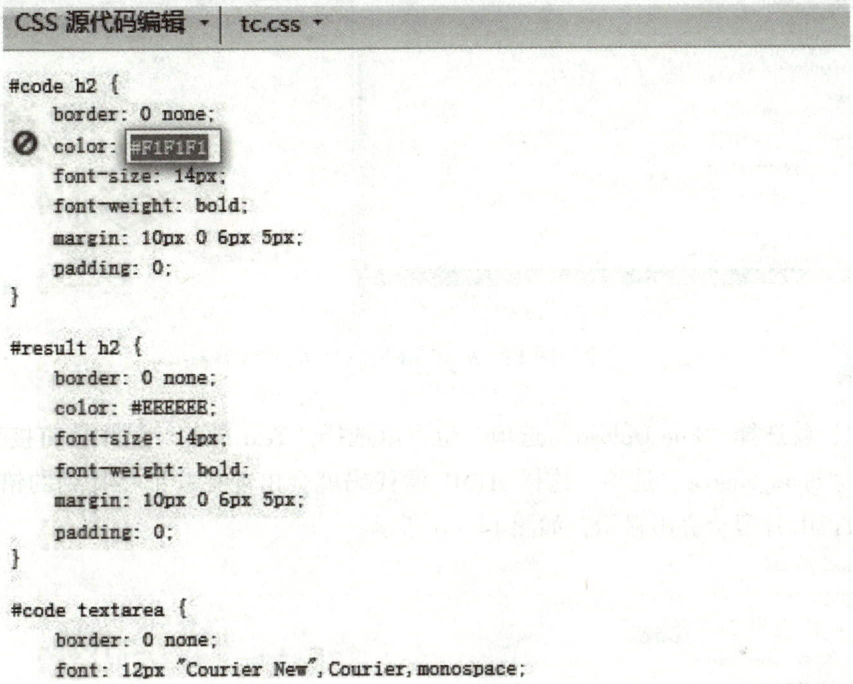

图 14-4　CSS 验证器

使用 Firebug 对代码 "< p > background 属性设置背景色，color 属性设置字体颜色，即前景色。</p>" 进行审查，应用于该元素的 CSS 显示在右侧。color 设置有两个，一个是 p 元素中的设置，一个是 body 元素中的设置，其中 body 元素中的设置被覆盖了。可以跟踪查找样式没有按照预期进行的原因，也可以在 CSS 中对样式进行编辑，以达到预期的效果，如图 14-5 所示。

将页面放到公共网站上之前，不需要确认它们已通过验证器的检查。实际上，大多数网站都有一些错误。浏览器可以处理很多类型的错误，从而以它们能实现的最佳方式将页面显示出来。所以即使页面在验证时有错误也可能看不出来。不过，有时错误会直接影响页面的显示，这时就应该使用验证器尽可能排除代码中的错误。下面介绍验证代码的步骤。

4. 验证代码

验证代码的步骤如下：

（1）使用 http://html5.validator.nu 或 http://validator.w3.org 对 HTML 进行检查。
在 http://html5.validator.nu 中，将需要检查的 URL 粘贴到 Address 字段（如果没有发

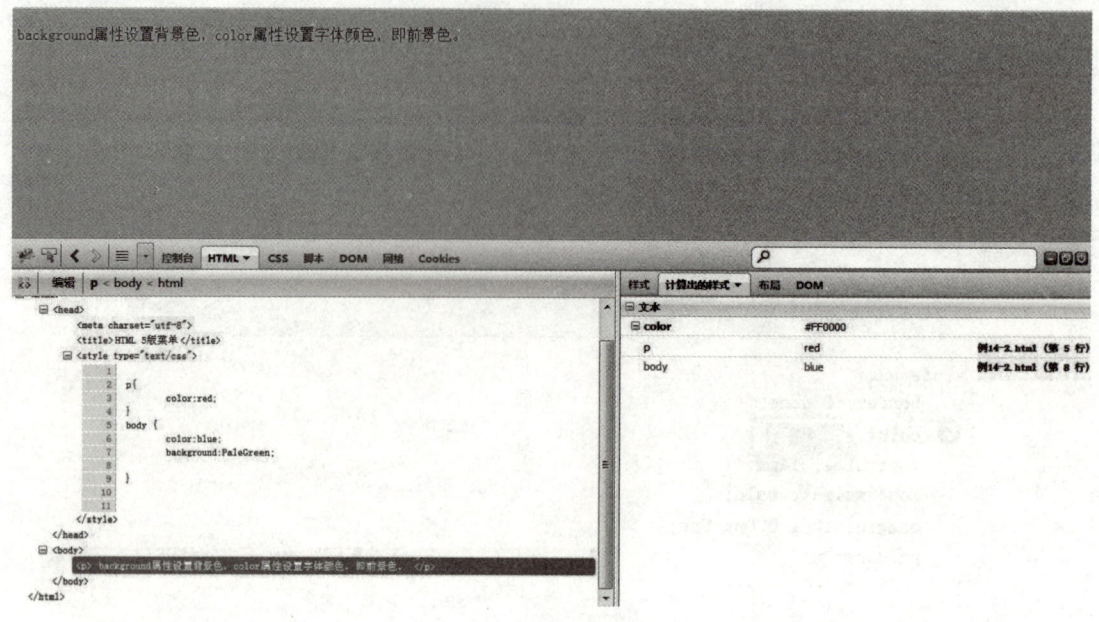

图 14-5　CSS 代码错误

布到网络中，就选择"File Upload"选项。也可以选择"Text Field"选项，直接手动输入代码），选择"Show Source"选项，这样 HTML 源代码就会出现在验证器找到的错误的下方，有错误的 HTML 片段会突出显示，如图 14-6 所示。

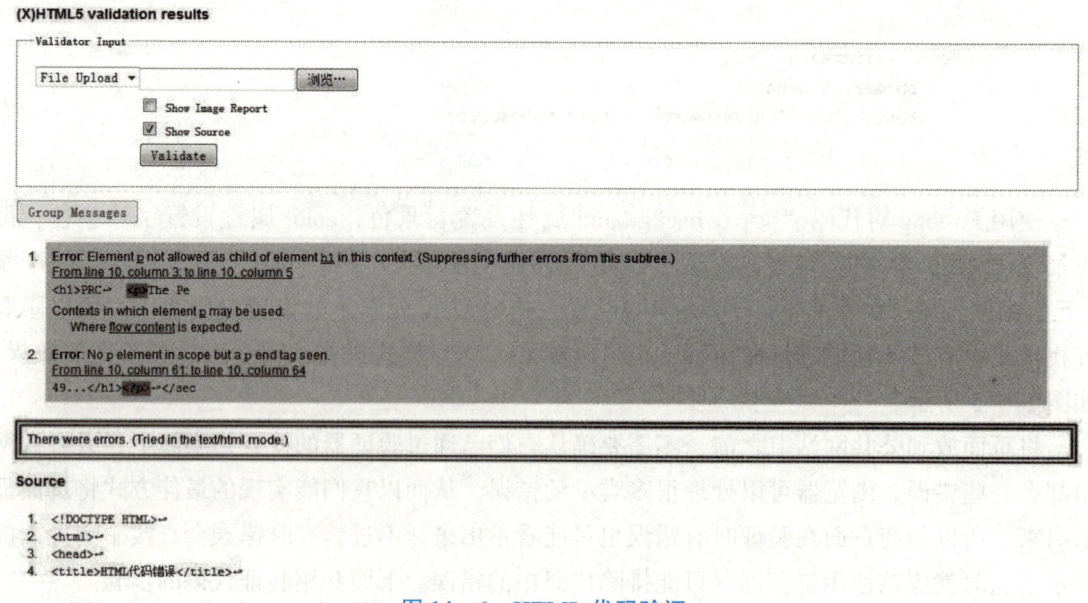

图 14-6　HTML 代码验证

输入上一实例中的错误代码，验证中在第 10 行发现了错误。

也可以使用 http：//validator.w3.org 对代码进行验证，W3C 的错误消息更易读懂，但不会对 HTML 源代码的错误部分进行突出显示。

（2）修复标出来的 HTML 错误，保存修改，再将文件上传到服务器，重复步骤（1）中的操作。

14.5 测试网页

即使代码通过了验证，页面也仍然有可能不像预期那样工作，或者在某些浏览器中可以正常工作，在另一些浏览器中却存在问题。在不同的浏览器和平台对页面进行测试其实是很重要的。测试 HTML 页面的步骤如下：

（1）按照验证代码的方式对 HTML 和 CSS 进行验证，对提出的问题作出相应修改。

（2）在浏览器中打开需要测试的页面，确保整个页面和期望的一样。

（3）在不关闭浏览器中页面的情况下，打开有关的 HTML 和 CSS 文档，作出相应修改并保存，然后刷新页面查看修改的结果。

（4）重复步骤（2）~（3），直到实现预期结果。

（5）在其他浏览器中重复步骤（2）~（4）的步骤，确认在其他浏览器中也能达到预期目标。

（6）测试完毕。

在测试的过程中，检查是否达到了预期目标主要考虑以下几点：

①格式是否和预期一致；

②链接的 URL 是否指向了正确的页面或资源；

③CSS 文件是否引用正确；

④插入页面的图像能否正确显示。

网页的测试是在其上传到服务器之前最后的步骤，推荐在上传之前对网站的本地文件进行完全测试。上传之后针对服务器上的版本对网站再次进行完全测试，以保证浏览者看到的版本显示没有问题。代码如下：

```
HTML 文件：
<!DOCTYPE html>
<meta charset=utf-8 />
<TITLE>测试网页</TITLE>
<link href="styles.css" rel="stylesheet">
</HEAD>
<BODY>
<TABLE>
    <TR>
        <TD>手机</TD>
        <TD>电脑</TD>
    </TR>
    <TR>
        <TD class="samllFont">摩托罗拉</TD>
        <TD class="samllFont">联想</TD>
    </TR>
```

```
          <TR>
              <TD>诺基亚</TD>
              <TD>戴尔</TD>
          </TR>
    </TABLE>
</BODY>
</HTML>
css 文档：
TABLE, TD {
    border: 1px solid black;
}
TD {
    font-size: 20px;
    font-family: "黑体";
    color: red;
    text-align: center;
}
.samllFont {
    font-size: 14px;
    color: blue;
}
```

这个 HTML 文件通过了验证，但是它的显示效果和预期是不同的。这时检查代码发现问题指向 CSS 文件的链接，CSS 文件的文件名为"style.css"，但是引用的时候却写成了"styles.css"，所以浏览器根本无法找到相应的 CSS 文档，所以预期的显示效果才没有出现，修改后页面会按照 CSS 文件的格式显示。正确效果如图 14-7 所示。

图 14-7 正确效果

14.6 发布网站

当完成了整个网站以后，最后一个步骤就是将页面上传到 Web 服务器，以提供给人们访问。有关上传的方式可以联系 Web 服务商，它们会提供相应上传文件的说明。发布网站的步骤如下。

1. 获得域名

要想人们在网络上能访问到网站，需要为网站关联一个域名，并找到一个 Web 主机存放的网站，让任何人都可以通过在浏览器中输入这个域名去访问网站。当然如果考虑换一个 Web 供应商，或者原来选择的主机提供商倒闭了，那么应该让域名指向另一个 Web 主机的服务器，而原有的 URL 保持不变。

获得域名的步骤如下：

（1）查看一下域名注册商的信息（详见 www.internic.net/alpha.html），看自己设计的域名是否可以用。另外也可以在服务商的网站上查询域名是否可用。

（2）找到一个合适的域名以后即可注册。可以自己注册，也可以通过服务商代为注册。当然不同域名注册商的价格是不一样的。

（3）注册好域名以后，就可以使用。

2. 为网站寻找主机

除非自己有服务器，一般都需要寻找为网站提供服务的服务商。在考虑服务商时，除了考虑价格问题，还应该考虑以下问题：

（1）提供使用的磁盘空间有多大。虽然 HTML 文件本身占用的空间很小，但是里面插入的图像、音频和视频占用的空间是非常大的。

（2）允许每个月使用的数据传输量有多大。当人们访问网站时，会发送给访问者 HTML、CSS、图像以及其他的一些多媒体文件，如果访问者从网站上访问大量的文件，这时就需要比较大的数据传输量。

（3）当网站崩溃时是否有应急措施。当网站访问量增加以后会增加网站崩溃的可能性，这时需要比较好的措施去解决。

（4）使用域名可以创建多少邮箱，可以提供的技术支持有哪些，备份服务器上数据的频率是多少。

（5）是否提供 Web 分析报告。通过 Web 分析报告可以分析访问网站的情况。

3. 将文件传送至服务器

为了将文件传送至服务器，最简单的方法就是使用 FTP 上传。可以使用 Dreamweaver 完成这个任务，当然很多其他的软件也包含 FTP 功能，也可以在其他编辑器中发布页面。

1）新建站点

选择"站点"→"新建站点"命令，弹出"站点设置对象"对话框，在该对话框的"站点名称"文本框中输入站点的名称，单击"本地站点文件夹"文本框后的"浏览"按钮，弹出"选择根文件夹"对话框，浏览本地站点的位置。单击"选择"按钮，确定本地站点的位置，单击"保存"按钮，即可完成本地站点的创建，如图 14-8 所示。

2）设置站点服务器

在"站点设置对象"对话框中单击"服务器"选项，可以切换到"服务器"选项卡，在该选项卡中可以指定远程服务器和测试服务器，单击"添加服务器"按钮，弹出"服务器设置"窗口，如图 14-9 所示。

在"服务器名称"文本框中可以指定服务器的名称。在"FTP 地址"文本框中输入FTP 服务器的地址。端口 21 是接收 FTP 连接的默认端口，可以通过编辑修改。分别在"用户名"和"密码"文本框中输入用于连接到 FTP 服务器的用户名和密码。完成"FTP 地址""用户名"和"密码"选项的设置后，可以通过"测试"按钮测试与 FTP 服务器的连接。在"根目录"文本框中输入远程服务器上用于存储站点文件的目录。在"Web URL"文本框中输入 Web 站点的 URL 地址，可以使用 Web URL 创建站点根目录相对链接。在"高级设置"选项卡中，如果希望自动同步本地站点和远程服务器上的文件，应该选择"维护同步信息"复选框。如果希望在本地保存文件，Dreamweaver 自动将该文件上传到远程服务器站点，可以选择"保存时自动将文件上传到服务器"复选框。

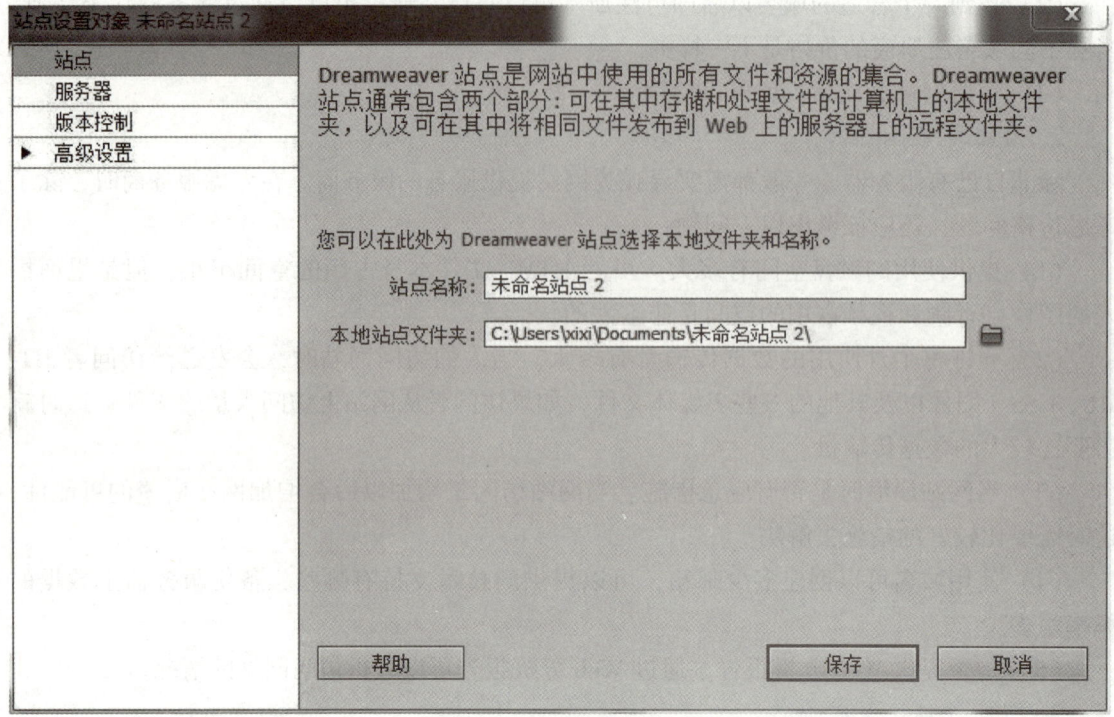

图 14-8 新建站点

图 14-9 设置站点服务器

14.7 综合实例

根据本章介绍的网站调试与发布知识,调试和发布网站。

具体操作步骤如下:

(1) 准备好需要进行调试和发布的网站——博客,如图 14-10 所示。

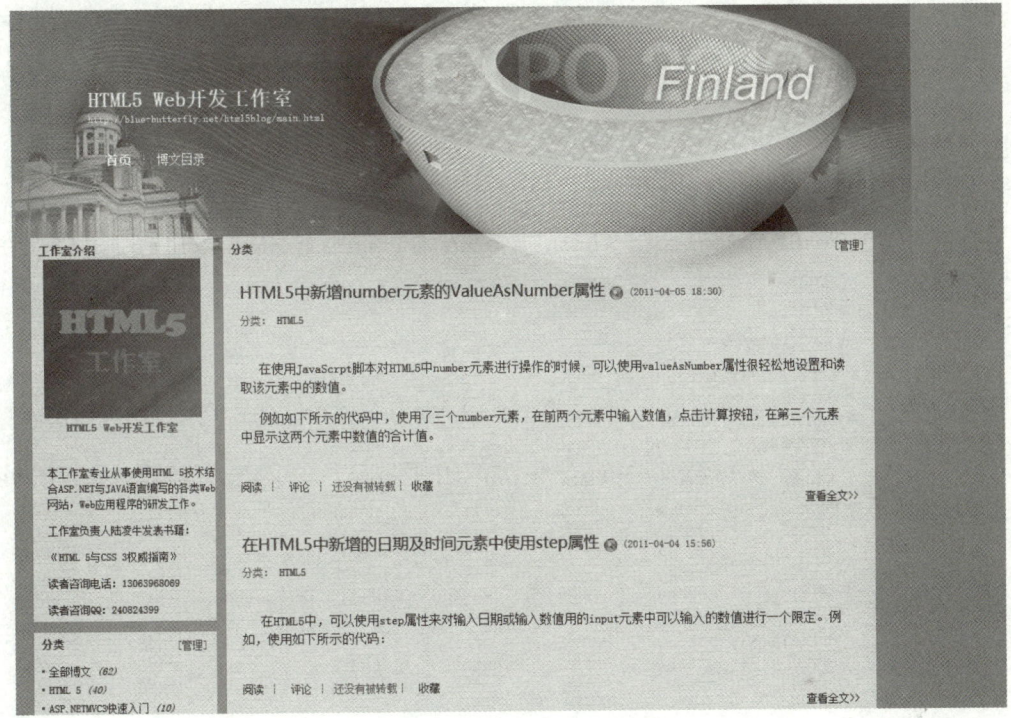

图 14-10 博客首页

(2) 使用 Firebug 对页面中的 HTML 和 CSS 代码进行验证,直到显示没有错误为止。

(3) 使用 Dreamweaver 检查浏览器的兼容性。在 Dreamweaver 中打开博客首页,执行"窗口"→"结果"→"浏览器兼容性"命令,打开"浏览器兼容性"面板。单击"浏览器兼容性"面板上方的绿色三角按钮,弹出下拉菜单,在弹出的下拉菜单中选择"设置"命令,选择不同的浏览器版本,然后选择"检查浏览器兼容性"命令,如图 14-11 所示。

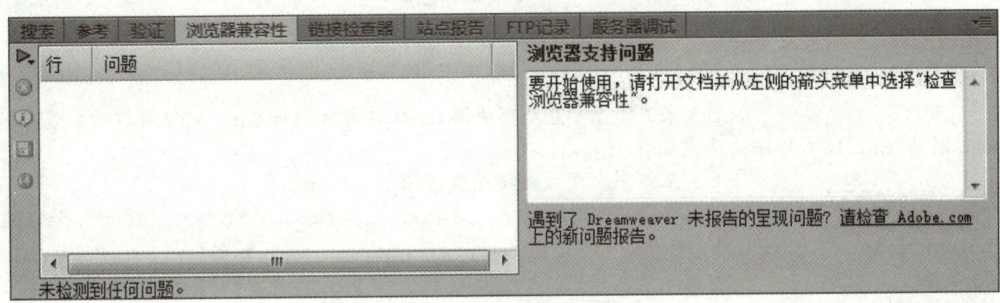

图 14-11 检查浏览器兼容性

(4) 测试完成后，设置站点的远程服务器信息，连接到远程服务器，上传网站。
测试后的代码如下：

```html
HTML 代码：
<!DOCTYPE html>
<meta charset="utf-8">
<title>HTML5 Web 开发工作室</title>
<meta http-equiv="Content-Type" content="text/html; charset=utf-8">
<meta content="" name="keywords">
<meta content="" name="description">
<link href="main.css" type="text/css" rel="stylesheet"/>
<div id="blog">
    <header id="bloghead">
        <div id="blogTitle">
            <h1 id="blogname">HTML5 Web 开发工作室</h1>
            <div id="bloglink">http://blue-butterfly.net/html5blog/main.html</div>
        </div>
        <nav id="blognav">
            <ul id="blognavInfo">
                <li><a href="http://blue-butterfly.net/html5blog/main.html" id="on">首页</a></li>
                <li><a href="http://blog.sina.com.cn/s/articlelist_1792358825_0_1.html">博文目录</a></li>
            </ul>
        </nav>
    </header>
    <div id="blogbody">
        <div id="column_1">
            <aside>
                <section id="conn1">
                    <header id="connHead1">
                        <h1>工作室介绍</h1>
                    </header>
                    <div id="connBody1">
                        <div>
                            <figure><img src="images\html5.jpg" alt="HTML5 Web 开发工作室">
                                <figcaption>HTML5 Web 开发工作室</figcaption>
                            </figure>
                        </div>
                        <div id="divSpecial">
                            <p>本工作室专业从事使用 HTML 5 技术结合 ASP.NET 与 JAVA 语言编写的各类 Web 网站,Web 应用程序的研发工作。</p>
                            <p>工作室负责人陆凌牛发表书籍：</p>
                            <p><a target="_blank" href="http://product.dangdang.com/product.aspx?product_id=21047278&amp;ref=search-1-pub">《HTML 5 与 CSS 3 权威指南》</a></p>
```

```html
                    <p>读者咨询电话:13063968069</p>
                    <p>读者咨询QQ:240824399</p>
                </div>
            </div>
            <div id="connFoot1"></div>
        </section>
        <section id="conn2">
            <header id="connHead2">
                <h1>分类</h1>
                <span id="edit1"><a href="javascript:;" onclick="window.CateDialog.show();return false;">[<cite>管理</cite>]</a></span>
            </header>
            <div id="connBody2">
                <nav id="classList">
                    <ul>
                        <li id="dot1"><a target="_blank" href="#">全部博文</a><em>(62)</em></li>
                        <li id="dot2"><a href="#" target="_blank">HTML 5</a><em>(40)</em></li>
                        <li id="dot3"><a href="#" target="_blank">ASP.NETMVC3 快速入门</a><em>(10)</em></li>
                        <li id="dot4"><a href="#" target="_blank">C#</a><em>(8)</em></li>
                        <li id="dot5"><a href="#" target="_blank">ASP.NETMVC3 书店</a><em>(4)</em></li>
                    </ul>
                </nav>
            </div>
            <div id="connFoot2"></div>
        </section>
        <section id="conn3">
            <header id="connHead3">
                <h1>评论</h1>
            </header>
            <div id="connBody3">
                <nav id="zComments">
                    <ul id="zCommentsUl">
                        <li id="commentsCell_linedot1">
                            <div id="commentsH1"><span id="commentsName_txtc_dot1"><a href="#" target="_blank" title="随风">随风</a></span>
                                <time datetime="2011-04-01T16:59">04-01 16:59</time>
                            </div>
                            <div id="commentsContants1">
                                <div id="commentsContantsTxt1"><a href="#" target="_blank"> 博主,您好。为什么我在url 输…</a></div>
                            </div>
```

```html
                </li>
                <li id="commentsCell_linedot2">
                    <div id="commentsH2"><span id="commentsName_txtc_dot2"><a href="#" target="_blank" title="540821160">540821160</a></span>
                        <time datetime="2011-03-31T20:03">03-31 20:03</time>
                    </div>
                    <div id="commentsContants2">
                        <div id="commentsContantsTxt2"><a href="#" target="_blank">呵呵 一定要学会 哈哈</a></div>
                    </div>
                </li>
                <li id="commentsCell_linedot3">
                    <div id="commentsH3"><span id="commentsName_txtc_dot3">[匿名]新浪网友</span>
                        <time datetime="2011-03-31T11:39">03-31 11:39</time>
                    </div>
                    <div id="commentsContants3">
                        <div id="commentsContantsTxt3"><a href="#" target="_blank">很好的文章。非常感谢楼主。看…</a></div>
                    </div>
                </li>
                <li id="commentsCell_linedot4">
                    <div id="commentsH4"><span id="commentsName_txtc_dot4">[匿名]新浪网友</span>
                        <time datetime="2011-03-31T09:35">03-31 09:35</time>
                    </div>
                    <div id="commentsContants4">
                        <div id="commentsContantsTxt4"><a href="#" target="_blank">感谢楼主的回复,重新生成以下…</a></div>
                    </div>
                </li>
            </ul>
        </nav>
    </div>
    <div id="connFoot3"></div>
</section>
</aside>
</div>
<div id="column_2">
    <section id="conn4">
        <header id="connHead4">
            <h1>分类</h1>
```

```html
                    <span id="edit2"><a href="javascript:;" onclick="window.CateDialog.show();return false;">[<cite>管理</cite>]</a></span></header>
                <div id="connBody4">
                    <div id="bloglist">
                        <section>
                            <header>
                                <div id="blog_title_h1">
                                    <h1 id="blog_title1"><a href="#" target="_blank">HTML5中新增number元素的ValueAsNumber属性</a></h1>
                                    <img title="此博文包含图片" src="images/preview.gif" id="icon1">
                                    <time datetime="2011-04-05T18:30">(2011-04-05 18:30)</time>
                                </div>
                                <div id="articleTag1"><span id="txtb1">分类:</span><a target="_blank" href="#">HTML5</a></div>
                            </header>
                            <div id="content1">
                                <p>   在使用JavaScrpt脚本对HTML5中number元素进行操作的时候,可以使用valueAsNumber属性很轻松地设置和读取该元素中的数值。</p>
                                <p>   例如如下所示的代码中,使用了三个number元素,在前两个元素中输入数值,点击计算按钮,在第三个元素中显示这两个元素中数值的合计值。</p>
                            </div>
                            <footer id="tagMore1">
                                <div id="tag_txtc1"><a href="#" target="_blank">阅读</a> | <a target="_blank" href="#">评论</a> | 还没有被转载| <a href="javascript:;" onclick="return false;">收藏</a> </div>
                                <div id="more1"><span id="smore1"><a href="#" target="_blank">查看全文</a>&gt;&gt;</span></div>
                            </footer>
                        </section>
                        <section>
                            <header>
                                <div id="blog_title_h2">
                                    <h1 id="blog_title2"><a href="#" target="_blank">在HTML5中新增的日期及时间元素中使用step属性</a></h1>
                                    <img title="此博文包含图片" src="images/preview.gif" id="icon2">
                                    <time datetime="2011-04-04T15:56">(2011-04-04 15:56)</time>
                                </div>
                                <div id="articleTag2"><span id="txtb2">分类:</span><a target="_blank" href="#">HTML5</a></div>
```

```html
            </header>
            <div id="content2">
                <p>   在HTML5中,可以使用step属性来对输入日期或输入数值用的input元素中可以输入的数值进行一个限定。例如,使用如下所示的代码:</p>
            </div>
            <footer id="tagMore2">
                <div id="tag_txtc2"> <a href="#" target="_blank">阅读</a> |  <a target="_blank" href="#">评论</a> | 还没有被转载|  <a href="javascript:;" onclick="return false;">收藏</a>  </div>
                <div id="more2"> <span id="smore2"> <a href="#" target="_blank">查看全文</a>&gt;&gt; </span> </div>
            </footer>
        </section>
        <section>
            <header>
                <div id="blog_title_h3">
                    <h1 id="blog_title3"> <a href="#" target="_blank">如何将datetime元素与datetime-local元素应用在Web程序…</a> </h1>
                    <img title="此博文包含图片" src="images/preview.gif" id="icon3">
                    <time datetime="2011-04-04T00:25">(2011-04-04 00:25)</time>
                </div>
                <div id="articleTag3"> <span id="txtb3">分类:</span> <a target="_blank" href="#">HTML5</a> </div>
            </header>
            <div id="content3">
                <p>  本文讨论在正式的网站或Web应用程序中,应该如何正确使用HTML5中新增的datetime元素与datetime-local元素。</p>
                <p><strong>1.datetime元素的值</strong></p>
                <p>  首先要说明的是,datetime元素的作用是什么?与datetime-local元素的区别是什么?这两个元素的区别在于:datetime-local是专门用来设置本地日期和时间(针对时区而言)的,datetime元素是专门用来设置格林威治日期和时间的。</p>
                <p>  那么应该怎样设置与读取这两个元素中的</p>
            </div>
            <footer id="tagMore3">
                <div id="tag_txtc3"> <a href="#" target="_blank">阅读</a> |  <a target="_blank" href="#">评论</a> | 还没有被转载|  <a href="javascript:;" onclick="return false;">收藏</a> </div>
                <div id="more3"> <span id="smore3"> <a href="#" target="_blank">查看全文</a>&gt;&gt; </span> </div>
            </footer>
        </section>
        <section>
            <header>
                <div id="blog_title_h4">
```

```html
                    <h1 id="blog_title4"> <a href="#" target="_blank">ASP.NET MVC3 书店--第四节  模型与数据库访问</a> </h1>
                    <img title="此博文包含图片" src="images/preview.gif" id="icon4">
                    <time datetime="2011-03-25T20:34">(2011-03-25 20:34)</time>
                    </div>
                    <div id="articleTag4"> <span id="txtb4">分类:</span> <a target="_blank" href="#">ASP.NETMVC3 书店</a> </div>
                    </header>
                    <div id="content4">
                    <p>    现在,我们已经能够把静态数据从控制器传入我们的视图模板中了。接下来,我们将要使用数据库中的数据。在本教程中,我们使用 SQL Server Express 来作为我们的数据库引擎。</p>
                    <p> <strong> <span> <span> 4.1 <span>    </span> </span> </span> <span> 使用 Entity Framework code-first </span> </strong> </p>
                    </div>
                    <footer id="tagMore4">
                    <div id="tag_txtc4"> <a href="#" target="_blank">阅读</a>¦ <a target="_blank" href="#">评论</a>¦ 还没有被转载¦  <a href="javascript:;" onclick="return false;">收藏</a>(0) </div>
                    <div id="more4"> <span id="smore4"> <a href="#" target="_blank">查看全文</a>&gt;&gt;</span> </div>
                    </footer>
                    </section>
                    <footer id="SG_page">
                    <ul id="SG_pages">
                    <li id="SG_pgon" title="当前所在页">1</li>
                    <li title="跳转至第 2 页"><a href="#">2</a></li>
                    <li title="跳转至第 3 页"><a href="#">3</a></li>
                    <li title="跳转至第 4 页"><a href="#">4</a></li>
                    <li id="SG_pgnext" title="跳转至第 2 页"> <a href="#">下一页 &gt;</a> </li>
                    <li id="SG_pgttl" title="">共 4 页</li>
                    </ul>
                    </footer>
                    </div>
                    </div>
                    <div id="connFoot4"> </div>
                    </section>
                    </div>
                    </div>
                    <footer id="blogfooter">
                    <div>
```

```
            <p>版权所有:HTML5 Web 开发工作室   Copyright 2005 All Rights Reserved</p>
        </div>
        <div>联系 QQ:240824399  联系电话:13063968069</div>
    </footer>
</div>
```

要点回顾

本章介绍了网页中的常见错误、HTML 代码错误以及 CSS 代码错误。了解这些常见错误以后，应针对这些常见错误进行验证、测试。测试后确认没有问题就可以将网页上传到 Web 服务器，形成真正的网站，以供世界各地的用户浏览，这就是站点上传。完成了这些操作一个网站的构建才算真正完成。

习题三

一、选择题

1. 可以通过（　　）上传网站。
   A. Dreamweaver 的站点窗口　　　　B. 记事本
   C. 浏览器　　　　　　　　　　　　D. Flash

2. 文件传输协议的英文缩写是（　　）。
   A. FTP　　　　B. TFTP　　　　C. FDDI　　　　D. TCP/IP

3. 下列选项中，（　　）不是 Dreamweaver 中链接检查器的作用（　　）。
   A. 更新链接　　　　　　　　　　　B. 查找断开的链接
   C. 修复断开的链接　　　　　　　　D. 添加新链接

4. 在向服务器上传网站内容的过程中，（　　）不是设置 FTP 服务器的参数。
   A. FTP 主机地址　　　　　　　　　B. FTP 主机目录
   C. FTP 端口设置　　　　　　　　　D. FTP 登录的用户名和密码

二、填空题

1. 在使用 FTP 方式发布网页时，不但可以批量地上传文件，而且可以将整个_____上传。

2. 开始使用 Dreamweaver 时必须先定义一个站点，至少设置一个本地文件夹。选择"站点"→"_____"命令可以打开"站点设置对象"对话框。

实训

"个人简历"网页如图 14-12 所示，通过代码验证和测试修改其中的错误。

1. 训练要点

（1）HTML 的常见一般错误；

（2）HTML 代码错误；

图 14 – 12　"个人简历"网页

（3）CSS 代码错误；

（4）网页的验证；

（5）网页的测试。

2．操作提示

（1）查找页面中是否有常规错误；

（2）对页面中的 HTML 和 CSS 代码进行验证；

（3）验证页面的浏览器兼容性。